U0202549

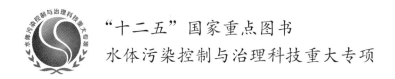

"十二五"国家重点图书

水体污染控制与治理科技重大专项

城市降雨径流污染控制技术

曾思育 董 欣 刘 毅 编著

中国建筑工业出版社

图书在版编目(CIP)数据

城市降雨径流污染控制技术/曾思育等编著. —北京：中国建筑工业出版社，2016.10
"十二五"国家重点图书水体污染控制与治理科技重大专项
ISBN 978-7-112-20000-9

Ⅰ. ①城… Ⅱ. ①曾… Ⅲ. ①城市-降雨径流-水污染-污染控制-研究 Ⅳ.①X522

中国版本图书馆 CIP 数据核字（2016）第 248399 号

本书为国家"水体污染控制与治理"科技重大专项"城市主题"的研究成果之一。针对我国城市降雨径流污染控制的迫切需求，本书在借鉴城市径流管理和排水系统规划设计的国际经验基础上，总结我国已有相关研究成果和工程实践，为我国城市径流污染控制措施选择、方案设计和工程实施提供技术支撑和依据。

全书共分为 5 章。第 1 章综述了城市降雨径流污染的产生与特征，简单介绍了国内外城市径流污染控制技术的发展历程。第 2～5 章分别针对城市降雨径流污染的源头削减技术、管理控制技术和末端处理技术，详细阐述各项技术措施的基本功能、适用条件、设计要点、运行维护要点、效果与成本。其中第 2 章主要包括绿色屋顶、雨水罐、下沉式绿地、透水铺面、植被过滤带、植草沟、入渗沟、砂滤池、生物滞留池等技术，第 3 章主要包括管网现有存储能力的最大化利用、雨水口改造、旋流分离、合流污水调蓄、雨水调蓄、溢流污水消毒等技术，第 4 章主要包括入渗池、干/湿滞留池、雨水湿地、滨水缓冲区以及污水厂雨季应对技术等。在前几章剖析单项技术的基础上，第 5 章提出了设计城市降雨径流污染控制总体技术方案的理念、步骤与方法。

本书可为城市降雨径流污染控制措施规划、设计、建设、运行及维护管理等各环节的工作提供参考。

责任编辑：俞辉群　石枫华

责任校对：陈晶晶　张　颖

"十二五"国家重点图书
水体污染控制与治理科技重大专项
城市降雨径流污染控制技术
曾思育　董　欣　刘　毅　编著

＊

中国建筑工业出版社出版、发行（北京西郊百万庄）
各地新华书店、建筑书店经销
北京红光制版公司制版
北京鹏润伟业印刷有限公司印刷

＊

开本：787×1092 毫米　1/16　印张：14½　字数：330 千字
2016 年 12 月第一版　2016 年 12 月第一次印刷
定价：50.00 元
ISBN 978-7-112-20000-9
（29302）

前　言

面对我国严峻的水环境污染态势，如何科学有效地改善水质越来越受到政府部门、科研机构和公众的关注。国务院从全面建设小康社会的总体目标出发，制定了《国家中长期科学和技术发展规划纲要（2006—2020 年）》，明确了十五年间科技发展的重点领域和优先主题，并进一步确定了包括"水体污染控制与治理"在内的 16 个重大专项。水体污染控制与治理科技重大专项的设立，旨在解决制约我国社会经济发展的水污染科技瓶颈问题，为我国水污染控制与水环境改善提供科技支撑。该专项在实施过程中，将"十一五"期间的阶段性目标确立为"控源减排"技术的突破，分别针对湖泊富营养化控制与治理、河流水污染控制与综合整治、城市水污染控制与水环境综合整治、饮用水安全保障、流域水环境监控预警、水环境管理等领域的科技需求，按照设立 6 个主题的方式（湖泊、河流、城市水环境、饮用水、流域监控、战略与政策）来部署各项研发任务。其中，"城市水环境"主题以削减城市水污染负荷和保障城市水环境安全为核心目标，在水环境保护的国家重点流域，选择若干在我国社会经济发展中拥有重要战略地位、处在不同经济发展阶段、具有不同污染成因与特征的城市与城市集群，开展城市水环境系统决策规划与管理、城镇污水收集与处理、城市降雨径流污染控制、工业园区污染源控制、城市水功能恢复与生态景观建设、城市水环境设施监控管理等方面的技术研发和综合示范。在此背景下，本书作者以"十一五"期间城市水环境主题相关研究产出为基础，并结合国内外当前研究进展和实践经验，针对城市降雨径流污染控制全过程的关键技术，全面开展技术评估、示范工程调查监测和成果集成，进而编写完成本书，以期为城市面源污染控制和水体质量改善工作中的各个阶段，包括技术选择、方案设计、工程实施、运行维护等重要环节提供相应的技术指导和科学支撑。

作为城市水环境主题集成技术成果丛书的组成部分，本书有 3 个方面的特色。1. 系统性：在编写过程中，按照降雨径流污染负荷从产生到最终进入水体的全过程，并且充分考虑不同排水体制对这一过程的不同影响，最终确定了纳入本书编写范围的各项技术措施。为此，本书覆盖了以低影响开发技术为代表的源头削减类措施，以溢流污染控制和初期雨水污染控制为目标的管路调控类措施，以径流排放处理和污水厂雨季应对技术为主的末端治理类措施，形成了较为完善的城市径流污染控制技术体系。2. 实用性：在编写过程中，鉴于城市降雨径流污染控制技术在我国发展起步较晚，仅依赖"十一五"期间的课题研究成果还不足以全面支持相关章节内容，因此还投入大量时间精力收集整理了水专项课题之外的相关信息，充分吸纳了国内外关于各种技术措施的新进展与工程实践经验。为此，本书从基本功能、适用条件、设计要点、运行维护要点、效果与成本等方方面面详细阐述各种措施的技术细节，可提供较为完备的城市径流污染控制技术应用参考。3. 引领性：在编写过程中，深深感觉到技术措施林林总总、各有所长，如何将各种措施更好地组织起来，在实现径流污染控制目标的同时还能保证足够的成本有效性，甚至发挥出这些措施在防治洪涝、改善景观、提高雨水资源利用水平、促进健康水循环等方面的潜在价值，实在是一个复杂的科学问题。为此，本书专门用一个章节来探讨城市径流污染控制方案的设计理念、步骤和方法，从构建可持续城市水系统的高度和宗旨出发，引导我国城市高效合理地开展面源污染治理工作。

本书的编写工作得到了住房和城乡建设部水专项管理办公室、城市水环境主题专家组的大力支持，相关项目和课题提供了支撑材料，中国市政工程华北设计研究总院有限公司、同济大学环境科学与工程学院、重庆大学城市建设与环境工程学院、西安建筑科技大学环境与市政工程学院、住房和城乡建设部科技发展促进中心等单位提供了技术支持和帮助，在此表示衷心的感谢。

全书由曾思育总体负责撰写工作和定稿，各章节主要撰写人员包括：第 1 章，曾思育、董欣、刘毅；第 2 章，曾思育、白桦、卢璐、王琼珊；第 3 章，曾思育、白飞、赵冬泉；第 4 章，曾思育、白桦、白飞；第 5 章，曾思育、董欣、刘毅、郭豪。

限于作者学识水平，书中的不足不妥之处，敬请广大读者批评指正。

曾思育

2016 年 9 月于清华园

目　　录

第1章　绪论 ……………………………………………………………………… 1

  1.1　城市降雨径流污染的产生与特征 ……………………………………… 1

      1.1.1　城市降雨径流污染的产生原因与危害 ………………………… 1

      1.1.2　城市降雨径流污染的产生与排放过程及其特点 ……………… 3

      1.1.3　城市径流在地表汇集过程中的水质演变及其影响因素 ……… 4

      1.1.4　不同体制排水系统中的管网溢流原因和污染特点 …………… 6

  1.2　国内外城市径流污染控制技术的发展 ………………………………… 17

      1.2.1　国外城市降雨径流控制研究进展 ……………………………… 17

      1.2.2　径流污染控制措施在我国的应用 ……………………………… 20

  1.3　城市降雨径流污染控制措施 …………………………………………… 22

第2章　城市降雨径流污染的源头削减措施 ……………………………… 24

  2.1　绿色屋顶 ………………………………………………………………… 24

      2.1.1　基本功能 …………………………………………………………… 24

      2.1.2　适用条件和优缺点 ……………………………………………… 24

      2.1.3　设计要点 …………………………………………………………… 25

      2.1.4　运行维护要点 …………………………………………………… 27

      2.1.5　效果与成本 ……………………………………………………… 27

  2.2　雨水罐 …………………………………………………………………… 29

      2.2.1　基本功能 …………………………………………………………… 29

      2.2.2　适用条件和优缺点 ……………………………………………… 29

      2.2.3　设计要点 …………………………………………………………… 31

      2.2.4　运行维护要点 …………………………………………………… 33

      2.2.5　效果与成本 ……………………………………………………… 33

  2.3　下沉式绿地 ……………………………………………………………… 33

      2.3.1　基本功能 …………………………………………………………… 33

      2.3.2　适用条件和优缺点 ……………………………………………… 34

      2.3.3　设计要点 …………………………………………………………… 35

      2.3.4　运行维护要点 …………………………………………………… 37

      2.3.5　效果与成本 ……………………………………………………… 37

2.4　透水铺面··· 38
　　2.4.1　基本功能 ·· 38
　　2.4.2　适用条件和优缺点 ·· 38
　　2.4.3　设计要点 ·· 39
　　2.4.4　运行维护要点 ·· 41
　　2.4.5　效果与成本 ·· 42
2.5　植被过滤带··· 42
　　2.5.1　基本功能 ·· 42
　　2.5.2　适用条件和优缺点 ·· 43
　　2.5.3　设计要点 ·· 44
　　2.5.4　运行维护要点 ·· 45
　　2.5.5　效果与成本 ·· 46
2.6　植草沟··· 46
　　2.6.1　基本功能 ·· 46
　　2.6.2　适用条件和优缺点 ·· 47
　　2.6.3　设计要点 ·· 48
　　2.6.4　运行维护要点 ·· 51
　　2.6.5　效果与成本 ·· 52
2.7　入渗沟··· 53
　　2.7.1　基本功能 ·· 53
　　2.7.2　适用条件和优缺点 ·· 54
　　2.7.3　设计要点 ·· 55
　　2.7.4　运行维护要点 ·· 60
　　2.7.5　效果与成本 ·· 61
2.8　砂滤池··· 62
　　2.8.1　基本功能 ·· 62
　　2.8.2　适用条件和优缺点 ·· 63
　　2.8.3　设计要点 ·· 63
　　2.8.4　运行维护要点 ·· 68
　　2.8.5　效果与成本 ·· 69
2.9　生物滞留池··· 69
　　2.9.1　基本功能 ·· 69
　　2.9.2　适用条件和优缺点 ·· 70
　　2.9.3　设计要点 ·· 72
　　2.9.4　运行维护要点 ·· 77
　　2.9.5　效果与成本 ·· 78

2.10　非工程性的源头削减措施 ································· 79

第3章　城市降雨径流污染的管路控制措施 ··········· 81

3.1　合流制系统改成分流制系统 ························ 81

3.1.1　基本功能 ·································· 81

3.1.2　适用条件和优缺点 ························ 81

3.1.3　实施要点 ·································· 82

3.1.4　效果和成本 ································ 83

3.2　管网现有存储能力的最大化利用 ···················· 83

3.2.1　基本功能 ·································· 83

3.2.2　适用条件和优缺点 ························ 84

3.2.3　实施要点 ·································· 84

3.2.4　效果和成本 ································ 89

3.3　雨水口改装措施 ································· 90

3.3.1　基本功能 ·································· 90

3.3.2　适用条件和优缺点 ························ 91

3.3.3　设计要点 ·································· 91

3.3.4　运行维护要点 ······················· 92

3.3.5　效果与成本 ································ 92

3.4　漂浮物与固体物质筛除措施 ························ 92

3.4.1　基本功能 ·································· 92

3.4.2　适用条件和优缺点 ························ 94

3.4.3　设计要点 ·································· 95

3.4.4　运行维护要点 ······················· 96

3.4.5　效果与成本 ································ 97

3.5　合流污水调蓄设施 ······························ 98

3.5.1　基本功能 ·································· 98

3.5.2　适用条件和优缺点 ························ 100

3.5.3　设计要点 ································· 100

3.5.4　运行维护要点 ······················ 108

3.5.5　效果与成本 ······························ 108

3.6　雨水调蓄池 ································· 109

3.6.1　基本功能 ································· 109

3.6.2　适用条件和优缺点 ························ 110

3.6.3　设计要点 ································· 111

3.6.4　运行维护要点 ······················ 115

3.6.5　效果与成本 ┄┄┄┄┄┄┄┄┄┄┄┄┄┄┄┄┄┄┄┄┄┄ 116

3.7　旋流分离器 ┄┄┄┄┄┄┄┄┄┄┄┄┄┄┄┄┄┄┄┄┄┄┄┄┄┄ 117

 3.7.1　基本功能 ┄┄┄┄┄┄┄┄┄┄┄┄┄┄┄┄┄┄┄┄┄┄┄┄ 117

 3.7.2　适用条件和优缺点 ┄┄┄┄┄┄┄┄┄┄┄┄┄┄┄┄┄┄ 117

 3.7.3　设计要点 ┄┄┄┄┄┄┄┄┄┄┄┄┄┄┄┄┄┄┄┄┄┄┄┄ 118

 3.7.4　运行维护要点 ┄┄┄┄┄┄┄┄┄┄┄┄┄┄┄┄┄┄┄┄┄ 121

 3.7.5　效果与成本 ┄┄┄┄┄┄┄┄┄┄┄┄┄┄┄┄┄┄┄┄┄┄ 121

3.8　溢流污水消毒技术 ┄┄┄┄┄┄┄┄┄┄┄┄┄┄┄┄┄┄┄┄┄┄ 122

 3.8.1　基本功能 ┄┄┄┄┄┄┄┄┄┄┄┄┄┄┄┄┄┄┄┄┄┄┄┄ 122

 3.8.2　适用条件和优缺点 ┄┄┄┄┄┄┄┄┄┄┄┄┄┄┄┄┄┄ 122

 3.8.3　设计要点 ┄┄┄┄┄┄┄┄┄┄┄┄┄┄┄┄┄┄┄┄┄┄┄┄ 123

 3.8.4　运行维护要点 ┄┄┄┄┄┄┄┄┄┄┄┄┄┄┄┄┄┄┄┄┄ 124

 3.8.5　效果与成本 ┄┄┄┄┄┄┄┄┄┄┄┄┄┄┄┄┄┄┄┄┄┄ 125

3.9　预防和应对溢流污染的管网维护技术 ┄┄┄┄┄┄┄┄┄┄┄ 126

 3.9.1　溢流污染控制对管网维护的要求 ┄┄┄┄┄┄┄┄┄┄ 126

 3.9.2　管道检查技术与设备 ┄┄┄┄┄┄┄┄┄┄┄┄┄┄┄┄ 130

 3.9.3　管道清通技术与设备 ┄┄┄┄┄┄┄┄┄┄┄┄┄┄┄┄ 134

 3.9.4　管道非开挖修复技术 ┄┄┄┄┄┄┄┄┄┄┄┄┄┄┄┄ 135

3.10　排水管网的数字化管理技术 ┄┄┄┄┄┄┄┄┄┄┄┄┄┄┄ 137

 3.10.1　排水管网数字化管理模式的总体构架 ┄┄┄┄┄┄ 138

 3.10.2　综合数据库设计与建设 ┄┄┄┄┄┄┄┄┄┄┄┄┄┄ 139

 3.10.3　排水管网模型的构建 ┄┄┄┄┄┄┄┄┄┄┄┄┄┄┄ 140

 3.10.4　软件系统与硬件支撑平台设计 ┄┄┄┄┄┄┄┄┄┄ 141

 3.10.5　排水管网的数字化管理功能实例 ┄┄┄┄┄┄┄┄ 142

第4章　城市降雨径流污染的末端处理措施 ┄┄┄┄┄┄┄┄┄┄┄ 145

4.1　入渗池 ┄┄┄┄┄┄┄┄┄┄┄┄┄┄┄┄┄┄┄┄┄┄┄┄┄┄┄┄ 145

 4.1.1　基本功能 ┄┄┄┄┄┄┄┄┄┄┄┄┄┄┄┄┄┄┄┄┄┄┄┄ 145

 4.1.2　适用条件和优缺点 ┄┄┄┄┄┄┄┄┄┄┄┄┄┄┄┄┄┄ 146

 4.1.3　设计要点 ┄┄┄┄┄┄┄┄┄┄┄┄┄┄┄┄┄┄┄┄┄┄┄┄ 146

 4.1.4　运行维护要点 ┄┄┄┄┄┄┄┄┄┄┄┄┄┄┄┄┄┄┄┄┄ 149

 4.1.5　效果与成本 ┄┄┄┄┄┄┄┄┄┄┄┄┄┄┄┄┄┄┄┄┄┄ 150

4.2　干式滞留池 ┄┄┄┄┄┄┄┄┄┄┄┄┄┄┄┄┄┄┄┄┄┄┄┄┄┄ 150

 4.2.1　基本功能 ┄┄┄┄┄┄┄┄┄┄┄┄┄┄┄┄┄┄┄┄┄┄┄┄ 150

 4.2.2　适用条件和优缺点 ┄┄┄┄┄┄┄┄┄┄┄┄┄┄┄┄┄┄ 151

 4.2.3　设计要点 ┄┄┄┄┄┄┄┄┄┄┄┄┄┄┄┄┄┄┄┄┄┄┄┄ 152

4.2.4　运行维护要点 ……………………………………… 155

4.2.5　效果与成本 ………………………………………… 156

4.3　湿式滞留池 …………………………………………… 157

4.3.1　基本功能 …………………………………………… 157

4.3.2　适用条件和优缺点 ………………………………… 158

4.3.3　设计要点 …………………………………………… 159

4.3.4　运行维护要点 ……………………………………… 163

4.3.5　效果与成本 ………………………………………… 164

4.4　雨水湿地 ……………………………………………… 165

4.4.1　基本功能 …………………………………………… 165

4.4.2　适用条件和优缺点 ………………………………… 166

4.4.3　设计要点 …………………………………………… 167

4.4.4　运行维护要点 ……………………………………… 170

4.4.5　效果与成本 ………………………………………… 171

4.5　滨水缓冲区 …………………………………………… 172

4.5.1　基本功能 …………………………………………… 172

4.5.2　适用条件和优缺点 ………………………………… 172

4.5.3　设计要点 …………………………………………… 173

4.5.4　运行维护要点 ……………………………………… 174

4.5.5　效果与成本 ………………………………………… 174

4.6　雨污合流体系中污水处理厂的雨季应对措施 ………… 175

4.6.1　污水处理厂就地调蓄与雨天专用系统 …………… 175

4.6.2　污水处理厂整体优化和工艺单元改进 …………… 176

第5章　城市降雨径流污染控制方案的设计理念与方法 ……… 178

5.1　基于流域的城市径流污染控制理念 …………………… 178

5.2　径流污染控制方案设计目标与原则 …………………… 179

5.3　历史资料收集与整理 …………………………………… 181

5.4　补充监测方案制定与实施 ……………………………… 183

5.4.1　排水系统水文水力和水质特征监测 ……………… 183

5.4.2　常用的排水系统监测设备 ………………………… 185

5.5　汇水区径流与管网模型构建 …………………………… 187

5.5.1　建模工具与平台 …………………………………… 187

5.5.2　建模的一般过程 …………………………………… 188

5.6　城市降雨径流污染特征识别 …………………………… 190

5.6.1　城市降雨径流污染现状解析 ……………………… 190

　　　5.6.2　城市排水系统水力性能评估 ·· 191

　5.7　雨水控制措施的初步设计 ·· 193

　　　5.7.1　雨水控制措施的机理及其适宜的控制对象 ·········· 193

　　　5.7.2　典型雨水控制措施的选址适宜性 ························· 201

　　　5.7.3　典型雨水控制措施的效果比较 ···························· 202

　5.8　溢流控制措施的初步设计 ·· 202

　　　5.8.1　溢流控制技术选择的主要影响因素 ····················· 202

　　　5.8.2　溢流控制结构的选择 ··· 204

　　　5.8.3　溢流控制措施的选择与设计 ······························· 205

　5.9　径流污染控制方案模拟评估与优化 ······································ 206

　5.10　设计案例 ·· 207

参考文献 ··· 213

第1章 绪 论

在美国、日本、欧洲等国家和地区，虽然工业点源和生活污水得到全面管控，但人们发现城市中的一场降雨竟然也能给受纳水体带来难以承受的冲击负荷，原本环境功能正常的河流很快变得水质超标，湖泊中的氮磷水平发生波动且透明度骤降，下游城市的饮用水源地则遭遇了病原微生物浓度上升问题。而以污水管网和处理厂为核心设施建立起来的传统城市水环境治理体系明显对此力不从心。因此，大家深刻地认识到必须采取更有针对性的手段对城市降雨径流污染加以控制，相应的技术发展由此起步。相比于其他国家，我国的情况更为复杂，由于不同城市所处的社会经济发展水平、人口密集程度、水资源环境禀赋条件都不尽相同，当部分城镇还处在大力建设排水管网的阶段时，个别城市已经将降雨径流作为主要的水污染源而开展了相应的治理工程实践。面对这样的局势，在对已有国际国内经验进行综合分析评估的基础上，因地制宜积极稳步地推进我国城市降雨径流污染控制技术的发展与应用成为当务之急。

1.1 城市降雨径流污染的产生与特征

1.1.1 城市降雨径流污染的产生原因与危害

城市降雨径流污染，是指在降雨的淋洗和冲刷作用下，城市大气中和地表上累积的污染物伴随着径流，经由排水系统参与收集、输送和处理，通过多种汇集、迁移和排放方式，最终进入受纳水体而造成的水污染。它是城市中一种较为复杂的水污染形式。一方面，由于污染是"分散产生"的，也常被称为城市面源污染、城市非点源污染等[1]；另一方面，大部分污染物是经由排水系统进入水体的，因此又呈现出一定的"集中排放"特点。

快速的城市化进程是城市降雨径流污染产生的根本原因。随着城市的大力发展，土地利用状况发生了很大改变。一方面，由于城市中以建筑屋面、道路、广场、停车场等为代表的不透水区域面积大幅度增加，导致地表径流系数增大，降雨落到地面后迅速形成径流。一般情况下，就地表洼地的蓄水能力而言，砂石地面能消纳5mm左右的降雨，黏土地面为3mm，草坪则为4~10mm，而光滑的不透水地面在径流产生前只能保持不足1mm的雨水。土地利用类型改变造成不透水面积大幅增加后，不仅径流峰值出现的时间有所提前，而且城市地表径流总量和峰值流量也都会显著增加[2]。另一方面，伴随着城市中社会经济活动规模与强度的增大，各种人类活动排放的多种污染物在城市地表累积了大量的污染负荷，一旦有降雨冲刷，往往会形成污染物浓度较高的城市地表径流。例如，以我国地表水Ⅴ类水质标准为比较基准，上海市中心城区路面径流的监测结果表明，TSS 和 COD_{Cr} 浓度超出 4 倍多，总磷超过 2 倍以上，总氮含量也在不同程度上高于标准值[3]。赵剑强等人对西安市城市道路径流的监测显示，径流初始阶段的污染十分严重，浓度最高时 COD_{Cr} 可达 1230mg/L、BOD_5 可达 204mg/L、SS 可达 2288mg/L、石油类可达 161mg/L。即使径流历时 75min 后，其 COD_{Cr} 浓度仍高达 295mg/L[4]。黄金良等人监测发现，澳门地区路面降雨径流中 COD_{Cr}、Pb 和 Cu 的平均浓度值分别达到了 128.4mg/L、0.122mg/L 和 0.0470mg/L，水质很差[5]。径流中的污染物最终进入受纳水体后必然会带来负面的环境影响。

随着工业和生活点源治理日见成效，城市降雨径流污染的影响则日益突出，成为水体质量恶化的重要原因之一。城市降雨径流污染物来源广泛、成分复杂，既有降水从空气中淋洗出的污染物（工业区和大气污染严重的城市中这一现象尤为突出），又有城市地表上的污染物（包括城市垃圾和建筑工地的堆积物等固体废物、城市绿化使用的农药化肥、大气干沉降物质以及交通工具的排放物等）。对采用合流制排水系统的地方，还会有生活污水中污染物和管道沉积物的贡献[6,7]。综合考虑各种污染物的去除过程及其对环境的危害等多方面因素，城市降雨径流给受纳水体带来的水质问题主要包括以下 5 个方面：

（1）耗氧有机物输入导致水体缺氧

城市径流中携带有大量的有机物质，包括生活垃圾、树叶、草以及杂乱废弃物等。这些有机物质最终进入水体发生降解的过程中，会用掉水中的溶解氧。一场暴雨过后，城市河湖中的氧常常被消耗殆尽，跟径流输入的有机污染物关系密切。而水体一旦缺氧，极易发生黑臭，其中的水生生物也会受到影响，例如出现死鱼现象。

（2）营养物质输入与富营养化风险

营养物质主要指溶解态的和非溶解态的氮、磷化合物，几乎所有区域的城市径流中都含有这类物质。当水流缓慢、停留时间长的地表水体，如湖泊水库，接纳大量营养物质后，藻类等浮游植物在光照、气温适合的条件下很容易快速繁殖，破坏水体溶解氧平衡，同时降低水体美学价值。

（3）悬浮固体负荷增加

悬浮固体是最主要的城市径流污染物之一。研究表明，城市径流中悬浮固体的粒径中值在 $5\sim10\mu m$ 之间[7]。即便是用过滤的方法对降雨径流进行处理，悬浮颗粒也很容易穿过滤料最终进入水体，而吸附在悬浮颗粒上的其他污染物也难以被有效去除，从而对水体水质造成影响。

（4）多种有毒有害污染物影响水生生态系统健康

城市径流中常见的有毒污染物包括重金属、杀虫剂、多氯联苯（PCBs）和多环芳烃（PAHs）等。几乎所有的城市降雨径流中都含有重金属物质，但不同地区的径流中重金属含量存在很大差异。城市降雨径流中的 Pb 主要来源于含铅涂料油漆，Cu 主要来源于汽车制动瓦片和建筑防腐材料，Zn 主要来源于屋面材料和轮胎磨损，Ca 则主要来源于大气沉降和建筑物外墙材料[8]。杀虫剂、多氯联苯和多环芳烃等主要来源于草地、菜地等施用的农药、机动车辆排放的废气以及大气的干湿沉降等[8]。

（5）细菌和病毒的潜在危害

细菌和病毒在地表径流中也十分常见，给人体健康带来潜在威胁。我国城市径流常见的病原体包括沙门氏菌、绿脓杆菌、志贺氏菌属、肠道病毒等[7]。这些细菌和病毒的主要来源是合流制排水管道在降雨期间的溢流污水和宠物等动物的排泄物等。

1.1.2 城市降雨径流污染的产生与排放过程及其特点

城市降雨径流污染最初并未被全面纳入城市水污染物总量控制的范畴，与其独特的产排过程有相当大的关系。城市降雨径流污染从发生到对水体产生影响的一般过程如图1-1所示。

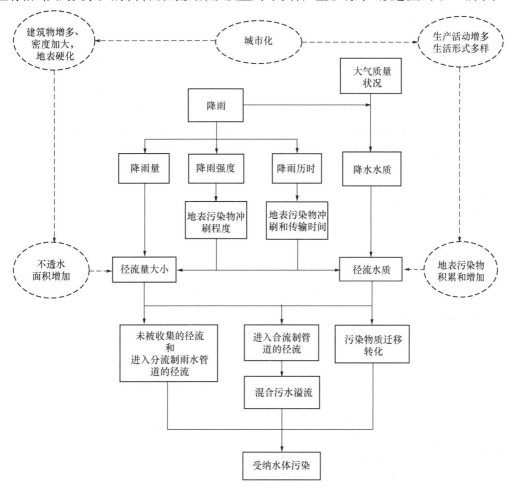

图 1-1　城市降雨径流污染产生过程

城市降雨径流污染过程复杂而动态多变，它既与工业企业和污水处理厂等典型点源不同，又区别于农村的径流污染，其产生与排放具有以下特点：

（1）产生过程的随机性和不确定性

影响城市降雨径流污染的很多因素都带有不确定性。例如，在地表污染物累积和冲刷过程中，两场降雨之间的间隔时间、单场降雨历时、降雨强度等关键变量都存在随机性和不确定性。

（2）污染负荷的时空差异性

受降雨过程的影响，城市地表径流携带的污染负荷随时间变化的特征非常显著。由于降雨随机性的存在，城市地表径流的污染负荷并不稳定。另外，由于不同城市功能区当中人类活动方式与强度存在相当大的空间差异，不同区域地表污染物的性质、累积的数量和冲刷的程度不尽相同，使得地表径流带来的污染负荷还存在较强的空间差异性[8],[9]。

（3）排放形式的复杂性

污染物晴天时在城市地表累积，降雨时通过冲刷进入径流，经由排水系统收集、输送、处理后进入水体。因此，这种污染形式具有"面状发生、网状输送、多点集中排放、周期性间歇式影响"的时空特征，呈现面源和点源的双重特性。

不仅如此，不同体制的排水系统也对径流污染物最终进入受纳水体的方式有明显影响，可能出现径流及其携带的污染物直接进入受纳水体、被收集到雨水管网后经处理或不经处理后排入受纳水体、以混合污水的形式进入污水处理厂得到处理后排放、被收集到污水管网后受管网能力限制以混合雨污水溢流的方式进入受纳水体等多种情形。而第 4 种情形又常被称为由降雨事件驱动的污水管网溢流污染。后续章节还将对污水管网溢流污染做进一步介绍。

特殊的产排过程一方面决定了城市降雨径流污染具有一定的隐蔽性，另一方面也给污染控制带来了相当大的技术难度，需要针对具体的污染物迁移路径和对水体的影响方式采用相适应的控制措施。

1.1.3　城市径流在地表汇集过程中的水质演变及其影响因素

在一场降雨中，典型的地表径流水质变化过程如图 1-2 所示。受降雨前城市地表污染物累积和降雨冲刷作用的影响，径流量和 SS、COD、BOD_5 等污染物浓度会经历先上升后下降的过程，但径流量峰值一般会比污染物浓度峰值滞后出现。

从地表径流水质变化过程中可以看出，初期雨水径流中污染物的含量在整个降雨过程中占据了很大的比例，被称为初始冲刷效应。根据在海河流域开展的不同城市、不同下垫面、不同场次降雨径流的监测结果，绘制城市降雨径流累积污染负荷—累积径流量曲线，如图 1-3 所示。可以看出，屋面和路面径流中颗粒物、有机物、营养物质、金属离子均存在不同程度的初期冲刷现象，其中颗粒物冲刷现象最为明显，累积 10% 径流量包含了 30%～60% 的颗粒物径流总污染负荷；对于其余污染物，累积 10% 径

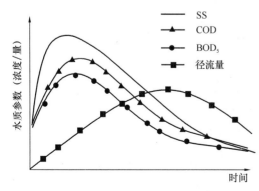

图 1-2　径流量和水质浓度随径流时间
变化曲线示意图

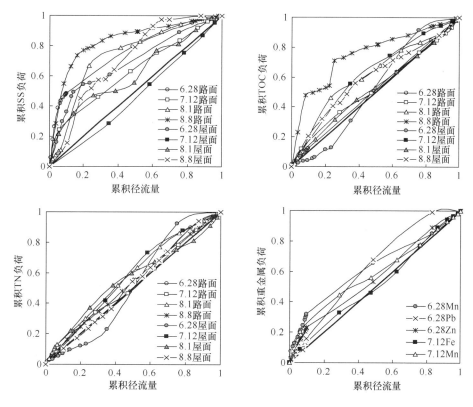

图 1-3　不同污染物的初期冲刷效应

（数据和图的来源：973 计划课题"海河流域水循环演变机理与水资源高效利用"报告）

流量分别包含了 20%～50% 的有机物径流总污染负荷、20% 的营养物质径流总污染负荷和 20%～30% 的金属离子径流总污染负荷。

相关研究表明[3]：降雨强度对初始冲刷的影响最为明显；不同土地利用类型区域的冲刷效应存在差异，初始冲刷效应由强到弱依次为商业区＞居民区＞工业区＞交通区；不同污染物的冲刷效应也存在不同，TSS 和 COD_{Cr} 在商业区和工业区的冲刷效应要大于氮磷污染物质，而在交通区和居民区的分异特征不明显。

但需要指出的是，目前不同学者对初始冲刷的确切定义不完全一致。Helsel 等认为，当部分径流平均浓度大于总径流平均浓度，初始冲刷就发生了[10]。Wanielista 等定义，当占总流量 25% 的初期径流量能冲刷占总径流排污量的 50% 的污染物时，认为存在初始冲刷现象[11]。Stahre 等则认为，占总径流量 20% 的初期径流冲刷了占径流排污量 80% 的污染物时，才能认为初始冲刷现象发生[12]。王和意等人认为，将 30% 的初期径流量冲刷了80% 的污染物作为初始冲刷效应的定义比较有说服力[13]。

影响地表径流水质的主要因素有降雨特征和下垫面特征。降雨特征主要包括降雨量、降雨强度和降雨间隔时间等。降雨量越大，地表径流量越大，在地表污染物累积量相同的情况下污染物浓度越低。降雨强度的增加会增大污染物被冲刷的动能，从而增大径流中污染物的负荷。降雨间隔时间决定了地表污染物的累积量，间隔时间越长，地面累积的污染物越多，被雨水冲刷后进入径流的污染物越多。不同下垫面对地表径流水质也会产生不同的影响，其特征主要包括地形地貌和土地利用类型。地形地貌的不同会影响到下垫面的下渗能力、截流能力及调蓄能力。下渗能力直接关系到地表径流量的大小，进而对径流水质产生影响，例如区域的植被覆盖率越高，其地表的下渗能力越强，地表径流污染越小。土地利用类型不同的区域，如工业区、商业区、交通区，由于其特定功能，会累积不同性质和数量的污染物，从而造成地表径流中污染物类型和浓度不同。以不同土地利用类型区域中的屋面径流为例，污染物浓度存在明显差异，表1-1给出了国内部分城市不同土地利用类型区域中不同材质屋面上的降雨径流污染物浓度监测结果。

不同土地利用类型区域的屋面径流水质   表1-1

城 市	土地利用类型	屋面类型	污染物浓度（mg/L）			
			COD	SS	TN	TP
北京[14]	生活区	方砖	115.99	27	8.26	0.71
天津[15]	文教区	平顶沥青	30～1632		2.78～55.01	0.01～2.65
	居民区	平顶沥青	5～1138		6.11～36.98	0.01～0.18
上海[16]	商居混合区		1.88～110.16		0.12～22.27	0.016～11.85
	文教区		0.27～11.60		0.03～6.61	0.004～0.99
深圳[17]			119.18	117.23	1.69	0.23
新乡[18]	办公区	沥青	39.60	21.95		
西安[19]	工业区		36.63～264.1	96～794		0.055～1.381
			3.33～31.31	19～153		0.035～0.124
			2.13～15.31	10～695		0.005～0.045
武汉[20]	文教区	沥青	233.24	32.81	13.22	0.3
		水泥	286.97	64.54	9.33	0.33
		瓦屋面	86.36	35.83	7.58	0.22

1.1.4 不同体制排水系统中的管网溢流原因和污染特点

如前文所述，排水管网溢流是城市降雨径流作为一种污染源对水体产生影响的具体形式之一。由于降雨径流在城市中的收集输送和排放过程与城市排水系统的能力、结构和布局密切相关，因此管网溢流污染发生的原因和类型受到排水系统所采用的排水体制的直接影响。

城市排水系统主要由排水管网、管网附属设施及污水处理设施等组成，有组织地实现对生活污水、工业废水和雨水的收集、输送、处理以及最终排放。排水系统是城市基础设施的重要组成部分，服务于城市水污染防治、雨洪内涝控制和水生态环境保护，促进城市污水和雨水的再生利用，保障城市的可持续发展。而城市排水系统规划建设的首要问题就是合理确定城市排水管网系统收集、输送、排放雨污水的方式，即排水体制。不同的排水体制类型不仅直接影响到系统的设计、施工、运行和维护管理，影响到投资费用和后续的管理成本，而且还关系到城市发展和环境保护目标的实现。

1. 不同体制的排水系统

城市排水体制一般可分为合流制、分流制和混合制[21]。合流制是指将服务区内的城市污水和雨水混合在一起通过同一管道系统进行排除的排水方式。根据对混合后雨污水处理程度的不同，合流制排水系统可进一步分为直泄式、截流式和完全处理式[22]。分流制是指城市污水和雨水分别通过两个独立的管道系统进行排除的城市排水方式。根据雨水排除方式的不同，分流制排水系统可进一步分为完全分流、截流式分流和不完全分流制[22]。混合制则是指在同一服务区内，两类排水方式存在交叉并行现象。以下对各种排水体制的起源、特点和优缺点[22]、[23]、[24]予以介绍。

直泄式合流制排水系统中，一般会采取就近坡向水体的原则布置排水管网，分若干个排水口将混合的雨污水不经处理和利用直接排入水体（如图1-4）。这种排水体制起源于19世纪的欧洲，当时建设排水系统主要是为了改善城市的卫生条件，保障公众健康安全。该类排水体制只采用一套管道系统，造价较低，施工简单，在早期的城市建设中被大量使用。但是由于直泄式合流制系统中未设置污水处理厂，混合污水未经处理就直接排入受纳水体，城市的水环境质量因此受到严重影响，从环境保护和卫生防护上来看是不可取的。因此，目前已不采用这种排水体制设计城市排水系统；对于在用的直泄式合流制系统，也必须通过建设污水处理厂和配套管网进行改造。

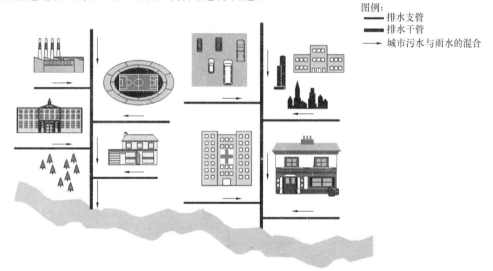

图例:
■ 排水支管
━ 排水干管
→ 城市污水与雨水的混合

图1-4 直泄式合流制城市排水系统

完全处理式合流制的排水系统是对直泄式合流制最根本的改造，它将合流制管网收集的混合污水全部输送至污水处理厂，进行处理后再排入受纳水体中，如图1-5。从水污染防治的角度看，在这种排水系统中，城市污水和雨水均进行了处理，保证了受纳水体入流的水质，在很大程度上消除了直泄式合流制系统对水环境的影响。从系统建设的角度看，为了保证排水系统在雨季的正常运行，需要铺设大管径的排水管、建设大规模的污水泵站和处理厂，导致系统建设工程投资高、资金利用率低。从系统运行的角度看，旱季和雨季各类设施的进水水量和水质浓度波动大，加大了泵站、污水处理厂等设施单元稳定可靠运

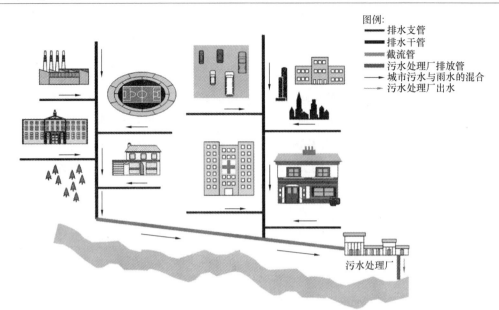

图 1-5　完全处理式合流制城市排水系统

行的难度，影响运行绩效。事实上，完全处理式排水系统由于要将全部的混合污水排入污水处理厂，在实践中很难实现。

截流式的合流制系统实际上就是目前通常所说的合流制系统，是对直泄式和完全处理式两种排水方式的折中。该系统在直泄式合流制的基础上，按照地形条件和已有排水管网走向增设截流干管，然后在合流干管和截流干管相交前或相交处设置溢流井，污水处理厂则设置在截流干管的下游，如图 1-6。旱季时，截流干管将所有的城市污水送往污水处理厂进行处理；雨季时，在降雨初期，截流干管将城市的雨污混合水一同送入污水处理厂。但随着降雨量的增加，超过截流干管输水能力的那部分混合污水将经过溢流井由溢流管排

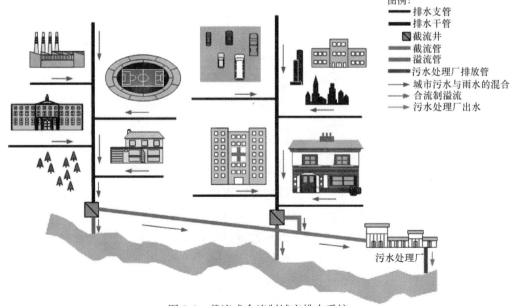

图 1-6　截流式合流制城市排水系统

放，直接进入受纳水体。与直泄式合流制系统相比，截流式合流制排水系统在水污染控制方面有了很大改进，只有当超出截流干管输水能力后才有部分混合污水直接排入受纳水体，减轻了排水系统对城市水环境的压力。与完全处理式合流制系统相比，截流式合流制排水系统的工程造价较低、资金利用率提高。鉴于以上优点，在国内外城市改造已有的直泄式合流制系统时，截流式合流制得到了广泛应用，成为当前城市排水系统的主要排水体制之一。但是这种系统雨天运行时，雨污混合水仍然存在未经处理就以溢流方式进入受纳水体的可能性，从而间歇式周期性地向水体输入污染负荷。因此截流式合流制系统溢流的有效控制是该类系统进一步完善发展的关键。另外，在雨季和旱季，该系统中各设施的进水水量和水质虽然没有完全处理式合流制系统的波动性大，但雨季冲击依然存在，此时污水处理效果还是会受到一定的影响。

完全分流制排水系统，即通常所称的分流制排水系统，建有污水和雨水两套排水管网及相应附属设施，前者收集城市污水送至污水处理厂处理后排放进入受纳水体，后者收集雨水后就近排至受纳水体。完全分流制中，城市污水不会直接进入水体，一定程度上保证了水环境质量和卫生条件。许多城市新建排水系统或改造已有合流制系统时，往往会首选完全分流制。然而该系统将全部雨水直接排入受纳水体，特别是含有较高污染物浓度的初期雨水，对水体质量存在一定影响。为此，近些年一些采用完全分流制的城市，逐渐开始实践在系统中新增初期雨水处理设施，以完善原有系统，提高其环境效益（图1-7）。

截流式分流制的排水系统中，城市污水经污水管网送至污水处理厂处理后排入水体；初期雨水通过截流系统也送入污水处理厂进行处理，而中后期雨水则通过截流系统的溢流管直接排入受纳水体（图1-8）。截流式分流制排水系统对污水和初期雨水均进行处理，

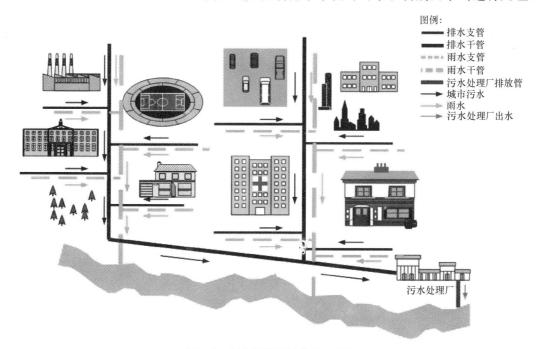

图例：
———— 排水支管
━━━━ 排水干管
┄┄┄ 雨水支管
▨▨▨ 雨水干管
▰▰▰ 污水处理厂排放管
→ 城市污水
↝ 雨水
⇒ 污水处理厂出水

图1-7　完全分流制城市排水系统

可以较好地防治水污染。同时由于污水处理厂只接纳污水和初期雨水，进水水量水质相对稳定，降低了污水处理厂及污水泵站的运行难度和管理费用。但截流式分流制系统本身投资和建设难度较大，要保证高浓度的初期雨水能够进入截流管，而将较低浓度的中后期雨水直接排入水体，同时截流井中的污水不能溢出。在我国的《城市排水工程规划规范》GB 50318—2000 中规定："在有条件的城市可采用截流初期雨水的分流制排水系统"。

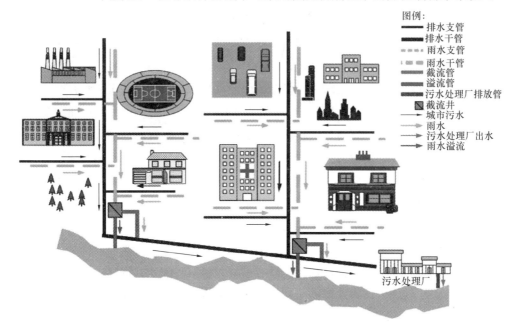

图 1-8　截流式分流制城市排水系统

不完全分流制的排水系统中只有污水管网而没有雨水管网。污水通过污水管道流至污水处理厂，经处理后排入受纳水体；雨水沿地面、街道边沟、天然水渠等渠道系统予以排除（图 1-9）。不完全分流制系统投资较低，主要用于地形适宜、明渠水系较为健全的地方，但该系统无法控制雨水径流带来的污染。有些经济发展中的地区为了节省投资，可能会先采用明渠排除雨水，有条件后再修建雨水管道系统，从而转变成完全分流制。事实上，近些年随着雨水源头管理理念和相关工程技术的大力发展，针对特定的雨水沟渠排放体系，可以因地制宜地增设一些径流污染控制设施，如植草沟，这样一方面明显能改善不完全分流制系统的水环境保护能力，同时降低改造成完全分流制系统带来的成本投入。

2. 排水管网溢流的不同类型和特点

不论是合流制管道还是分流制系统中的污水管道，不论是在晴天还是雨天，管道都有可能发生溢流。作为降雨径流污染的重要表现形式，降雨事件驱动的管网溢流污染最值得关注。为了正确理解那些与降雨密切相关的管网溢流是如何发生的，首先需要分析不同类型管网中的水量构成与来源，具体如下：

（1）城市污水量

城市排水系统要负责传输城市中产生的生活污水，有时候还会包括一部分工业污水，

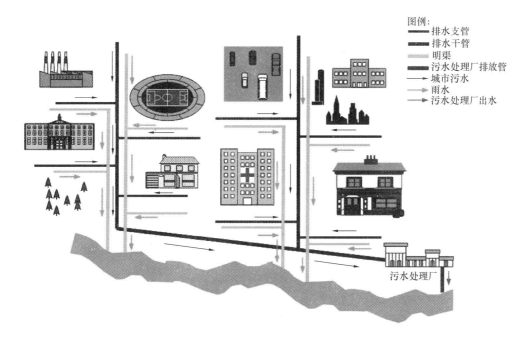

图例:
── 排水支管
━━ 排水干管
░░ 明渠
■■ 污水处理厂排放管
→ 城市污水
→ 雨水
→ 污水处理厂出水

污水处理厂

图 1-9 不完全分流制城市排水系统

也就是所谓的城市污水。不论是合流制管道,还是分流制系统的污水管道,其中的流量都包括这一来源的水量。

(2)入渗水量

入渗水量是指通过破损的管线、管道接口、检查井等地方从地下进入管道的雨水和地下水。同样地,这部分水量也是既可能存在于合流制管网,也可能存在于分流制系统的污水管网。另外,还有必要区分一下连续入渗(又称基本入渗)和降雨驱动的入渗(又称雨水入渗)。典型的连续入渗是地下水在季节平均水位条件下形成的渗漏量,降雨驱动的入渗则是降雨事件造成地下水水位高于平均水平而额外带来的。入渗在土壤饱和且地下水位高于系统高程的时候更容易发生,而入渗量的大小则与管网破损处的高程以及破损的程度有关。在靠近受纳水体附近的管道中,入渗水量甚至可能超过所收集的城市污水量,因为这些地方的地下水位往往趋近于受纳水体的水面高程。与接下来要提到的入流水量相比,入渗水量对于管网峰值流量的贡献往往要小,但是对于一年的排水总量来说贡献比例则要高一些。入渗常常在降雨事件之后的若干天内都会持续发生,而入流一般仅在降雨后持续维持几个小时。

(3)入流水量

入流是指通过以下多种方式进入到分流制污水系统的雨水径流,包括房檐;庭院、地窖、空地的排水沟;未加盖的检查口;地基排水口;冷却水排放;雨水管或者合流制管错接入分流制污水管;潮闸泄露;道路清洗水等。在实际运行中,合流制管道同样也会接收到通过上述方式进入的入流水量。但对于合流制系统而言,与管网在雨天正常收集到的雨水所不同的是,入渗和入流过程汇入的雨水径流都不是管网系统设计目标所要求收集的,往往是由于排水系统缺陷(例如管线破损和错接等原因)造成的。另外,刚才提到的很多入流水量的源头同样也是入渗水量的源头，只不过入流现象对降雨事件的响应更快。决定入流水量峰值大小的因素较多，包括降雨强度及其分布、先前的地下水状况以及入流水源的类型与位置等。分流制系统中污水管道能力不足的一个主要原因就可能是入流带来的高峰流量，入流量也会给合流制管网系统峰值流量带来类似的影响。

（4）雨水量

对合流制管道而言，降雨过程中及降雨刚结束的一段时间内，雨水是管道中水流的重要组成部分。显然合流制管道中雨水径流的组成与分流制污水管道中的雨水径流是有显著区别的。

根据管网类型和发生溢流的时段，可以把溢流分为分流制污水管网晴日溢流、分流制污水管网雨天溢流、合流制管网晴日溢流以及合流制管网雨天溢流。雨天溢流和晴日溢流的界定主要是区分溢流是否由降雨（包括融雪）造成。晴日溢流和雨天溢流具有不同的性质，其产生原因和控制方法均有所不同，如下所述：

（1）分流制污水管网晴日溢流

晴日发生的分流制污水管网溢流是指原污水的溢流，此时的溢流基本与入流和降雨驱动的入渗（这两者均由降雨引起）无关。换句话说，分流制污水管网晴日溢流是在没有降雨或者降雨很小的天气条件下发生的。典型的分流制污水管网晴日溢流不是由管网输送能力相关的因素（例如管径）造成的，而是由一些跟管网建设和运行维护相关的因素、系统故障或者人为破坏等原因引起的。由于分流制污水管网晴日溢流的这些特点，其发生可以是出现在管网系统的任意部位，而无关乎管道排水能力大小。在重力流条件下，分流制污水管网晴日溢流一般是发生在破损的管道、低洼的检查井盖、或者管道堵塞点上游区域中地势最低的建筑物地下楼层排水口等处。在有压流的情况下，分流制污水管网晴日溢流则可能发生在任意一处能够向外部环境释放压力的点位上。通常情况下，由于未受到雨水的稀释，分流制污水管网在晴日的溢流污染物浓度远高于其雨天溢流的污染物浓度，因此会带来更为严重的环境和健康影响。

（2）分流制污水管网雨天溢流

这类溢流是由于管道中进入了过多的入流水量和降雨入渗量，以至于总流量超出了管网的输送能力。分流制污水管网雨天溢流发生在降雨事件过程中或者降雨刚结束的阶段，并且与分流制污水管网晴日溢流相比，往往由于雨水和地下水的稀释而浓度有所降低。典型的分流制污水管网雨天溢流发生在超负荷地区（即流量超出能力的地方）最低的排放点处。有些溢流是经过人为设计和安排的，称为受控的雨天溢流。受控溢流一般会被有意识地布设在已知排水能力不足的地方，是防止居民财产受损和保护下游设备（例如泵站）所需要的。典型的受控溢流往往通过建设从某个检查井或泵站集水池通往外部环境（常常是受纳河流）的一段污水管来实现。而典型的非受控雨天溢流则发生在紧邻超载管道上游的检查井盖处，或者与超负荷系统相连接区域中最低的建筑物楼层处。

（3）合流制管网晴日溢流

这种溢流是合流制系统在旱季条件下发生的一种特殊排放。合流制管网晴日溢流并不是合流制管网设计中考虑的内容，往往不是由于缺少管道输送能力造成的，而是由于管道阻塞、机械或电气故障或人为破坏引起的。与分流制污水管网晴日溢流类似，合流制管网晴日溢流也是可以发生在系统的任意位置，而与其输水能力无关。

（4）合流制管网雨天溢流

雨天发生的合流制管网溢流通常情况下是属于受控溢流，并且会专门设计安排在通向受纳水体的排放点处，当流量超出下游管网能力的时候发生。合流制管网雨天溢流发生在降雨事件过程中或者降雨结束后的很短时间内。与合流制管网晴日溢流相比，合流制管网雨季溢流由于雨水的稀释作用而使得其污染物浓度下降。合流制管网雨天的溢流污水由未经处理的城市污水和雨水组成，其中含有病原体、有机耗氧物质、悬浮固体、营养物质、重金属等多种污染物。溢流污水水质还受到管道沉积物的影响，管道沉积物中有机成分含量很高，在管道欠缺定期疏通清洗的情况下更为显著。合流制管网雨天溢流直接进入地表水体后，将对城市水环境与水生态产生很大影响。国外经验表明，在解决点源问题后，合流制管网雨天溢流污水是造成许多受纳水体水质恶化、观赏性下降、鱼类产量下降甚至死亡的主要因素。

有学者对合流制管网雨天溢流污水的水质进行了研究，表 1-2 即为不同类型汇水区中合流制管网雨天发生溢流时的典型污染物浓度[25]。与我国《城镇污水处理厂污染物排放标准》（GB 18918—2002）中各类污染物的二级排放要求相比较，溢流污染物浓度大多超标，其中 SS 超标率最高可达 20 多倍。

不同汇水区合流制管网溢流污染物浓度示例   表 1-2

汇水区类型		居民区＋商业区	低度开发地区	工业区	居民区	轻工业区
不透水面积比例（%）		75	5	65	45	—
污染物浓度 （mg/L）	TSS	655.5	365.5	221.0	160	97
	COD	368.7	50.0	291.2	134	68（BOD_5）
	TKN	13.8	1.4	9.2	14.0	3.8（NH_4-N）
	TP	8.3	5.5	5.0	3.4	2.63
	Pb	0.09	0.24	0.15	0.0015	0.020

3. 管网溢流发生的原因

虽然不论是合流制还是分流制的管网溢流，其对公众健康和生态环境的影响是相似的，但它们发生的原因和可预测性都明显不同。合流制管网发生溢流主要是因为降雨期间混合的雨污水超出了合流制管网或者污水处理厂的能力。而分流制管网溢流则是由雨天过量的入渗和入流导致，或者是管网系统不恰当的运行维护造成的。根据美国环境保护局之前的一项调查，分流制污水管网溢流事件中，有 48％是由于污水管线全部或者部分阻塞而造成的晴天溢流，仅有 26％是雨天的入渗入流造成的。因此，辨析溢流发生的原因对于预防和控制其发生是至关重要的。管网溢流的原因，归纳起来主要包括 3 类：与管网能力相关的原因，与运行维护和施工建设相关的原因以及系统故障和人为破坏类的原因。

与管网能力相关的溢流是指进入管网系统的流量超出其输送能力，从而引发的分流制污水管网或合流制管网的溢流。之所以进入排水系统的水量过多，或者换个角度说管网出现能力不足，可以由很多因素造成，包括设计不足和特定水力学条件的限制、过量的入渗和入流、超出系统设计能力的降雨事件、管网错接、土地利用变化带来的非预期的大流量、服务区存在计划外土地开发造成的超负荷等，详述如下。

(1) 设计不足带来的水力输送能力不足

首先讨论分流制系统的问题。分流制污水系统的建设是为了收集并安全地输送城市污水，从设计目标上来讲并不负责收集雨水。但针对现实中存在的入渗入流等流量增加因素，出于安全，我国的设计规范采用非满流设计的方式予以考虑；国外给排水设计的实践中也会采用安全系数法来处理，例如美国过去的设计规范要求采用 3～4 倍的安全裕量。但在很多情况下，这样的安全考虑并不能完全应对分流制污水管网溢流。美国的数据表明，过去很多采用安全系数法设计的系统，再加上管网老化的因素，很多实际上只能应对低于 1 年重现期雨量的降雨事件，统计学上意味着管网每年都要遭遇超载和溢流。因此美国目前在分流制污水系统设计中，已经从安全系数法转向采用与降雨重现期相关的方法，设计时一般要求系统能够处理 5～50 年重现期降雨带来的入渗入流。再来看合流制系统的情况。合流制系统设计时本来就要考虑雨水的收集，通过受控溢流的方式来平衡对下游管网能力的要求，同时保护下游区域的生命财产安全。合流制管网跟分流制系统中的雨水管网一样，必然受到跟降雨重现期相关联的最大设计能力限制。我国的规范中建议一般地区的设计重现期选择在 1～3 年，美国过去的相关设计则通常选择 2 年的重现期为标准。但是由于城市化过程导致了不透水地面面积的增加，受到由此带来的雨水汇流时间缩短的影响，合流制管网溢流风险提高。城市化同样也影响到了受纳水体，有时甚至会引起对合流制管网的倒灌。与此同时，合流制系统可能无法继续提供足够的保障来避免地下室进水和地面积水等内涝问题，尤其是在很多高度开发的老旧区域。为此，在关注合流制溢流污水对受纳水体造成环境影响的同时，其内涝控制也成为重要的公众健康和安全考虑。因此目前美国要求以前建设的合流制系统在改造时要采用 10～50 年的降雨重现期标准。除此之外，管网设计中的水力学约束条件也会导致输水能力不足。例如，管网系统中常见的水力学限制有严重弯曲、管底平接、自由跌水排放、遭遇速度差异显著的逆向流等等情形，从而在峰值流量条件下产生潜在的超载、阻水、溢流等问题。

(2) 超量的入渗和入流

合流制管网和分流制污水管网，尤其是后者，其传输能力可以被各种入渗和入流所消耗。不少分流制系统，虽然是按照设计要求建设的，但仍然出现了污水管雨天溢流的情况，因为实际的入渗入流量大小超出了设计预期，或者入渗入流的控制难度和成本超出了预期，又或者系统在服务区人口增长后未做相应升级而已经能力不足。入渗入流的速度和总量跟很多因素有关，包括土壤湿度和渗透性、汇流条件、管网施工情况、地下水位，以及降雨的强度、频率和时长等。要想解决由入渗和入流带来的溢流问题，必须通过消除入渗入流的来源或者增大系统的能力来实现。

(3) 降雨事件的发生超出预期

对于分流制系统，当实际降雨比设计重现期条件下的降雨量大时，过多的降雨会使得入渗入流量增加，从而管网流量水平增加并超出系统的设计能力，最终导致收集系统超载、地下室淹水、溢流、污水处理厂旁路超越乃至出水超标。有时候虽然每场降雨的雨量可能都低于设计雨量，但降雨事件接连发生也会给系统带来过多的入渗入流量，最后造成系统超负荷。类似地，合流制管网系统也会遇到超出设计条件的降雨，导致系统发生非受控的溢流，例如从雨水入口处倒流和溢流、居民家庭入网接管处淹水等。当合流制系统遇到降雨接连发生，一般而言对其上游管网的影响较小，因为单次降雨的雨水流量在降雨结束后会快速消退；但对于下游的大型管道和受纳河流来讲，因为集中受影响的时间相对较长从而影响较大。

（4）错接

错接是指直接将雨水流量接入到分流制污水管网中，理论上是不允许的。典型的错接包括将雨水泵、雨落管、雨水口、小区雨水管等接入分流制污水管网。错接会给分流制污水管网带来严重的能力问题，它对系统能力的占用取决于接入的规模和数量。还有一个问题就是，下游地势较低的住户和受纳水体由于其所处的特定位置而被动接纳溢流，但对溢流有所贡献的错接处则可能是发生在汇水区的上游反而不会受溢流的影响。合流制管网显然允许雨水泵、雨落管、小区雨水管的直接接入。当把合流制系统改造成分流制系统时，对这些雨水源，其查找和定位必然构成改造过程中的很大一部分成本，并且往往影响到"消灭"受控溢流的工作进度。

第二类溢流是与运行维护和施工建设相关的溢流，之所以有所发生，往往是跟排水系统的老化有关。服务年限较长的管道往往会存在结构完整性和输水能力不足的问题。随着使用期的增长，管网系统的状况持续恶化，常有堵塞现象，不仅晴天可能发生溢流，输水能力不足的问题到了雨季就变得更加严峻。具体包括：

（1）与运行相关的溢流

由于整个管网系统（还包括水泵、水闸、阀门、压力管等部件）存在的运行状态和设置是多种多样的，导致系统很可能某个时段并没有按设计的方式来工作，从而发生溢流。例如，如果泵站的运行参数设置不合理，低处的集水井就可能出现溢流。

（2）与维护相关的管道堵塞

这类堵塞一般是由于管道清洗不足或者清洗频率不够造成的。维护不足会导致固体物质沉积、油脂累积，还有植物根系从一些接头处进入系统并沿着管道延伸生长，从而导致管道阻塞、流动受限（即管网能力下降）。油脂凝固后会阻挡水流，降低管道输送能力。美国环保局的调查数据表明，在有记录的管道堵塞中，饭店、居民家庭和工业源排出的油脂是最常见的堵塞原因；有近1/3的堵塞是因固体物质，例如砂石的堆积造成的；大约1/4的堵塞则是由于植物根系的入侵。监管和维护不足还可能引起结构失效。微小的管道缺陷就可能带来结构问题。如果一根管线经历了超载或者循环反复地发生渗出渗入，土壤颗粒就会迁移进入管道，导致管道外围出现空隙，进而引发管道破裂或者坍塌。对泵站或其他机械电力设施的维护不足也会引发溢流。应定期检查泵的磨损和电机运行情况并在有问题之前及时予以更换。压力管内如果夹带了空气会降低其能力，并导致能力不足现象向上游传递。及时检查放气阀并维持其正常工作就可以避免夹带空气的问题。通过这种主动维护而不是出了问题后响应式的被动维护开展工作，能够大大预防溢流的发生。

（3）与施工有关的溢流原因

施工质量差会导致后续的溢流发生。分流制体系的污水管道和检查井安装不好，会造成新建管网系统的入渗和入流，导致系统输送旱季流量的能力不足。检查井内的水槽和转弯建造的不好，就不能实现水流的平稳输送和多条管道的顺畅连接，从而阻碍流动并大大降低管网系统的整体能力。管网系统建设过程中造成的管道错位、下沉、平坡、逆坡等都会导致固体物质沉积和油脂累积，进而减小管道输水能力。施工中压实工作做得不好，随后就可能导致管道下沉和破裂。

（4）管道结构性失效

结构性的管道失效之所以引起溢流是由于管道堵塞后管道截面积有所降低造成的。结构失效的原因有腐蚀、管道老化或超负荷运转。管道结构性失效的概率是管龄和管材类型的函数。例如早期建设污水管道使用的陶土管，虽然抗腐蚀性能好，但属于刚性管材，铺垫不当容易断裂。近二三十年来在国内外逐步得到广泛使用的聚氯乙烯管不仅抗腐蚀性好，而且带有柔性部件可以降低破裂和折断的发生。不论是合流制还是分流制的系统中，钢筋混凝土都是大型管道常用的材料。钢筋混凝土管的强度和耐久性都很好，但是没有陶土管和聚氯乙烯管的抗腐蚀性高。由于污水浓度高或者管长较长的截流管内水流停留时间长等原因，管道内可能会产生腐蚀性的硫化氢气体。钢筋混凝土管的腐蚀会造成其强度降低进而坍塌。可以用保护性的涂层和衬里来预防钢筋混凝土管的腐蚀。铸铁管常用在泵站加压管路中。在某些重力流系统中，还会遇到从空中或底部穿越河流的情况，此时需要高强度的管线，也会用到铸铁管。腐蚀问题也会影响到铸铁管，尤其是未喷涂防护涂层的情况。铸铁管被腐蚀可能是管道内的腐蚀性气体造成的，也可能是外部土壤的腐蚀作用。铸铁管壁上的腐蚀结垢也会造成断面面积变小从而引发溢流。跟钢筋混凝土管一样，受腐蚀影响的铸铁管强度也会降低，导致压力管被压爆或者重力污水管坍塌。总体来讲，排水行业中用到的管材在不断进步，但对施工的有效监管仍然是关键。

除了前面两大类原因，系统故障和人为损坏也可能造成管网溢流：

（1）系统故障

包括机械、电力故障。泵站和污水处理厂的故障也会造成管网的超载、阻水进而溢流。机械故障的发生时间一般跟天气状况没关系，而电力故障则常常跟降雨过程中的雷电天气有关。泵站由于机械或电力故障造成的溢流，其严重程度取决于泵站的服务区域大小和故障持续时间。为此，泵站附近常常设置存储池和应急溢流等设施来保护其上游的居民。在合流制管网中，一般都有用来控制流速和水位的调节器，其中水闸和水坝就常用于防止下游管道和设施超载。利用调节器来控制污水存储量时有可能导致上游溢流，而溢流的持续时间和水量则是由流速、存储能力、受纳水体的水位还有潮汐的情况决定的。

（2）人为损坏

也是造成管网溢流的一种可能性，虽然不是主要原因。常见的有，其他一些地下设施包括供水、供气和通信设施等，在安装、维修过程中，有可能由于施工不当或者不慎而造成对已有排水管道的破坏，比如导致管线断裂或阻塞，从而引发溢流。

1.2 国内外城市径流污染控制技术的发展

从 20 世纪 60 年代起，一些发达国家和地区就开始围绕城市径流污染控制着手开展研究；进入 70 年代中期，城市径流污染问题逐渐受到各国的普遍关注和重视。这其中既有重点针对雨水径流管理的研究，也有大量针对合流制系统溢流控制的工作。我国的城市径流污染研究则始于 20 世纪 80 年代，但由于当时点源污染矛盾突出，相关研究进展较为缓慢。近年来，随着点源污染得到较好控制，对城市降雨径流污染的研究工作得以深入。

1.2.1 国外城市降雨径流控制研究进展

美国是最早开始城市径流污染控制研究的国家之一。后来，很多其他国家的雨洪研究和管理者都结合本国特点，开展了大量相关研究与实践。总的来看，发达国家和地区着手控制城市降雨径流污染以来，先后经过了对合流制系统混合污水进行调蓄沉淀和溢流污水消毒，到大力推广分流制系统和初期雨水的截留处理，再到当前推崇以绿色基础设施为代表的雨水源头管理措施的复杂历程。围绕着城市降雨径流污染的预防和治理，从最初主要依赖末端处理设施到日益重视源头减排和标本兼治的手段，以及越来越关注生态化程度高和成本有效性好的措施，国际上已经基本形成了一套技术体系以服务于径流污染的全过程控制，同时也积累了大量工程和管理经验可供我国开展相关工作时参考借鉴。可以将国际上所形成的降雨径流污染控制技术和管理体系划分为以下几类。

1. 降雨径流最佳管理措施 BMPs

针对降雨径流管理，美国 20 世纪 70 年代提出了以最佳管理措施（Best Management Practices，BMPs）为核心的技术体系。出于城市水污染控制的目的，美国环保局（USEPA）通过大量的研究和总结，于 1990 年颁布了雨水径流管制法令，对城市降雨径流污染开始执行排放许可证制度，并规定需使用最佳管理措施来处理降雨径流。在美国的排污许可管理体系中，BMPs 被定义为一种获得排放许可的条件，可以单独使用，也可以跟排放标准一起使用，目的是实现污染物排放的预防和控制[26]。1996 年，美国环保局和美国土木工程师协会（American Society of Civil Engineers，ASCE）一同建立了国际雨水最佳管理措施数据库（International Stormwater BMP database）[27]，并提出十条城市降雨径流控制与管理的基本准则：有效管理雨水，使其成为一种再生资源；保护和利用城市中现有的自然特征和生态子系统；雨水管理尽量做到源头控制，减少径流；维护地表水和地下水的水文平衡；降雨径流处理分散化，影响最小化；降低径流流速，推迟峰值出现的时间；避免对水源产生潜在影响；对于无法避免的事故，努力做到负面影响最小化；将雨水管理纳入城市规划的范围，并将其作为重要内容；对降雨径流的管理措施进行定期检查和维护。

美国环境保护局对 BMPs 的定位是"特定条件下控制径流量和改善径流水质的最有效的技术措施或工程设施"[28]。BMPs 实施的核心是在污染物进入水体前通过各种经济高效、满足生态环境要求的措施使得地表径流污染得到有效控制。

　　BMPs 既包括工程性的（有时又称结构性的措施），又包括非工程性的措施（有时又称非结构性的措施）。其中，工程性的 BMPs 措施是指，按照一定降雨标准和污染物去除要求设计建设的工程设施，通过延长径流停留时间、减缓流速、向地下渗透、物理沉淀过滤和生物净化等手段，达到径流污染的控制目的[28]。相应的措施类别包括植被控制措施、滞留措施、入渗系统、过滤系统等，常见的技术则有植草沟、滞留池、渗透路面（如植草砖）、入渗池、砂滤池、雨水湿地等。

　　影响工程性措施选择与布局的因素[28],[29],[30]主要有以下一些关键点：

　　（1）污染物的去除能力。径流中的污染物种类依赖于汇水区的地表特征，污染物浓度又随时间变化明显，因此选择采用何种控制措施时，必须考虑对目标污染物的去除效果是否能达到预期要求。

　　（2）设施占地面积。由于城市土地资源日益紧缺，必须考虑处理措施的占地面积。尤其是在城市化程度高的区域，占地面积较小的工程性措施优势日趋明显。

　　（3）土地利用类型。针对不同的土地利用状况选择合适的工程性措施，在充分发挥其功能的同时，实现与周围环境的协调发展。

　　（4）设施服务面积。每种工程性措施均有一定的服务范围，所选用的措施必须能够满足整个排水区域的需求。对于较大的区域应先做空间划分再进行措施选择。

　　（5）地下水位。排水区域的地下水位状况对工程性措施的应用有较大的影响。一般来说，较低的地下水位适合于过滤和渗透设施的使用；而需要长期保有滞存水量的措施（如湿式滞留池、雨水湿地等），则需要较高的地下水位；地下水位对雨水罐、绿色屋顶等措施的应用则没有明显影响。

　　（6）地势坡度。不同的工程性措施对地势坡度有不同的要求。沟类系统（如入渗沟、植草沟等）一般要求地势有一定坡度，池类设施（如滞留池、雨水湿地等）则在地势较为平坦的条件下效果更佳。

　　（7）土壤特性。不同的工程性措施对土壤有不同的要求。入渗系统一般适合于渗透率较高的土壤，滞留设施则在渗透率较低的土壤条件下使用效果更好。在设计前，必须首先了解相应区域的土壤性质。

　　（8）可行性。所选用的控制措施必须在技术和经济上可行，并且适合当地的气候和降雨特点。

　　非工程性措施则一般包括建立法律法规和宣传教育等方法，强调政府部门和公众参与的作用，要求加强管理、改变行为方式从源头减少污染物的产生，等等。

2. 城市低影响开发（Low Impact Development，LID）

　　随着工程经验的积累和研究的深入，人们逐步发现，传统控制措施的建设及维护成本过高，有时难以达到水质目标；再加上城市的快速发展，城市人口密度不断增大，城市空间利用率越来越高，这些变化都对城市降雨径流管理提出了更大的挑战。针对这些现状，美国马里兰州乔治王子郡（Prince George's County，Maryland）的雨洪管理研究人员首先提出了适用于城市高密度开发区，措施分散化、小型化且模拟自然水文条件原理的雨洪管理策略——低影响开发。

低影响开发的根本目标是减少城市开发对环境的冲击，以改善城市水文状况为切入点，通过采用各种分散、小型、多样、本地化的技术，尽量减少新开发场地的不透水面积，恢复场地开发前的水文状况，对降雨径流实施小规模的源头控制，进而构建城市的自然生态排水系统[28]。

LID 的理念主要是指在小流域内采用雨水花园、植草沟、透水铺面、绿色屋顶、绿色街道等水文控制措施，利用其渗透、过滤、蓄存、挥发和滞留等功能，将降雨径流及其污染控制在源头。相比传统的雨水管理手段，LID 的优点在于一定程度上能够降低对雨水收集输送管网和管网末端径流处理设施的规模需求，一方面能够降低传统排水设施的建设和运行成本，减少对土地资源的占用，而且还易与景观设计相结合。

采用 LID 的设计理念，可以从总体上降低开发区建设费用，如减少不透水路面以及路缘、排水沟渠的建设；减少排水管道、雨水口设施的使用；减小末端径流控制措施（如滞留池等）的规模；有效降低地表径流量并实现错峰，从而减轻合流制污水溢流等问题带来的损失，节省建设大型集中式雨水调蓄设施的费用。同时，LID 措施可以美化环境，为社区提供休闲娱乐场所，好的生态环境有助于提高居民的生活质量，还可以提高土地价值。实施 LID 充分体现了城市雨水管理的生态化理念，目前在美国、加拿大、英国、瑞典、澳大利亚、新西兰、日本等国家均有应用的实例。

3. 可持续城市排水系统（Sustainable Urban Drainage System，SUDS）

可持续排水系统的理念起源于英国，是指通过采用可持续的方式对城市排水系统进行统筹设计，将雨水作为一种资源加以利用，替代现有的快速收集排放与末端处理措施，从而降低降雨径流对城市水环境的影响。可持续排水系统主要通过以下三类不同的工程技术措施来实现径流污染的控制目标：

（1）利用源头控制类技术，减少径流量，并加强雨水资源的回收利用。如在庭院内设置雨水花园，增加透水面积，减少产流量以及由此带来的污染。又如在房屋上设置绿色屋顶，利用植物及土壤吸收雨水，实现雨水利用。

（2）利用过程控制类技术，降低径流速度以延缓出现径流峰值的时间从而实现"错峰"，并提高沉淀、过滤、吸附、植物吸收及微生物降解对污染物质的去除效果。例如，将停车场的路面设计成透水铺面的形式，不仅可以减小径流系数、加强下渗能力、延缓峰值出现时间，还可以利用草类、土壤的吸附和过滤作用削减污染负荷。又如，以植草沟代替雨水管道，一方面去除径流中的污染物质，削减径流量，减少下游管网的压力；另一方面增强景观效应，降低建设成本。

（3）利用末端处理类技术，在径流排入受纳水体前对其进行强化处理。滞留池、入渗池和雨水湿地等措施都可以作为地表径流进入水体前的处理措施，由于此类措施具有较大的表面积和池容、较长的停留时间，径流中的污染物质可以通过物理、化学、生物等多种作用得到去除。

相比于传统排水系统，可持续排水系统采用生态景观学的方法管理城市降雨径流，具有降低径流污染物浓度、降低洪涝灾害的风险、改善或维持原有的自然生态风貌、简化排水结构、增强地下水补给、增加美观舒适度并提高生物多样性等优势。

4. 其他城市降雨径流控制措施

除上述三类措施外，澳大利亚还提出了"水敏感城市设计（Water Sensitive Urban Design，WSUD）"的理念，同样强调把降雨径流作为资源进行利用，而不是在降雨时尽快排出；新西兰提出的"低影响城市设计和开发（Low Impact Urban Design and Development，LIUDD）"，与 LID 类似，特别强调汇水区内三水（净水、污水、雨水）的综合管理。类似的理念还有绿色基础设施（Green Infrastructure，GI）、最佳场地设计（Best Site Design，BSD）等。这些概念的基本特点都是通过采取接近水循环自然过程的技术措施，尽量减少城市降雨径流污染对水环境的影响。

1.2.2　径流污染控制措施在我国的应用

在我国，近年来突发性短时强降雨事件频发，加之城市排水系统的老化，城市降雨径流带来的污染问题日趋突出。国内学者在城市降雨径流的管理方面也逐步开展了研究和实践。例如，车武、李俊奇等对北京市的暴雨径流污染情况进行了监测分析，并在城市小区的设计中尝试使用了降雨径流污染控制措施[31],[32],[33]。陈莹在分析西安市路面径流污染特征的基础上，提出需从非工程管理措施和工程技术措施角度，从污染物产前、产中和产后多个层面，对当地的径流污染从污染物源头消减、输移途径控制和终端治理多个环节开展系统治理[34]。值得一提的是，2014 年住房城乡建设部组织编制并颁布了《海绵城市建设技术指南——低影响开发雨水系统构建（试行）》[35]。该技术指南的发布，对于推进我国城市降雨径流污染控制工程技术的发展应用，起到了重要的推动作用。但是，总体而言，径流污染控制在我国还仅限于局部城市区域，应用范围小，尚处起步阶段。在规划层面，以排水防涝、水环境保护和景观改善等综合效应为目标的城市降雨径流控制规划工作也还有待进一步完善。

表 1-3 和表 1-4 分别介绍了国内关于城市降雨径流污染控制工程性措施的一些研究实践，及水重大专项"城市水环境"主题"十一五"期间关于城市降雨径流污染控制的技术研究和工程示范案例。

城市降雨径流污染控制工程性措施在国内的研究实践　　　　　　　　　表 1-3

研究人员	措　施	措　施　效　果
周赛军等[36]	绿色屋顶	SS、COD、TN 的去除率分别在 80%～90%、50%～70%、50%～70%之间；当进水 TP＜0.1mg/L，没有去除作用，当进水 TP＞0.1mg/L，去除率在 40%～70%之间
肖海文等[37]	雨水湿地	雨水湿地总面积为 1158m²，平均水深 0.4m。在恒定流量下，COD、NH_4^+—N、TP、TN 的去除率（场次平均浓度）分别在 69.5%、86.2%、61.0%、67.9%左右
翟俊等[38]	砂滤系统	COD、BOD_5、SS、NH_4^+—N、TP 的去除率（场次平均浓度）分别在 68.7%、67.2%、91.7%、13.0%、31.4%左右。出水可用于生活小区内人工湖的补给

续表

研究人员	措　施	措　施　效　果
尹炜等[39]	滞留池和复合潜流人工湿地组合生态系统	对污染物的去除率：COD 84.0%～85.4%、TP 89.6%～91.8%、TN 92.2%～94.4%、SS 95.8%～97.1%
章茹等[40]	植草沟	污染物平均去除率分别为：TSS 69.4%、BOD$_5$ 43.8%、TP 41.6%、NH$_4^+$—N 19%
肖海文等[41]	植草沟	模拟雨水试验中，水质净化效果为COD、BOD$_5$、SS、NH$_4^+$—N、TP的去除率分别在68.5%、74.1%、92.5%、45.7%、25.4%左右，出水水质能满足GB/T 18921—2002中观赏性景观用水湖泊类水质的要求
李俊奇等[33]	雨水花园	对SS、COD、重金属（Pb、Zn、Cu、Fe）、浊度等均有较好的去除效果，出水pH值为6.5～7.2，但对TN、NO$_3^-$—N、TP、PO$_4^{3-}$—P的去除效果较差
王嵘等[42]	滞留池、湿地、缓冲草带串联式BMP措施	洪峰流量削减率达80%，TSS、BOD$_5$和TN去除率分别为90%、74%和61%
杨勇等[43]	入渗沟	TSS、TP和NO$_3^-$—N的去除率分别达到50%、52%和10%
杨勇等[43]	植草沟	TSS和NO$_3^-$—N的去除率可达到43%、10%～15%
李玲霞等[44]	旋流分离器	设备对初期溢流污水的COD$_{Cr}$、SS平均去除率分别可达35.2%和47.4%
汤艳等[45]	旋流分离器	随着旋流分离器进口压力的增加，SS和COD的去除率总体上呈增长趋势，SS的最高去除率可达80.9%，COD的最高去除率可达64.7%

水专项"十一五"期间课题关于城市降雨径流污染控制的研究实例　表1-4

课题编号	示范工程	地　点	措　施　效　果
2008ZX07313-001	道路初期雨水旋流快滤处理	江苏省常州市	建成了处理能力70m³/h的晋陵泵站初期雨水快速处理示范工程。污染物去除率分别为：SS 95%，COD 50%，氨氮80%，总氮30%，总磷70%。工艺兼顾固形物和溶解物的去除功能，具有快速、稳定，占地面积小，负荷削减高效，不额外增加排水系统压力等优点
2008ZX07313-001	"管道储存—拦截弃流—调蓄沉淀"工艺	江苏省常州市	建成了处理能力90m³/h的聚景园初期雨水调蓄沉淀示范工程。工艺对初期雨水的SS去除率为88%，该工艺除能分离初期雨水外还能有效地解决河水倒灌、调蓄池沉积物清洗、错接污水收集处理等问题，适合在高水位滨河带、绿化程度较高的居民区推广
2008ZX07313-004	道路雨水截流渗滤系统	江苏省无锡市	服务面积约为10000m²，对污染物排放总量的削减在85%以上
2008ZX07313-004	绿地雨水径流处理系统	江苏省无锡市	服务面积约为0.8～1.1km²，对污染物排放总量的削减在85%以上

续表

课题编号	示范工程	地 点	措 施 效 果
2008ZX07314-007	雨水土壤快速渗滤与生物滞留技术	河北省廊坊市	对 TSS、色度和浊度的去除率均在 90% 以上，对 COD 的去除率达 35%~91.4%，对 Pb、Zn、Cu 的去除率可达 80% 以上，对 Fe 去除率为 30%~90%。该技术既可用于径流雨水集蓄回用的净化设施，也可作为雨水渗滤涵养浅层地下水的措施，对道路、停车场、建筑屋面等雨水径流处置减排的应用价值较大。目前已示范用于廊坊市大皮营水系滨水道路径流雨水的控制与利用
2008ZX07314-007	滨水道路径流雨水综合控制与利用系统	河北省廊坊市	示范区汇流面积共计 20000m²，其中："生态渗渠—渗井系统"汇流面积 260 m²，"生态渗渠—雨水花园系统"汇流面积 380 m²，"旋流沉砂—土壤快速渗滤系统"汇流面积 1000m²，雨水管道截污系统 19000 m²。径流总量和污染物减排量达 70% 以上。处理后的雨水大部分补充进景观河渠，部分渗入地下补充浅层地下水
2009ZX07316-001	高密度澄清器技术处理初期雨水	安徽省合肥市	高密度澄清器沉淀单元的表面水力负荷 12m³/(m²·h)，水力停留时间 0.5h。装置最大处理量为 70m³/h，正常运行流量为 60m³/h
2009ZX07316-001	生物渗滤设施	安徽省合肥市	TSS 的去除率达到 90%，COD 的去除率超过 65%，TN 的去除率在 65%~80% 之间
2008ZX07317-002	城市雨水收集输送沿程污染控制技术	湖北省武汉市	（1）生态绿地雨水调蓄及净化。出水水质能够达到：TSS≤20mg/L，COD≤4mg/L，TN≤0.4mg/L，TP≤0.18mg/L，符合城市杂用水绿化用水水质标准。 （2）雨水径流净化。系统对雨水径流中 TSS 的去除率很高，达到 90% 以上，高锰酸盐指数（COD_{Mn}）的去除率约为 60%。对 NH_4^+-N、NO_x-N、TN 的去除作用主要包括基质吸附、过滤、沉淀以及挥发，植物吸收和基质中微生物作用下经硝化、反硝化作用去除。经系统处理后，NH_4^+-N、NO_x-N、TN 去除率达到 50% 以上，磷去除率达到 60% 以上

1.3 城市降雨径流污染控制措施

根据城市降雨径流污染形成的特点及其与排水系统的关系，遵循径流污染全过程控制的原则，可以将城市径流污染控制措施划分为源头削减、管路控制、末端处理等不同类别。各种措施所适宜控制的径流污染形式有所区别，因此不同体制的排水系统在选择使用径流污染控制措施上必然存在一定的差异。源头削减措施能够与各种体制的排水系统结合使用，管路控制措施在合流制和分流制系统中形式有所不同，末端处理措施则一般设置在分流制体系中雨水管网出口附近。本书所涉及的各类多种降雨径流污染控制措施如表 1-5 所示，后续章节将分别从基本功能、适用条件、设计要点、运行维护要点、效果与成本等方面，逐一详细阐述不同措施的技术原理与特征。

为达到一定的控制目标和效果，径流污染控制措施通常需要组合使用。受到土地利用类型、开发强度、人口密度、管网设施建设情况、占地面积、景观和谐程度等因素影响，源头削减、管路控制和末端处理等类型的各种措施可以有多种方式的组合，在空间上也有多种布局的可能性，因此相应的污染控制效果会有所不同，在规划设计中需要进行筛选组合与布局优化。为此，本书还给出了城市降雨径流污染控制技术方案优化设计的基本原则、步骤和方法。

城市降雨径流污染控制措施 　　　　　　　表 1-5

类型	措施名称	适用范围	措施特点
源头削减措施	1. 绿色屋顶 2. 雨水罐 3. 下沉式绿地 4. 透水铺面 5. 植被过滤带 6. 植草沟 7. 入渗沟 8. 砂滤池 9. 生物滞留池	1. 适用于控制地表径流携带污染物直接进入受纳水体造成的污染。 2. 适用于控制合流制管网和分流制污水管网因降雨造成的溢流污染。 3. 适用于控制分流制雨水管网出水对受纳水体造成的污染	1. 在雨水进入排水管网系统之前布设，可用于滞蓄、错峰，同时去除污染物。 2. 占地面积可大可小，建设形式灵活多样，容易与景观设计相结合。 3. 相应的汇水区域面积较小，处理径流能力有限。 4. 贮存径流的能力不强，一般通过减小产流系数、加强雨水下渗来实现径流量控制
管路控制措施	1. 管网现有存储能力的最大化利用 2. 预防和应对溢流污染的管网维护技术	适用于控制合流制管网和分流制污水管网因降雨造成的溢流污染	1. 沉淀、过滤等物理处理过程较多，生物处理过程少。 2. 往往使用成套的设备或处理构筑物
	3. 合流制改分流制 4. 合流污水调蓄设施 5. 溢流污水消毒技术	适用于控制合流制管网溢流污染	
	6. 雨水口改造措施 7. 漂浮物控制措施 8. 旋流分离器	1. 适用于控制合流制管网溢流污染。 2. 适用于控制分流制雨水管网出水对受纳水体造成的污染	
	9. 雨水调蓄池	适用于控制分流制雨水管网出水对受纳水体造成的污染	
末端处理措施	1. 入渗池 2. 干式滞留池 3. 湿式滞留池 4. 雨水湿地 5. 滨水缓冲区	适用于控制分流制雨水管网出水对受纳水体造成的污染	1. 需要传输设施将径流输送到处理设施中。 2. 具有"先贮存、再处理、后排放"的过程特点。 3. 一般情况下占地面积较大，容纳和处理径流的能力强。 4. 往往毗邻受纳水体，或者自身就是受纳水体的一部分
	6. 污水处理厂雨季应对措施	适用于控制合流制管网和分流制污水管网输送来的雨季负荷	主要依靠强化的物理化学过程实现雨季污染物处理

第 2 章 城市降雨径流污染的源头削减措施

源头削减措施，主要是指在地表径流产生的源头采用一些工程性和非工程性的措施削减径流量，减少进入径流的污染物总量。通常情况下，在雨水径流进入排水管网前对其进行削减和处理不仅简单经济，而且效果较好。本章介绍的工程性源头控制措施既有俗称的最佳管理措施 BMPs，也有一些 LID 措施，因其均作用于源头而不予区分，具体则包括绿色屋顶、雨水罐、下沉式绿地、透水铺面、植被过滤带、植草沟、入渗沟、砂滤池和生物滞留池。

2.1 绿 色 屋 顶

2.1.1 基本功能

绿色屋顶（Green Roof），又称为绿屋顶、种植屋面、生态屋顶、景观屋顶等，是指在各类建筑物和构筑物的顶部以及天台、露台上的绿化。绿色屋顶可以利用土壤和植物的叶片根系来滞留、吸收、蒸腾一部分雨水，跟不透水的屋面相比，能有效削减雨水径流量，同时可以通过吸附、植物吸收、微生物降解等作用去除径流中的一部分污染物。此外，绿色屋顶还可以去除一部分大气污染物，从而减少不透水面积上的干、湿沉降量。另外，绿色屋顶还能给屋顶下方的局部小范围区域带来降噪的效果。

2.1.2 适用条件和优缺点

绿色屋顶不需要占用新的土地资源，相比其他类型的降雨径流污染控制措施，更适合用于城市高密度开发区域。一般情况下，绿色屋顶应设置在屋顶水平或坡度较小的建筑物上，不太适合屋顶坡面较陡的建筑物和老旧建筑物，但在欧洲也有绿色屋顶使用在坡度为45°屋顶的成功案例。如果是将已有普通屋顶改造成绿色屋顶，负载条件通常是主要的应用限制因素。对于地震频发、降雨量过小的地区，不建议使用绿色屋顶作为径流污染的源头削减措施。

总体来看，绿色屋顶这种措施，除了实现降雨径流控制的核心功能外，还有以下优点：可起到绿地补偿作用，有些类型的绿色屋顶甚至可以作为居民休憩和娱乐活动的场所；能净化空气、减弱噪声；加强屋顶的隔热效果，改善局部小气候；一定程度上能有效保护屋顶，延长建筑物使用寿命；能够将自然景观与工程设计融为一体。其主要缺点则包括：绿色屋顶的污染物去除效率不稳定；比普通屋顶造价高，建设规模和所选植物常常受

City hall of Chicago
（图片来源：Roofscapes, Inc.）

St. Luke's Magic Valley Hospital
（图片来源：Greenroof & Greenwall Projects
Database）

School of the Arts, Singapore
（图片来源：*WOHA practice, Singapore*）

City of Linz
（图片来源：*Urban Planning Department,
Municipality of Linz*）

图 2-1　绿色屋顶的典型示例

到屋顶负荷的限制；后期的养护管理，如浇水、施肥、修剪、防寒及病害防治等任务繁
重，维护成本高；为实现长时间的防渗抗漏，防水材料需定期维修或重新更换。

2.1.3　设计要点

1. 绿色屋顶类型

　　根据绿色屋顶的最终表现状态、植物种类、荷载重量、施工难易程度等，可将绿色屋
顶分为拓展型屋顶、密集型屋顶和半密集型屋顶三类[46]。拓展型屋顶，又称为简单型绿
屋顶，是指在绿色屋顶的设计中，主要采用种植低矮灌木、草坪、地被植物等较为简单的
绿化方式，一般不在屋顶上设置园林小品设施，也不允许非工作人员在其间活动。拓展型
屋顶是一种有效补偿被侵占绿地的形式，几乎可以在任何屋顶上加以建造。密集型屋顶，
又称精细型绿屋顶、屋顶花园、花园式种植屋面等，一般从乔木、灌木或草本植物中至少
选择搭配使用两种以上的植物类型，保证屋顶植物群落具有丰富的层次，同时设置园路、
座椅和园林小品等辅助设施。密集型屋顶可以用作人们休闲活动的空间，但其施工建设和
维护管理的难度远大于拓展型屋顶。半密集型屋顶则采用介于拓展型和密集型屋顶之间的
绿化形式，一般由小型乔木、灌木、人行路等部分组成，其目的和密集型屋顶相近。表
2-1 中给出了三类绿色屋顶的特点。

绿色屋顶的类型及其特点 表 2-1

绿色屋顶类型	属性参数	典型的种植植物类型	运行维护要求	适用条件
拓展型	整体高度 7～20cm，单位面积重量 50～145kg/m²	苔藓、景天、草坪	低养护 免灌溉	所有屋顶
半密集型	整体高度 12～100cm，单位面积重量 145～195kg/m²	景天、抗旱草种、灌木	定期养护 定期灌溉	适用于良好养护的平屋顶
密集型	整体高度 15～250cm，单位面积重量 145～490kg/m²	草皮、灌木、树木	经常养护 经常灌溉	适用于设计要求高的绿色屋顶

　　绿色屋顶常见的绿化形式有三种。第一种是覆盖式绿化，是指利用耐旱草坪、地被、灌木或可匍匐的攀援植物对屋顶进行覆盖，主要适用于建筑荷载较小的屋顶区域；第二种是固定种植池绿化，是指利用植物直立、悬垂或匍匐的特性，在屋顶固定种植池内种植低矮灌木或攀援植物，主要适用于建筑周边圈梁位置荷载较大的屋顶区域；第三种为可移动容器式绿化，即根据屋顶的荷载情况和实际需求，采用容器或种植模块的组合形式在屋顶上布置观赏性植物，并且可随季节不同而变化组合[47]。

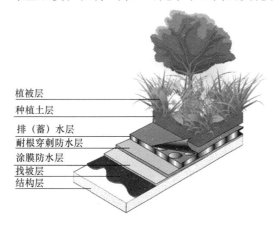

植被层
种植土层
排（蓄）水层
耐根穿刺防水层
涂膜防水层
找坡层
结构层

图 2-2　典型绿色屋顶的构造层次示意图

2. 绿色屋顶组成

　　绿色屋顶由多层结构组成，其基本构造如图 2-2 所示。根据建设所在地的气候特点、屋面形式、植物种类等因素，可以适当增减绿色屋顶的构成层次。典型的绿色屋顶自上至下，由植被层、种植土层、排（蓄）水层、耐根穿刺防水层、涂膜防水层、找坡层以及支撑结构层等构成。

　　（1）植被层：位于绿色屋顶表层。根据不同类型绿色屋顶的设计要求，通过移栽、播种的方式种植小型乔木、灌木、草坪、地被植物、攀援植物等各类植物而形成。

　　（2）种植土层：是选用田园土、改良土或者无机复合种植土等不同类型种植土构造而成的轻质材料层，既能满足植物生长条件，又有一定的渗透和蓄水能力，并且具备较好的空间稳定性。

　　（3）排（蓄）水层：一般由防水板、陶粒（荷载允许时使用）和排水管（屋顶排水坡度较大时使用）组成，用于改善通气状况，能迅速排出多余水分以缓解瞬时降雨压力，并且具有蓄存少量水分的能力。

　　（4）耐根穿刺防水层：使用耐根穿刺防水材料构成的防水层。主要是为了保护屋顶的结构不受植物根系的破坏，在保证生态绿化功能的同时，满足最根本的居住安全需求。

（5）涂膜防水层：通过涂刷化工涂料形成一定厚度的防水膜来实现防水，常采用聚胺酯等油性涂料。

（6）找坡层：按照设计的排水方向在屋面铺设缓坡，以便将屋面雨水有组织地疏导到建筑物或城市排水系统中。一般采用轻质材料或者保温隔热材料来找平。

3. 设计原则和一般过程

《种植屋面工程技术规程》（JGJ 155—2013）对绿色屋顶各层的相关设计要求、各种材料的选择、植被选择等给出了明确指导，可作为绿色屋顶设计的重要参考[48]。

绿色屋顶的工程设计应遵循"防、排、蓄、植并重，安全环保，节能经济，因地制宜"等原则，并要考虑到施工环境和工艺的可操作性。

设计过程中，首先应了解建筑工程背景及具体的绿化功能类型，掌握相关资料，确定设计标准。其次计算建筑屋面结构荷载，新建绿色屋顶工程的结构承载力设计应考虑绿色屋顶自身的荷载，现有建筑屋面改造成绿色屋顶时必须维持在屋面结构承载力允许的范围内。然后因地制宜地设计屋面的结构组成，根据平屋顶还是坡屋顶，以及是新建还是改建绿色屋顶，确定屋面的各个层次。要根据不同地区的气候特征、屋面形式、可选择的植物种类等情况相应增减屋面的构造层次。接下来设计给排水系统。之后选择耐根穿刺防水材料和普通防水材料。还要确定保温隔热方式，选择保温隔热材料。继而确定种植方式、种植土类型和植物种类，制定配置方案，设计并绘制细部构造图。

2.1.4 运行维护要点

针对绿色屋顶工程的运行维护，应建立起规范的绿化管理和植物保养制度。在建造后两年内必须保证足够的维护工作，以确保植物健康生长。常规的维护工作主要是灌溉。因屋顶植物具有一定程度的抗旱性，灌溉浇水应考虑实际土壤湿度和气候，以免影响植被蓄水能力。防水工程的养护也很重要，尤其是在建好后的头几个月内应尤其注重防水问题。另外，杂草可破坏屋顶的防水层，对建筑造成损害，应一年至少2次定期除草。屋面排水系统应保持畅通，挡墙排水孔、水落口、天沟和檐沟不得堵塞。垃圾、杂物也要定期清扫。

2.1.5 效果与成本

绿色屋顶对降水的滞留是通过介质储存和植被蒸发共同实现的。不同地区绿色屋顶的降雨滞留率大约在60％～80％之间，如表2-2所示，给出了美国、欧洲等地一些绿色屋顶的情况[49],[50],[51],[52],[53]。尽管介质厚度的增加和屋顶坡度的减缓可增加滞留量，但不显著。

绿色屋顶对径流水质具有一定的净化作用，一般认为对氨氮、总氮和总磷的控制效果好于硝氮。以王书敏的研究[54]为例，所构建的2种植被屋面（麦冬屋顶和接骨草屋顶）中，麦冬屋顶可延缓降雨产流25～48min，削减降雨径流40％～58％；而接骨草屋顶则可延缓降雨产流 60～130min，削减降雨径流 54％～80％。除磷酸盐外，2 个植被屋面对亚硝酸盐、氨氮、总磷、COD、总氮和硝酸盐污染负荷的削减率可分别达到 95.1％～98.6％、87.2％～93.0％、72.4％～83.0％、76.0％～81.8％、68.7％～78.4％ 和 40.9％～60.6％。其中植被屋面径流的 pH、COD、氨氮和总磷浓度均达到地表水环境质量Ⅲ类标准。在中和酸沉降方面，2 个植被屋顶可将降雨的 pH 从 5.8～6.0 升高到 7.0～7.6。

不同地区绿色屋顶对降雨的滞留率   表 2-2

地点	降雨滞留率（％）	介质厚度（cm）	房屋坡度（％）	降雨量（mm）
奥斯丁（美国）	13～44	10	—	49
	12～88	10	—	12
	100	10	—	＜10
塔尔图（爱沙尼亚）	85.7	10	—	—
佐治亚（美国）	90	7.82	—	＜25.4
	＜50	7.82	—	＜76.2
密西根（美国）	85.6	6	2	平均降雨
	82.2	6	7	
	78.5	6	15	
	75.3	6	25	
	38.6	2	2	
	58.1	1	2	
	69.8	2.5	2	
	70.7	4	2	
	65.9	4	6.5	
	68.1	6	6.5	
俄勒冈（美国）	69.0	12.7	—	
北卡罗来纳（美国）	62.0	7.6	—	
	63.0	10.2	3.0	
欧洲	85.0	15	—	
	65	35	—	
	75	15	—	
	81	3	—	
	27	14	—	
	45	10	—	

建设投入、养护成本等方面的要求，是目前制约绿色屋顶推广的一个重要因素。在屋顶上铺草种树的经济成本，要比普通地面的绿化费用高得多，其中房顶加固、防水层铺设、种植土和植物购买是其中花费较高的几项。另外，绿色屋顶建好后前期维护成本花费

也很高。

汇总绿色屋顶这种措施的技术经济性能与特点，如表2-3所示。

绿色屋顶的技术经济性能与特点 表 2-3

控制效果：污染物去除效果		可行性分析	
TSS 去除率	50%～90%	占地和土壤条件要求	低
TN 去除率	8%～80%	建设费用	较高
TP 去除率	10%～75%	维护负担	较高
控制效果：水量控制效果		可滞蓄的径流体积	低
削减径流峰值	是	选址约束性	低
减少径流总量	是	公众可接受性	较高

2.2 雨 水 罐

2.2.1 基本功能

雨水罐（Rain Barrel）是一类用于收集和储存屋面雨水的水箱或水槽，由入水口、过滤筛网、罐体、出水口、溢流部件等部分组成。一般情况下，雨水罐置于靠近草坪或花园的屋檐下，跟房屋建筑的雨落管相连接。雨水罐储存的雨水可用于浇灌花草树木、洗衣冲厕、清洗车辆和浇洒路面等。由于其构造简单，使用方便，价格也较为低廉，同时还可以减少传统水资源的使用量，因此在欧美等发达国家和地区得到了广泛使用。

雨水罐的材质可以是塑料、木质、铁质等，如图2-3所示，可以直接购买成品，也可以根据实际需求设计定制。一般情况下，单个雨水罐的容积在200～300L之间。实践中，也可以将多个雨水罐连接起来使用，以增大贮存屋面径流的能力。对于屋顶面积较大的建筑，推荐使用雨水池贮存雨水，形式可为地上式、半地下式和地下式，也可以放置在建筑物的高层，可以手动操作也可以增设水泵等动力装置，容量则可以达到上百立方米。

雨水罐收集雨水带来的污染物主要是通过沉淀作用被去除的。如果所存储的雨水直接用于植被浇洒，污染物还可以通过植物吸收、土壤过滤等作用被去除。

2.2.2 适用条件和优缺点

雨水罐的体积和形状可根据需求进行调整，适用范围广，一般设置在单栋住宅的旁边。对于居民楼或写字楼，可以采用容积较大的雨水池或多个雨水罐连接起来使用的方式。雨水罐可以和绿色屋顶、透水铺面、生物滞留池等其他降雨径流源头控制措施协同使用。雨水罐的使用对土壤条件、坡度地形、降雨量大小等没有特别要求。

另一方面，这种措施本身实施起来可能会非常分散，而且大多数情况下是由普通居民个人进行维护操作，因此要想确保单次降雨之前罐体不能满甚至排空以实现径流量的有效

木质雨水罐
（图片来源：Chesapeake Bay Trust）

塑料雨水罐
（图片来源：USEPA）

铁质雨水罐
（图片来源：lake superior streams.org）

石料材质的雨水罐
（图片来源：rainberrelsource.com）

图 2-3　不同形式的雨水罐示例

存储，在实际中落实起来就会有很大随意性。从这个角度看，雨水罐措施对雨水管理和污染控制所能起到的作用存在较大的不确定性。

　　总的来说，雨水罐这种措施的主要优点有：可以收集和贮存部分屋面雨水径流，并对其进行有效利用；对径流中非溶解性污染物质有较好的去除能力；占地面积较小，对土壤条件、地形坡度没有特殊要求；价格低，操作简单；雨水罐的体积和形状可以根据实际需求进行设计和制作，与周围环境的协调性强。而其主要缺点则包括：单个雨水罐的径流处理能力十分有限，多个雨水罐同时使用或与其他措施协同使用才会产生明显的效果；对溶解性污染物质的去除能力较差；如果运行维护不当，雨水罐的周围环境会相对潮湿，容易滋生昆虫和细菌。

2.2.3 设计要点

在国外，雨水罐与植草沟、入渗沟、滞留池等降雨径流控制措施不同的是，它已经有商业化的成熟产品可供购买使用。当然，使用者也可以根据自身需求向厂家定制，或自行设计建造。

1. 入水口、出水口和溢流口

雨水罐的入水口跟建筑物的雨落管相连接，收集建筑屋面的雨水径流。入水口可以是方形、圆形或其他形状，但直径一般不应小于10cm，以保证管路的畅通。入水口的内部应当设置一层筛网，用于过滤径流中的石块、树枝等固体物质，同时也起到驱除和隔离蚊虫的作用。为了避免受到污染较重的初期雨水的影响，还可以在入水口处加装针对初期雨水的超越管或者引流管。

一般情况下，在靠近雨水罐底部10～15cm处设置出水口，用于排放罐内贮存的雨水（图2-4）。出水口可以是水龙头、小型阀门等五金构件，前端应进行防堵设计，保证出水流畅。出水口的最大流量应当根据雨水罐的容量和雨水利用的需求确定。

图2-4 雨水罐主要组成部分

（*a*）底座及周围环境；（*b*）入水口；（*c*）罐体；（*d*）出水口

（图片来源：*rainbarrelsource*，http://www.rainbarrelsource.com）

由于单个雨水罐的容积有限，因此，整体设计中应当包含溢流部件。溢流方式较多，下图给出的是其中一种常见的设计，供借鉴参考。

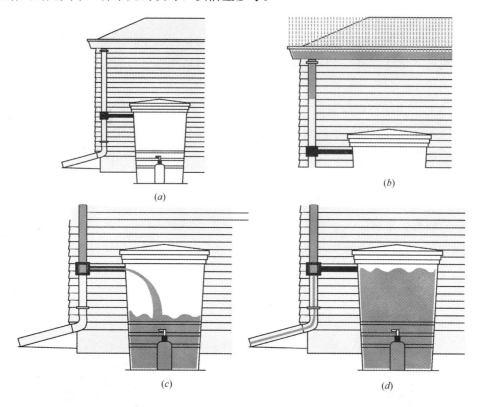

图 2-5　雨水罐溢流方式

(a) 降雨前；(b) 径流形成过程；(c) 径流收集过程；(d) 径流溢流过程

2. 罐体和底座

要根据雨水罐使用区域的降雨量大小来设计储水量大小，这一点非常重要。所需的储水体积与屋面面积、当地降雨情况和所存雨水的利用率有关。一般情况下，常见的单个雨水罐平均高度在 0.8~1.2m 之间，平均宽度为 0.6~0.8m，占地面积 0.3m² 左右。如有大型或微型雨水罐的实际需求，可以自行设计尺寸。雨水罐的个数则由存水体积的总需求和单个罐体体积来决定。

雨水罐的罐体要形成一个密闭的腔体，储存的雨水不能从罐体壁渗出。降雨径流只允许从入水口进入，经筛网过滤后，进入罐内，使用时由出水口排出。

雨水罐罐体材质和生产时使用的油漆、胶水等材料要防水或耐泡，以免污染罐体内的存水。大型的雨水罐也可采用混凝土、玻璃纤维等材料制造。

雨水罐的外形要考虑其美观程度，并且与周围环境保持协调。

雨水罐应当放置在硬化的地面上，或在其底部安装固定支架，如图 2-4 所示。雨水罐放置在透水或土质的地面上，不仅容易导致地面下沉，而且罐体也容易受到破坏或腐蚀，缩短其使用寿命。由于罐体内贮存大量雨水，并且贮存时间可能较长，因此，雨水罐的周边要进行防潮处理。

2.2.4 运行维护要点

雨水罐的运行维护较为简单，主要包括以下几个方面：在降雨结束后，应及时清理入口内部的筛网，将滤过的杂物及时清除，避免堵塞；定期检查罐体是否漏损；向贮存的雨水中加入少许食用油，可以减少蚊虫的滋生；如果条件允许，可以定期清扫屋面，减少尘土、枯枝烂叶的积累，从源头减少径流中的污染物质，有助于提高罐体所存雨水的水质状况。

2.2.5 效果与成本

雨水罐对降雨径流的控制效果与其尺寸、使用个数，降雨量，汇水屋面面积以及所收集到的径流的利用情况等因素有关。对于雨量较小的单次降雨，控制效果明显。如果在整个流域内大量使用雨水罐，可以获得减少径流量、削减峰值、去除污染物等功效。当然效果好坏取决于每次降雨后储水体积能否尽快得到恢复以便收集下一场降雨。

雨水罐的成本一般与其材质、尺寸、配件的选择有关。在美国，一个成品雨水罐的售价在 20~500 美元之间不等[55]。由于雨水罐的维护主要包括清理过滤用的筛网、检查罐体是否存在漏损等，因此费用相对低廉。

汇总雨水罐这种措施的技术经济性能和特点，如表 2-4 所示。

雨水罐的技术经济性能与特点　　　　　　　　　　　　　　　　　表 2-4

控制效果：污染物去除效果		可行性分析	
TSS 去除率	90%	占地和土壤条件要求	低
TN 去除率	—	建设费用	低
TP 去除率	—	维护负担	低
控制效果：水量控制效果		可滞蓄的径流体积	低/中
削减径流峰值	是	选址约束性	低
减少径流总量	是	公众可接受性	高

2.3 下沉式绿地

2.3.1 基本功能

城市中的绿地是渗蓄雨水的天然场所，能够就地消纳雨水，同时截流和净化雨水中的部分污染物。而下沉式绿地（Sunken Greenbelt），又称为下凹式绿地、低势绿地，是指通过合理规划设计绿地与周边地面之间的高程关系所形成的低于周边地面 50~300mm 左右的绿地。在下沉式绿地设计过程中，控制绿地高程低于周边地面高程，同时将雨水口布置在绿地中且令其高程低于地面、高于绿地，这样就可以引导周边径流先汇入下沉式绿地予以调蓄下渗，超量的雨水则流入雨水口。与城市中常见的高于周边地面的绿地相比，下沉式设计的根本目的是为了利用下凹空间汇集周围不透水地面产生的雨水径流，从而将控制径流的功能从绿地自身的占地范围扩展到更大的汇水区服务范围，因此可以认为是一种强化降雨径流渗透效果的设施。

总的来说，下沉式绿地的功能主要包括以下几个方面：截留服务区内的降雨径流，只有超过绿地调蓄容量的径流才会进入城市排水系统，从而削减径流峰值和总量，缓解下游排水系统压力；综合利用绿地中植被、土壤、微生物的作用，净化降雨径流，降低面源污染负荷；能延长雨水下渗时间，增加下渗量，补充和涵养地下水；充分利用降雨，避免了绿地的频繁浇灌，尤其是在干旱缺水的地区，能有效节约绿化用水；提高土壤中的含水量，能够调节区域气候，从一定程度上缓解城市热岛效应。

2.3.2　适用条件和优缺点

下沉式绿地由于形式简单，适用范围较广，可以用在建筑小区、地面停车场、城市广场等区域，以及用作道路绿化隔离带等。对于新开发区域，可通过合理设计绿地结构和雨水口的布置方式，保证地面高程高于绿地，使汇水区域的地表径流进入绿地内；对于已建城区，为了让原有绿地实现下沉式绿地的功能，可布设围埂将绿地围起来，以便把周边区域的地表径流尽可能地引入绿地。

由于在降雨过程中，下沉式绿地及其相应的服务区范围内会同时涉及到径流的产生汇集、入渗存蓄、溢流排放等环节，其对径流的集蓄渗透能力大小将受到区域降雨特征、土壤渗透能力、场地绿化率的要求、绿地植物的耐淹时间、地下水位高低、周边建筑物地基与基础情况等多方面条件的制约，在设计时应予以综合考虑。

下沉式绿地是一种典型的渗透设施，为保护地下水资源，不适合地下水位高、径流水质差的区域；或者如果用于径流污染严重、设施底部渗透面距离季节性水位或岩石层小于 1m 及建筑物基础小于 3m 的区域时，应采取必要的防渗措施。雨水入渗不应引起地质灾害或损坏建筑物，因此在可能造成陡坡坍塌、滑坡灾害的场所，或是自重失陷性黄土、膨胀土和高含盐土等特殊土壤地质的场所，均不能采用下沉式绿地设施。

总体来看，下沉式绿地的主要优点有：适用区域广、建设费用和维护费用低，可以说是源头控制降雨径流的工程措施中最为简便易行的一种；在新建区域完全可以结合城市绿地系统的设计来实现，只要处理好下沉式绿地与周围地表以及溢流口的竖向衔接方式就可以起到径流处理效果，因此不会额外增加工程投资，也不需要额外占用土地资源；易于与城市景观设计相结合，公众的接受程度高。其缺点则主要包括：下沉式绿地是一种分散的、小型的绿色基础设施，大面积应用时，易受到地形等条件的制约，对实际调蓄容积应有客观的认识；如果是对原有高位绿地进行下沉式改造，需要挖掉地表植被，取走部分土层，可能导致破坏原有的生境和土方平衡；在绿地植物的选择方面会受到一定的限制，所选物种需要具有较好的耐淹性能，尤其不适合布设娇贵的植物品类，而大量使用耐水植物可能会影响到绿地的生物多样性和景观多样性。

2.3.3 设计要点

1. 典型结构组成

下沉式绿地的结构较为简单，主要由蓄水层、种植土层和溢流装置组成，如图 2-6 所示。

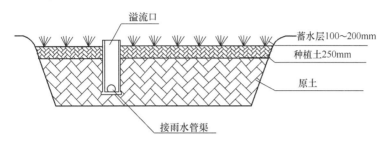

图 2-6 下沉式绿地典型结构示意图

（1）蓄水层：是临时储存雨水径流的场所。在降雨过程中以及降雨结束后的一段时间内，所储存的径流慢慢渗入土壤，同时部分沉淀性物质得以沉淀，而附着在沉淀物上的有机物和金属离子也一并被去除。

（2）种植土层：该结构层首先为绿地植物生长提供所需的养分，同时为雨水径流提供进一步的储存空间。与此同时，在植物根系的吸附作用、微生物的降解作用以及土壤中一些黏土颗粒的过滤吸附作用下，径流得到一定程度的净化，重金属、营养物质和一些有机污染物被去除。

（3）溢流装置：设置溢流装置的目的是将超过设计能力的多余的雨水溢流至城市排水系统或附近水体。雨水溢流口可以设置在绿地中或者绿地与硬化地表的交界处，溢流口顶部的高程应当比下沉式绿地高程高出 50～100mm，且低于地面高程。在土壤渗透条件不够好的地区，为避免绿地植物淹水时间过长，可以进一步降低溢流口与绿地的高程差。

另外，应尽量让雨水径流分散地进入绿地，集中入流容易在入口处造成冲刷，必要时可以在入水口处铺设鹅卵石或采取其他防冲刷措施。如果下沉式绿地是用在污染负荷较重的城市道路、停车场旁收集处理地表径流的，必要时应采取预处理措施对污染物予以截留，例如增设截污雨水口、截污树池等，避免过量污染物进入下沉式绿地造成不利影响。

2. 设计方法

下沉式绿地对降雨径流的控制效果，主要取决于绿地面积、绿地的下沉深度和绿地土壤的渗透能力。绿地面积的大小，应该根据径流控制目标和实际现场条件，遵循因地制宜的原则来决定。下沉深度是指绿地与其汇水面之间的高差，绿地下沉深度越大，储水能力越强。但随着绿地下沉深度的增加，雨水在系统内的滞留时间也随之增长，可能会影响到绿地植物的生长，甚至产生安全隐患。根据经验，下沉深度一般应控制在 50～200mm 的范围内；对于土壤渗透性能较好的地区，可适当增大绿地下沉深度；对于渗透性较差的地区，绿地下沉深度则不宜大于 100mm。另外，绿地植物的耐淹能力在绿地设计中也应予以充分考虑。为避免绿地植物的淹水时间过长而影响其正常生长，在初步确定绿地面积和下沉深度后，需要对绿地淹水时间予以校核。如果发现植物淹水时间过长，应重新调整设计方案，增加下沉式绿地面积或减小绿地下沉深度，有条件的地区还可以更换渗透性能好的土壤，以解决植物淹水问题。

就降雨径流的控制而言，下沉式绿地是一种典型的储存渗透设施。下面介绍一种简单的下沉式绿地设计方法，其基本原理是设定下沉式绿地在一场降雨过程中所能处理的水量等于蓄水层的储水量与土层的下渗量之和，且在设计条件下不发生溢流外排。具体步骤如下。

（1）确定要处理的径流量 Q

$$Q = 0.001H \cdot \Psi \cdot F \tag{2-1}$$

式中　Q——计算时段内进入下沉式绿地的雨水径流量，m^3；

　　　H——设计降雨量，mm；

　　　Ψ——汇水面的综合径流系数；

　　　F——汇水面积，m^2。

（2）确定绿地面积 A_s 和雨水下渗量 P

根据绿地系统建设规划目标和现场情况，确定下沉式绿地的建设面积。在现场实测土壤渗透条件的基础上，计算雨水下渗量 P。

$$P = K \cdot J \cdot A_s \cdot t \tag{2-2}$$

式中　P——计算时段内下沉式绿地的雨水下渗量，m^3；

　　　K——土壤渗透系数，m/s；

　　　J——水力坡降，一般可取 1；

　　　A_s——下沉式绿地面积，m^2；

　　　t——渗透时间，指降雨过程中设施的渗透历时，一般可取 2h，或者可根据经验选择当地的平均降雨历时。

（3）确定绿地下沉深度 d

$$d = \frac{Q - P}{A_s} \tag{2-3}$$

式中　d——下沉深度，m。

（4）校核淹水时间 t_d

绿地的淹水时间与下沉深度、土壤渗透性能有关，一般设定为绿地下沉空间蓄满雨水时雨水全部下渗所需的时间。校核时，应根据绿地植物类型控制淹水时间不超过 1～3d[56]，一般可取 48h。

$$t_d = \frac{d}{K} \tag{2-4}$$

式中 t_d——淹水时间，h。

【例】已知某新建小区占地面积为 37.4 万 m^2，绿地率为 30%，综合径流系数为 0.8。计划将一半绿地改为下沉式，设计降雨量为 25mm。经过测量，其渗透系数 6.2×10^{-6} m/s。下沉深度的计算结果如下：$d=0.001\times25\times0.8/0.15-6.2\times10^{-6}\times2\times3600=0.089$（m）。因此，设定下沉式绿地的下沉深度为 90mm。经校核，淹水时间为 4hr，设计降雨条件下不会对植物造成影响。

2.3.4 运行维护要点

下沉式绿地需要定期检查和维护，以维持其良好的运行状态和景观效果。一般情况下，每年要定期补种植物、修复植被和清理杂草。如果出现土壤裸露的地方，要及时补种或铺上草皮。溢流口阻塞或淤积时，应及时清理垃圾与沉积物。积水超过 24 小时，应进行人工强制排水。

2.3.5 效果与成本

下沉式绿地对径流总量和峰值均有很好的削减作用。根据尼玛次仁对绿地高度和径流拦截效果之间关系的调研[57]，若绿地标高低于周围路面，其入渗量是高于路面时的 3～4 倍；下沉式绿地深度为 100mm 时，对于一年一遇和 2 年一遇的暴雨径流，其拦截率分别为 100% 和 80%。根据潘忠成[58]等人的研究，在 1 倍汇水面积的情况下，下沉式绿地对 10 年、50 年和 100 年一遇的降雨，其拦蓄率分别为 87.15%、58.48% 和 50.75%；对洪峰的削减率分别为 71.04%、46.82% 和 41.52%。

下沉式绿地对径流污染控制也有较好的效果，尤其是在降雨量和降雨强度较小的情况下。陈祎潘等人[59,60]就下沉式绿地对径流污染物的削减效应进行研究，结果表明，下沉式绿地对 COD、TN、NH_4^+-N、TP 的平均削减率范围为 52.21%～78.93%、59.20%～66.64%、48.98%～71.86% 和 47.35%～75.83%。张建林[61]通过研究发现，路面径流通过下沉式绿地的净化作用，SS 去除率高达 94.5%。

下沉式绿地建设费用较低，新建下沉式绿地单位成本与普通绿地相近，约为 56 元/m^2。绿地的养护成本约为 9～35 元/m^2 之间不等。

汇总下沉式绿地的技术性能和特点，如表 2-5 所示。

下沉式绿地的技术经济性能与特点 表 2-5

控制效果：污染物去除效果		可行性分析	
TSS 去除率	95%	占地和土壤条件要求	中
TN 去除率	60%～70%	建设费用	低
TP 去除率	45%～75%	维护费用	低
控制效果：水量控制效果		可滞留径流体积	高
削减径流峰值	是	选址约束性	低
减少径流总量	是	公众可接受性	高

2.4 透 水 铺 面

2.4.1 基本功能

透水铺面（Permeable Pavement）是指那些能够使雨水顺利进入铺面结构内部的地表铺装形式，又被称为透水铺装。透水铺面是一类常见的用于在源头削减径流污染负荷的措施，是指在保证一定的使用强度和耐久性的前提下，将透水性能良好、空隙率较高的材料用作铺装的面层、基层甚至土基。降雨过程中，雨水通过透水面层进入具有临时贮水能力的基层，进而直接向下渗透到土基中或经铺面内部的排水管收集后予以排除，达到补给地下水和削减地表径流的目的。在减少径流的过程中，对污染物也有一定的去除作用，主要的去除机理是吸附和过滤，也可能伴随一些生物过程的发生。

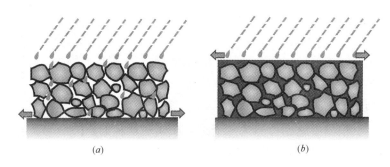

图 2-7 透水铺面
（a）与普通铺面；（b）对径流的影响比较

2.4.2 适用条件和优缺点

透水铺面结构适宜于较平或者坡度较缓的地方。地下水位与透水铺面之间要有一定的安全防护垂直距离，不宜在地下水源较为脆弱的地区使用。透水铺面可用于气候寒冷的地区，与传统铺面相比，表面不易结冰。

对于特定场所，透水铺面的适用性主要取决于对铺面承载能力的需求。因此，透水铺装最常用于人行道、广场、停车场以及轻交通量车道等对铺面承载力要求较低的场所。但不适合污染负荷高的区域，例如工业区。

总的来说，透水铺面这种措施的主要优点有：透水铺面能帮助迅速排除地表积水；有助于防止由于地下水干涸而造成的地面下沉；能够实现过滤净化、涵水降温，起到调温、调湿、减尘的作用；采用透水铺面的道路，比普通路面更容易消除行车溅起的水雾，有助于改善能见度，提高行车安全性。而其缺点则主要包括：随着使用时间的增长，透水通道孔隙易发生堵塞，需维护，保养要求高；不适应污染负荷较高、负载较重的区域，如加油站、码头等；与传统铺面相比，价格高。

2.4.3 设计要点

1. 透水铺面的组成

透水铺面的结构，自顶向下由透水面层、透水找平层、透水基层、透水或不透水垫层、土基共同组成，如图 2-8 所示，其面层在边缘处应保证有所约束。以下对各结构层的功能[62]加以介绍。

透水面层位于透水铺面结构的最表层，直接承受荷载（行人、车辆等）及自然因素（降雨、降雪等）影响，并将荷载传递到透水基层。雨水径流利用透水面层的透水能力得以向下渗透。

透水找平层位于透水基层和透水面层之间，实现二者的粘结，且具有一定的透水能力，能够将面层下渗雨水传导到基层。找平层的主要作用是整平基层顶面，为面层提供良好的基础；对经过面层下渗来的雨水加以过滤，防止水分携带污染物

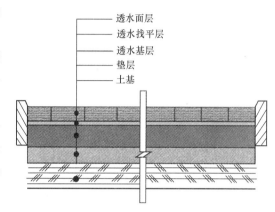

透水面层
透水找平层
透水基层
垫层
土基

图 2-8　透水铺面结构示意图

或固体颗粒进入基层，避免基层孔隙堵塞，因此找平层有时又被称为过滤层。如果采用连锁砌块作为透水面层材料，常采用粗砂、中砂或砂浆予以找平，既可固定块体，又可帮助面层实现紧密嵌锁；对于透水水泥或沥青混凝土面层，常采用小粒径开级配碎石粒料予以找平。

透水基层是指设在透水找平层以下的结构层，承受由面层传递的荷载，并将荷载分布到垫层或土基上。另外，基层要具有一定的透水、贮水能力，是透水铺面实现蓄水功能的关键，其材料与普通铺面相比孔隙率高、细料用量少。根据是半保水型还是全保水型透水铺面的不同（这两类透水铺面的区别在下一小节中还有详细介绍），基层的功能有所区别。对于半保水型结构，渗入结构内部的水分需要通过基层汇流后集中处理；对于全保水型结构，基层材料需要提供足够的空隙以便暂时存储未能及时下渗的雨水。当透水基层分为多层时，其最下面一层称为透水底基层。

垫层是介于基层和土基之间的结构层，能够防止土基颗粒在水分作用下反渗入基层，从而避免了基层空隙的堵塞和土基流失。此外，垫层还可以消散基层传递到土基的荷载，缓解基层材料，特别是级配碎石这类松散粒料，对浸水后软弱土基的破坏。根据是半保水型还是全保水型透水铺面的不同（这两类透水铺面的区别在下一小节中还有详细介绍），垫层可以是不透水的，也可以是透水的。对于半保水型铺面，垫层常采用沥青砂等不透水材料，土基上方还常常加设非透水型防渗土工布，雨水依次透过面层、基层后，沿不透水垫层的顶面排出。全保水型透水铺面中，不仅面层、基层为透水材料，垫层也一般采用小粒径的碎石、粗砂或中砂等透水材料，有时也加设透水土工织物以提高承载力，雨水沿面

层、基层、垫层一路下渗，最后渗入土基中。

土基是整个透水铺面的最底层，是整个铺装结构的关键，其对铺装结构整体承载力和透水效率的提高起到限制性作用。由于土基相比于基层和面层所使用的大孔隙材料，渗透能力最差，成为影响透水铺面最终透水效率的瓶颈。

2. 透水铺面的类型

根据保水功能的差异，透水铺面可分为全保水型透水铺面及半保水型透水铺面[62]。全保水透水铺面中，进入到结构内部的雨水，通过渗透进入土基，实现雨水完全还原地下的效果。通常土基渗透能力较小，雨水可能无法及时完全下渗，因此，要求全保水铺装的基层材料具有较大的空隙率，以便能暂时存贮雨水，即降落到透水铺面范围内的雨水，全部由铺装结构内部保存。半保水透水铺面中，雨水由铺装表面下渗到基层，一部分由基层保持，另一部分以连通的空隙为通道沿不透水垫层表面排出，最后进入附属排水设施。也就是说，降落到半保水铺面范围内的雨水，部分由铺面结构内部保持，部分排出。

根据透水铺面所使用的面层材料的不同，透水铺面可分为连锁砌块类铺装、透水水泥混凝土铺装、透水沥青混凝土铺装[62]。连锁砌块类铺装的主要材料是透水路面砖，常见的有混凝土透水路面砖、自然砂透水路面砖、陶瓷透水路面砖、植草砖等多种形式。混凝土透水路面砖和自然砂透水路面砖是将粒径相近的砂、石颗粒用无机胶凝材料或有机粘结剂搅拌混合后压制成型，形成带有通道孔的砖坯，再经养护而成；陶瓷透水路面砖是将粒径相近的陶瓷碎粒经配料压制成型，并预留通道孔，烧结而成。透水路面砖利用自身的透水性、连接缝及砖体镂空部分实现径流的入渗，并依靠自身强度及块体间联锁作用形成铺面的整体强度。这种类型的铺面多用于城市广场道路、公园道路以及园林绿化等工程中，见图 2-9（a）[62]。

透水水泥混凝土是由粗集料和水泥基胶结构经拌合形成的具有连续孔隙结构的混凝土。透水水泥混凝土铺装中使用的是大孔混凝土，它采用单一粒级的粗集料，同时严格控制水泥浆用量，使其恰好包裹粗集料表面，但不致流淌填充其间的空隙，形成颗粒间可供透水的较大空隙。透水水泥混凝土铺装属于整体性透水材料，材料的承载能力较强，但由于其模量相对较高，因此对透水性基层的要求也较高。该类铺面类型多用于城市街道或停车场，见图 2-9（b）[62]。透水水泥混凝土路面工程的设计、施工、验收和维护则可参考行业标准《透水水泥混凝土路面技术规程》（CJJ/T 135—2009）[63]。

透水性沥青混凝土，与一般沥青混合料相比，特点是孔隙率较大，大粒径骨料含量较高，采用高温热稳定性好、粘结性强的高粘度改性沥青。透水性沥青混凝土类铺装，在国外研究和实践中应用已较为广泛，多用于行车道或停车场，见图 2-9（c）和（d）[62]。但透水性沥青混凝土路面在我国还处于发展阶段，目前尚无完整的设计施工规范和验收指标。

3. 透水铺面铺装厚度计算

确定透水铺面铺装厚度（不包括垫层的厚度）的计算方法见式（2-5）。

图 2-9 常见的透水铺面面层类型

$$H = (0.1 \times i - 3600 \times q) \times (t/60) \times v \tag{2-5}$$

式中 H——铺装厚度（cm）；

i——地区降雨强度（mm/h）；

q——铺装体的平均渗透速度（cm/s）；

t——降雨持续时间（min）；

v——铺装体的平均孔隙率（%）。

2.4.4 运行维护要点

透水铺面不仅需具备承担相应荷载的能力，还应长期保持良好的透水功能。相对于强度而言，透水铺面的功能性下降问题更易发生，直接影响到透水铺面的实际使用效果和推广应用。对于常见的孔隙阻塞问题，可定期采用真空吸附、高压水流冲洗等方法进行清除。

为维持透水铺面渗透层的高负载率，在铺装过程中和铺装完毕后，应做好防侵蚀和清淤工作，直至周围土壤完全固定。

另外，使用透水铺面铺装的场地应尽量避免使用化学融雪剂和杀虫剂，以免污染地下水水质。

2.4.5　效果与成本

透水铺面对于径流峰值的削减有明显效果。根据丁跃元等人的调研，Watanabe 以日本横滨布设的透水铺面为对象开展的径流控制研究，其结果表明该设施削减了 15%～20% 的径流洪峰；Schluter 和 Chris 的研究结果表明，透水铺面填充物的空隙率大小对停车场出口的水流量影响很小，但是对径流洪峰削减作用显著；Benedetto 采用透水铺面促进下渗，解决了下雨导致的飞机场积水问题[64]。刘保莉针对厦门市某植草砖铺设的停车场开展了监测，结果表明，在降雨强度<3.88mm/h 的情况下，停车场透水区地表径流出现时间相对非透水区车道径流出现时间平均可滞后 30min 以上[65]。

透水铺面对径流水质改善也有较好的效果，尤其是针对降雨量和降雨强度较小的情况。仍以厦门市某植草砖铺设的停车场为例，经植草砖停车场处理后的地表径流 pH 值可维持在 7.5～8.0 之间，悬浮物滞留率仅为 13.86%，氨氮、硝氮的平均去除率为 76.55% 和 39%，对溶解态重金属 Zn、Cu、Pb 的平均处理率达 60% 以上[65]。由于铺面一般设置在广场、城市道路等车辆行驶密集的区域，径流中重金属污染物浓度较高；而国外有相关研究报道，与普通沥青马路相比，透水铺面对径流中铜、锌的削减比例可以达到 78.9% 和 56.8%[66]。

透水铺面的成本比传统的地表铺装要高，但可以减少铺设传统排水管道和控制系统的支出。

汇总一下透水铺面这种措施的技术经济性能和特点，如表 2-6 所示。

透水铺面的技术经济性能与特点

表 2-6

控制效果：污染物去除效果		可行性分析	
TSS 去除率	60%～85%	占地和土壤条件要求	低
TN 去除率	30%～50%	建设费用	中
TP 去除率	50%～75%	维护负担	中
控制效果：水量控制效果		可滞蓄的径流体积	低
削减径流峰值	是	选址约束性	低
减少径流总量	是		

2.5　植被过滤带

2.5.1　基本功能

植被过滤带（Vegetated Filter Strip），又称为植草过滤带（Grassed Filter Strip），是指通过在地表种植浓密的植被，对流过植被的层流加以处理的径流污染控制措施。过滤带这种措施最开始主要是用在农业面源污染控制中，近一二十年逐渐在城市区域有了越来越多的应用。植被过滤带可以用在停车场、道路和其他的不透水区域，只要保证径流流量沿着过滤带的宽度方向能均匀分布即可。植被过滤带还可以作为一种预处理的手段使用，比如常常用在入渗设施或者过滤设施的上游。

植被过滤带基本起不到削峰的作用，但通过下渗和蒸发可能有一定的径流量消纳作用。渗透到植被根部区域的雨水或者渗入到土壤和地下水中，或者通过蒸发蒸腾作用进入到大气。植被过滤带在正常运行中，要求径流处于层流状态。这一点与植草沟（见下一章节）有明显不同，植草沟中输送的径流虽然水深较浅但水流集中。因此，植被过滤带在实际应用中遇到的主要难题也就是层流的状态不易维持，流量一旦集中起来就会导致所谓的"短流"，从而造成径流处理效果差甚至得不到处理。

植被过滤带处理污染物的基本机理是沉淀。由于植被的存在，径流流速被减缓，颗粒物得以沉淀。下渗作用也可以去除一部分污染物。有文献报道，沿着道路布设的植被过滤带能够持续降低径流中的悬浮固体和重金属浓度，但是对溶解态的金属离子去除效果较差，而且基本上未观察到氮和磷浓度的变化。

2.5.2 适用条件和优缺点

植被过滤带可以被用于大多数的城市区域，但是在有些情况下，由于跟其他一些径流控制措施相比占地面积较大而受到限制。例如城市化程度很高的人口和社会经济活动密集区，因为用地紧张，采用植被过滤带的方式进行径流污染控制就不太现实。

植被过滤带最适宜处理的就是道路、屋面、小型停车场或者透水性表面的产流。还特别适合布置在水体周边，作为其滨水缓冲区（见后续相关章节）的外围区。也可以用作其他径流控制工程措施的预处理设施，如放在过滤设施和入渗设施等的前面。植被过滤带还经常与植草沟联合使用，一种形式是植被过滤带的出水通过植草沟的上游入口进入植草沟，还有一种形式是将植草沟的边坡做成植被过滤带。相比于其他一些径流污染控制措施，植被过滤带最大的问题就是其污染物去除效率不高。

植被过滤带的运行要求建设场地的坡度能有利于径流保持层流状态，为此一般坡度应在1%～15%之间。植被过滤带对场地的气候条件也有一定要求，必须能保证形成和维持浓密的植被覆盖层。

如果要在干旱区域使用植被过滤带，则必须平衡植被的浇灌成本和过滤带带来的水质改善效益。径流污染较重的区域，例如加油站，也不适合采用植被过滤带，因为该措施是鼓励雨水下渗的。

某些径流污染控制措施，如湿式滞留池会对径流产生加热效应，但植被过滤带基本不会造成所处理径流的升温。由于一些喜冷的水生生物对水温变化比较敏感，植被过滤带这种措施在保护相应的低温水体方面有一定优势。

植被过滤带与地下水的季节性高水位之间要有一定的安全距离。美国的经验是要求至少在0.3m以上，一般要保证有0.6～1.2m的间隔。这么要求的原因，一方面是防止对地下水造成污染，另一方面也有利于植被带在两场降雨之间尽快得以干燥。

植被过滤带对其下方的土壤性质也有一定要求，不能含有高的黏土成分，否则会影响到运行过程中雨水的正常下渗。

如果植被过滤带设计运行的不好，可能会出现滋生蚊虫的问题。

总的来说，植被过滤带作为一种降雨径流污染控制措施，其主要的优点包括：系统较为稳定，滞留径流能力较强；对固体污染物质的去除效果明显；单位面积处理量较高，设计灵活，景观效果好；可以为鸟类、昆虫等提供栖息场所。而其缺点则包括：由于占地面积较大的问题，选址受限；对降雨径流污染的控制效果与其面积大小有着密切关系；建设及运行维护费用比较高，需要有专业人员进行定期的管理和维护。

2.5.3　设计要点

1. 进水流态控制

为了能保证径流以层流方式进入植被过滤带，在过滤带的上游端应配备分流布水装置，例如开槽的边石，从而将径流均匀分布到植被带上。为了避免流量集中，还有一些具体的做法，包括：适当限制汇水区不透水表面的长度以减少汇流过程，让不透水表面均匀地向植被带倾斜，限制不透水表面的宽度与植被带宽度的比值，在不透水表面与植被过滤带之间加设能摊平水位或让水流延展的设施，等等。一般出现流量集中的现象时，其典型水面宽度在 15～45m 左右，具体取决于汇水区坡度大小和降雨强度的高低。即使采用了水位摊平设施，例如植草的斜坡台、锯齿形的镶边石、石槽等，仍然应经常检查是否有流量集中或者滞水的情况。

2. 设计参数

植被过滤带设计中，主要涉及到的参数有：

(1) 平均流速不宜超过 0.3m/s。

(2) 曼宁系数控制在 0.20～1.0。

(3) 植被带的最大坡度为 5%～10%，坡度最好控制在 2%～6% 之间。降雨强度不太大的地区可以适当放宽对坡度的要求，最大可到 15%。过于平坦的地方，例如坡度低于 2%，则容易在植被上形成积水从而出现蚊虫滋生的问题。

(4) 为保证流量的均匀分布，对植被带的宽度要加以限制。植被带的宽度不得超过层流的宽度。一般情况下，地表漫流的下游会形成层流状态，可以用 $L_a S_a \leqslant 0.3$ 作为能否形成层流的判别依据，其中 L_a 是汇水区朝向植被带的长度，S_a 是汇水区朝向植被带的坡度。对于未经开发的区域，在坡度比较缓和的条件下，层流的宽度很少超过 90m；而在建成区，如果沿着透水性表面汇集径流的话，层流的宽度一般低于 30～45m。有人还分别针对透水区域和不透水区域做了统计分析，并推算出，每处理 1000m² 的不透水区域，需要的植被带宽度约为 44m。

(5) 植被带内的平均水深不宜超过 50mm 左右。能积存的最大水量应超过要处理的径流量。美国的经验是，典型的设计径流处理量可以按照 2.5mm 降雨在汇水区产生的径流量来考虑，或者用整个汇水区面积上 1.3mm 的径流深对应的径流量来计算[68]。我国目前尚无相关的经验设计数据供参考。

（6）为保证足够的水质处理效果，植被带沿着水流方向的长度至少得有 4.5m，有条件时最好在 7.5m 以上。

总的来讲，植被过滤带可以说是设计较为简单的一种措施，因为其本质上就是一片植草的坡地。有文献给出了三种植被过滤带计算方法，包括 Nieswand 方法、Flanagan 方法、Overcash 方法，还对三种方法的优缺点与适用条件做了探讨[69]。但所介绍的这几种方法都比较复杂，主要是由于所考虑的植被过滤带作用机理较为详细。

以下则以停车场径流污染控制为例，介绍一种设计植被过滤带的简单方法和过程。已知停车场大小为 15m×60m，朝向植被带拟建场地方向的坡度为 0.5%，设计降雨为 110mm/h，径流系为 0.9。植被带上准备种植结缕草，并且将其修剪成 100mm 高、坡度 2% 的外形。利用之前判断层流的依据可得 $L_a S_a$＝15m×0.005＝0.075≤0.3，所以径流能以层流状态到达植被带的前端。设计流量为 WQT＝0.9×110×15×60/（3600×1000）＝0.025（m^3/s）。设定曼宁系数为 0.5。由于植被过滤带就像一条比较宽的矩形断面渠道，因此可以认为其水力半径近似等于水深，利用曼宁公式可以导出植被过滤带内的水深为 $y=\left(\dfrac{n\times WQT}{W\times S^{\frac{1}{2}}}\right)^{\frac{3}{5}}=\left(\dfrac{0.5\times 0.025}{60\times 0.02^{\frac{1}{2}}}\right)^{\frac{3}{5}}=0.022(m)=22(mm)$，未超过最大水深 50mm 的限制。而流速为 v＝0.025/（0.022×60）＝0.02（m/s），也未超过最大流速 0.3m/s 的约束。选定植被过滤带的长度为 7.2m，则对于该长度，水力停留时间为 6min。

3. 植被要求

植被的健康是保证植被过滤带性能良好的关键因素。植被覆盖率低于 80% 以下就会引起径流处理效果的显著恶化。因此，植被务必要保持浓密，要由耐旱的草型组成，最好是草坪草，这样容易形成草垫。为了保证植物生长，植被过滤带建设时，要提供适宜的种植层，例如一层砂质壤土，或者 15cm 厚的堆肥层。在干旱和半干旱地区，可能还需要适度的浇洒工作以维持处理效果可靠的植被覆盖。

植被的顶面高程应该比临近的汇水区表面低 25～75mm，这样植被本身和累积在植被带边缘处的沉淀物质才不会阻碍径流的通过。

2.5.4 运行维护要点

植被过滤带的运行维护跟其他有植被的径流控制措施，例如下一节要介绍的植草沟，比较相似。良好的维护对保证植被过滤带的运行效果非常重要，尤其是要保证不要发生短流现象。

一般情况下，每年都要对植被过滤带进行例行检查，新设施最好半年检查一次。要观察植被上有没有被雨水冲出的细沟，如果有就要及时予以修正。裸露的地方要及时补种或者铺上草皮。所选草种要保证草被的尽快形成，如果效果不好可以考虑换成其他草种。对于植被上的沉积物质，要定期予以清除，沉积物的体积一旦超过设施设计能力的 25% 就必须及时予以清理。

2.5.5　效果与成本

关于植被过滤带在农业面源污染控制效果方面的研究成果比较多，例如研究表明 4.5m 宽的植被带能去除 50% 的氮、磷和沉淀物质；而 30m 宽的植被带对上述物质可以达到将近 70% 的去除效率。但是这些效果如何转化到城市环境中，还不是很清楚。以下给出将植被过滤带用到大型停车场的一些研究数据，数据表明，污染物去除效率跟径流在植被过滤带中流行的距离有关，如表 2-7 所示。较短的植被过滤带对部分污染物有中等水平的去除效果，但同时有铅、磷和营养物质的输出。

植被过滤带对城市径流的处理效果示例　　　　　　　　　　　　　　　　表 2-7

污染物类型	污染物去除率（%）	
	22.5m 长的植被过滤带	45m 长的植被过滤带
TSS	54	84
硝氮＋亚硝氮	−27	20
总磷	−25	40
可萃取的铅	−16	50
可萃取的锌	47	55

汇总一下植被过滤带的技术经济性能和特点，如表 2-8 所示。

植被过滤带的技术经济性能和特点　　　　　　　　　　　　　　　　　表 2-8

控制效果—污染物去除效果		可行性分析	
TSS 去除率	60%～80%	占地和土壤条件要求	高
TN 去除率	30%～50%	建设费用	高/中
TP 去除率	50%～80%	维护负担	中/低
控制效果—水量控制效果		可滞蓄的径流体积	高/中
削减径流峰值	是	选址约束性	高/中
减少径流总量	是	公众可接受性	高

2.6　植　草　沟

2.6.1　基本功能

植草沟（Grassed Swale），也被称为植被浅沟（Vegetated Swale），是一类深度较浅、坡度较缓、种植植被的景观性地表沟渠式排水设施。植草沟往往沿着居住区街道和公路边建设，用于疏导道路上产生的降雨径流，如图 2-10 的示例。建设植草沟的主要目的是为了让雨水径流在较低的可控的流速条件下得以传输，并在传输过程中一定程度上得以过滤和下渗。与传统的排水渠相比，植草沟在降低径流流速和净化径流水质方面有明显优势。

根据地表径流在植草沟中输送、滞留过程的不同，植草沟可以分为以下三种类型：

（1）标准传输型植草沟。主要功能是径流的传输，即将汇水区域中的降雨径流输送到其他径流污染控制工程措施中。在传输过程中主要依靠降低径流流速带来的沉淀作用而去

图 2-10　植草沟实例

（图片来源：*Pennsylvania Stormwater Best Management Practices Manual*，*Chapter 6 Structural BMPs*）

除一部分径流污染物。

（2）干植草沟。是指开阔的、覆盖着植被的径流传输渠道，平时表面干燥，没有积水。在干植草沟的结构设计中，增加了由人工改良土壤组成的过滤层，并且在过滤层底部铺设排水管道。这样的设计能够保证径流在水力停留时间内从沟渠排干，并且提高了设施对径流及污染物的输送、过滤、渗透、滞留能力。

（3）湿植草沟。与干植草沟类似，但长期保持潮湿状态，沟中的微生物对污染物质的降解能力也更强。功能上类似于直线式沟渠型的湿地。

在降雨量较小的情况下，地表径流以较低流速流经植草沟，通过滞留、植物过滤和渗透等作用机理，径流中的多数悬浮颗粒物和部分溶解态污染物可被有效去除。控制效果如表 2-9 所示。

植草沟对降雨径流的控制机制与效果　　　　　　　　　　　　　　　　表 2-9

滞蓄	沉淀	吸附	入渗	微生物降解	过滤	植物吸收	蒸发蒸腾及挥发
中	低/中	中	中	低/中	中	中	低/中

2.6.2　适用条件和优缺点

植草沟可用在居民区、商业区和轻工业区。但由于植草沟边坡较小，占用土地面积较大，不太适用于高密度的区域。路旁的植草沟可以代替传统的雨水口和部分排水管网，同时还满足雨水的收集和净化处理要求，一定程度上可以用于解决雨水管和污水管混接、错接的问题。

对于植草沟的三种构型，其中：标准传输型植草沟一般可用作城市街道、高速公路的排水设施，在径流量小及人口密度较低的居住区、工业区和商业区，则可以部分代替路边的排水沟或雨水管网；干植草沟适用于居住区、商业区，经定期割草可有效保持草沟干燥；湿植草沟由于其土壤层较长时间保持潮湿状态，可能产生异味或蚊蝇等卫生问题，因此适用于人口密度较小的地区、高速公路的排水系统，也可以用于过滤来自小型停车场或屋顶的雨水径流[67]。

总体来看，植草沟这种措施的主要优点有：具有较强的结构稳固性，抗降雨侵蚀能力强；能有效降低雨水径流的总量及峰值，并且能利用表层植被实现对径流的过滤、净化；可起到绿地补偿作用，一定程度上具有净化空气、降噪的作用。而其主要缺点则包括：选址约束性过大，陡坡、平地地区，降雨量过大、排水能力较差地区皆不适用；对当地地下水是潜在污染源；易造成蚊蝇滋生，可能会有臭气散发。

2.6.3　设计要点

1. 选址布局与结构组成

对于植草沟的布设，首先要考虑的因素是地形坡度。坡度缓和最佳，过于平坦或陡峭的地形都不利于植草沟布置。植草沟的平面规划和高程设计要与自然地形充分结合，保证雨水径流在植草沟中以重力流形式畅通排放。植草沟通常可以沿着道路、建筑物的边缘或者停车场的中线来布设。由于植草沟所具备的径流传输功能，在设置时还应考虑如何与其他径流污染控制措施相互衔接，以便组合在一起共同实现对径流量的调节和径流水质的净化。植草沟表面种植有植被，布置时要与周围环境相协调，提高其景观效果。

植草沟的主体构造如图 2-11 所示，与传统的路边排水沟大体一样。一般断面形式多为三角形、梯形或抛物面形。植草沟表层应种植浓密的耐径流冲击和抗土壤侵蚀的本地植物，承担过滤径流、降低流速、去除污染物等作用。针对排水能力要求较高的区域，还可在透水性土壤底层铺设排水管道，辅以不规则分级石粒，并用土工布完全封装，从而实现雨水径流的及时排出，并防止水量过大造成侧坡溃塌等结构损坏问题。为提高侧坡的稳固度，还可在侧坡边缘修造拦砂坝。

为加强植草沟处理效率，可在植草沟前设置其他预处理措施，如植被过滤带、隔板等。在植草沟的入口处应当设置简易的滤网，

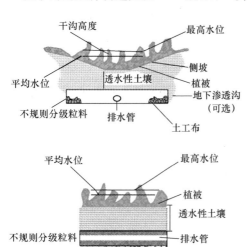

图 2-11　植草沟纵向和横向构造示意图

拦截树枝、杂草、垃圾等物质,并及时清理。合理设计植草沟的入口,尽量让水流均匀、分散地进入和通过植草沟。如果径流是通过雨水口或管道的形式集中汇入植草沟,植草沟入口处极易发生侵蚀和淤塞问题,可采用在入口处堆砌卵石等方式,对来水进行消能分流处理。出口处还应设置溢流结构或防侵蚀沟渠,保证超出设计条件的多余径流可以安全转输至下游的排水系统[67]。植草沟穿过公路或人行道底部时,需要在其底部设置涵洞,并保证足够的宽度。

2. 主要设计参数

（1）设计流量

美国土木工程师协会和水环境协会编写的设计手册中,要求植草沟一般应可以安全输送 2 年一遇的峰值流量并能够实现一定的水质处理效果,同时还可以输送超过 10 年一遇的降雨径流量而不会发生坡面坍塌[68]。国内也有一些文献中提到按照 30 年一遇的条件来校核输水能力[67]。

（2）水深与沟深

植草沟的最大水深一般不应超过 45～60cm,平均水深可达到 30cm,沟的末端水深可达到 45cm。按照美国的设计规范,在 2 年一遇的设计降雨峰值条件下,植草沟中的水深不应超过植物高度的 75%;在 10 年一遇降雨条件下,要保证水面上仍能够保有不低于 15～30 cm 的自由沟岸。

（3）底部宽度

植草沟的底部应尽量水平,宽度控制在 0.5～2.5m 之间。当设计底宽超过 2m 时,应沿着植草沟纵向增设分流装置,防止植草沟沟体侵蚀和发生底部顺流沟渠化。沟的宽深比不宜超过 12:1。

（4）纵向坡度

一般应控制在 0.5%～5%,最好在 1%～2.5%。如果遇到的实际地形原始坡度偏大,可采取将植草沟做成阶梯状的做法,使纵向坡度的平均值满足设计要求。当沟的纵向坡度大于 3% 时,需在植草沟中间部位设置堰体或拦砂坝,以减小径流流速,提高对污染物的处理效果。拦砂坝高度一般为 15～30cm,可选用木材、混凝土、石块、泥土等材料。拦砂坝会造成径流在其上游积蓄,其径流积蓄时间不应超过 72h,拦砂坝顶部应凿有孔洞以便于泄洪。

（5）水力停留时间和沟长

植草沟的长度应根据水力停留时间和场地的具体情况来确定取值。标准传输型植草沟的停留时间可取 6～8min;但是从净化径流水质的角度看,水力停留时间需超过 10min,长度不应低于 30m。有资料表明,利用植草沟去除污染物时,有 80% 的污染物是在 60～75m 的沟长内被去除的[67]。当受到场地限制,植草沟长度不能满足污染物去除要求时,可采取增大植被厚度、降低植草沟纵向坡度、调整植草沟弯曲程度等措施,让径流以更长的时间流经沟体,提高污染物去除效率。

（6）侧向边坡坡度

边坡坡度取值范围应在 1：4～1：3 之间，这样能保证径流在植草沟内流动时水深较浅、流速较低。而且此时断面的湿周也比较大，有利于防止边坡的侵蚀，同时还能够增强边坡对径流污染物的过滤作用。

（7）设计流速和最大允许流速

设计降雨条件（如 2 年一遇）下，为保证水质处理效果，沟内水流流速不应超过 0.3m/s。特大降雨事件下（如 10 年一遇），为了防止雨水径流冲蚀损毁植草沟表层的土壤以及覆盖的植被，对植草沟中的水流流速应当加以合理限制，即让其小于最大允许流速。最大允许流速的具体取值跟植草沟内草的类型、纵向坡度大小、土壤是否易被侵蚀等因素有关，其范围一般在 0.8～2.4 m/s 之间。当缺乏资料时，可简单取 1.0m/s 作为最大允许流速。

（8）植被

植草沟内的植被，可以是草皮、灌木、树木、湿地植物、其他景观植物或者上述多种植物类型的混合，应根据当地的气候条件来选用。种草是最常见的形式，但必须要选择生长稠密且能抗旱的草种，最好是能形成草垫的草坪草。丛生的禾草会在沟面留下空白裸露点进而容易造成土壤侵蚀。选择植草的类型时，要考虑到设施建设和长期维护的方便，避免选择维护需求高的品种。根据当地情况还可以采用其他类型的植被，例如沟的纵向坡度较缓（1％～2％之间）且湿度足够的情况下，就有条件选种湿地植物。植草沟表面必须要有适合于植物的生长层，例如铺一层砂质壤土或者将堆肥犁成 15cm 的耕种层以促进植被良好生长。

（9）土壤特性

土壤渗透率依据植草沟的类型而定，其中干沟的土壤渗透率应介于 0.15～0.3m/d；湿沟的土壤渗透率应大于 0.3m/d。最好采用砂土、砂质壤土、粉质壤土或壤土。为提高土壤的透水率，可先进行土壤修复。透水性土壤厚度应不低于 60cm，下层料石排水层的厚度应介于 30～60cm 之间。

3. 尺寸设计

植草沟的设计过程，主要是利用设计参数计算出断面尺寸和沟长。需要事先确定的关键设计参数包括：设计流量 q_v（m^3/s）、设计水深 y（m）、边坡系数 z、纵向坡度 s、水力停留时间 HRT（min）等[70]。

首先，植草沟的设计流量一般采用公式（2-6）计算[68]：

$$q_v = \varphi q A \tag{2-6}$$

式中　q_v——植草沟的设计流量（m^3/s）；

A——汇水区面积（m^2）；

q——设计暴雨强度（$m^3/（m^2 \cdot s）$），可采用当地的暴雨强度公式计算；

φ——综合径流系数，其值小于 1。

设计降雨历时的取值，可以按汇水区域中最远端到汇水点的雨水汇集时间来计。

当断面形状选择梯形时，设植草沟的底宽为 b（m），利用曼宁公式，经试错法，可求得 b 的取值。根据曼宁公式，有式（2-7）成立：

$$q_v = \frac{1}{n} a R^{2/3} s^{1/2} = \frac{1}{n} \cdot (b + zy) y \cdot \left[\frac{(b + zy) y}{b + 2y\sqrt{1 + z^2}} \right]^{2/3} \cdot s^{1/2} \quad (2\text{-}7)$$

式中　n——曼宁粗糙系数；

　　　a——植草沟过流截面面积（m^2）；

　　　R——水力半径（m）。

植草沟的材质、断面不规则程度、植被情况、曲折程度等都会影响到曼宁系数的取值，通常取值范围在 0.02～0.50 之间。Cowan（1956）提出了曼宁系数的经验计算公式，可供参考[71]。

确定了沟底宽度后，就可以计算出植草沟中的水流流速 v（m/s），进而计算沟的长度 L（m），具体如式（2-8）、式（2-9）所示：

$$v = q_v / a = q_v / [(b + zy) y] \quad (2\text{-}8)$$

$$L = \text{HRT} \cdot v \quad (2\text{-}9)$$

获得设计降雨条件（如 2 年一遇）下植草沟的基本尺寸后，还需要校核在特大降雨条件（如 10 年一遇）下植草沟内的水流流速是否会超过最大允许流速的要求，以确保最高流量到来时植草沟不会发生坍塌。

最后一步则是在最大水深基础上增加 0.3m 左右的自由沟岸，从而获得最终的植草沟设计尺寸。还需校核计算的是，增加了自由沟岸之后植草沟的最大通行能力。

以下给出一个计算示例。已知某汇水区面积为 $4000m^2$，不透水率为 50%，设计降雨条件下要转输和处理的峰值流量（q_v）为 $0.026m^3/s$，还要求能输送 10 年一遇降雨事件的相应流量（q_{max}）$0.17\ m^3/s$。根据场地条件，植草沟的纵向坡度确定为 2%。指定植草沟内种植特定草种，经定期修剪可以保证在雨季期间草的高度为 100mm 左右。设计流量条件下植草沟曼宁系数可取 $n = 0.2$。在设计降雨条件下，植草沟的设计关键点是让径流的停留时间实现最大化，而不是追求水力输送，因为这样才能获得足够的沉淀效果以净化降雨径流。为此，将设计降雨条件下沟内的水深 y 设定为 75mm，以便最大限度地滞留雨水。边坡坡度设定为 1:4，则边坡系数 $z = 4$。利用曼宁公式，计算可得到沟底宽度 $b = 2.4m$。进而可计算得到沟内水流流速 $v = 0.12m/s$，低于 0.3 m/s 的设计流速限制。选择水力停留时间 HRT 为 10min，利用该流速计算得到沟长为 72m。在 10 年一遇降雨事件发生时，由于水深加大、流速提高，曼宁系数会减小，此时取 $n = 0.04$。同样利用曼宁公式计算得到水深 $y = 0.1m$，沟内流速 0.64m/s，低于最大允许流速。由此，最终确定植草沟的基本尺寸为：沟深 0.4m，沟底宽 2.4m，沟长 72m，边坡系数为 4。

2.6.4　运行维护要点

植草沟使用过程中需要一定的维护和管理。如果维护不当，容易造成植草沟表层土壤发生侵蚀，导致水土流失、植被破坏。

植草沟的维护应当包括以下内容：

（1）及时清理植草沟入口处所拦截的树枝、杂草、垃圾等物质。

（2）植草沟中的植被要定期养护。植被过高会减小过水断面，过低又会降低污染物去除率。植被高度一般保持在 $50\sim150mm$ 之间，可以根据实际情况进行调整。

（3）及时清理植草沟中的沉积物和杂物。

2.6.5　效果与成本

植草沟内通过种植草类等植被覆盖抑制了土壤的冲蚀，能起到一定的水土保持作用。对于径流污染物的去除，一般来说，植草沟能降低 BOD_5 浓度，去除氮、磷和 Pb、Zn、Cu、Al 等金属离子，以及一部分油脂污染，但是对于大肠杆菌的去除作用不明显。一般情况下，对 TSS 的去除率可以达到 $50\%\sim75\%$，对 TP、TN 的去除率则可以达到 $25\%\sim75\%$。刘燕等梳理了不同类型植草沟的污染物去除效率，见表 2-10[67]。可以看出，干植草沟的污染物去除效果最为明显，湿植草沟可能存在溶解性磷的释放问题。

典型植草沟对径流污染物的去除效率（%）　　　表 2-10

污染物	标准传输植草沟	干植草沟	湿植草沟
TSS	68	73	74
TP	29	73	28
溶解性 P	40	70	−31
TN	33	72	40
硝酸氮、亚硝酸氮	−25	90	31
Cu	42	70	11
Zn	45	86	33
细菌	—	—	—

植草沟的建设费用主要包括工程施工费用，排水管、砾石等材料费用，植物购买、播种费用等；运行维护费用则主要包括植物修剪、化肥施用、清扫等。

汇总一下植草沟这种措施的技术经济性能和特点，如表 2-11 所示。

植草沟的技术经济性能和特点　　　表 2-11

控制效果：污染物去除效果		可行性分析	
TSS 去除率	$50\%\sim75\%$	占地和土壤条件要求	高
TN 去除率	$25\%\sim75\%$	建设费用	较高
TP 去除率	$25\%\sim75\%$	维护负担	中
控制效果：水量控制效果		可滞蓄的径流体积	高
削减径流峰值	是	选址约束性	高
减少径流总量	是	公众可接受性	较高

2.7 入 渗 沟

2.7.1 基本功能

入渗沟（Infiltration Trench）是一种处理降雨径流的工程措施，属于小型的渗透系统，又被称为渗沟、渗透沟、渗透沟渠。该措施通常设置在广场、道路、停车场等不透水区域的附近，一般是通过对场地进行土方开挖后再回填大粒径的砂石、卵石或者其他高孔隙率材料而建成，如图 2-12 和图 2-13 所示。降雨期间径流被导入入渗沟后暂时存储在由填料孔隙形成的地下储水空间中，并且在设计时段内从沟的底部和侧壁入渗至周边土壤，与此同时去除径流中的一部分污染物质。顾名思义，其一般形状为窄沟形，意味着它的长度要远远大于其宽度和深度。根据选址地点土地利用类型的差异，入渗沟表面可以植草，可以铺设砂石，也可以建设人行道或公路。沟内的填料层中还可以铺设穿孔管，以加快径流传输速度。在实际使用中，入渗沟可以作为城市排水管网的一部分。如果铺设在地势较为平坦的区域，还可以单独作为汇水区域的雨水下渗或传输设施，使用形式相对较为灵活。

图 2-12 表面植草的入渗沟建设过程

（图片来源：*Pennsylvania Stormwater Best Management Practices Manual*，*Chapter 6 Structural BMPs*）

图 2-13 表面铺设碎石的入渗沟建设过程

（图片来源：*Pennsylvania Stormwater Best Management Practices Manual*，*Chapter 6 Structural BMPs*）

入渗沟主要利用自身的透水性将沟内滞留的雨水径流下渗到表层土壤以下，在此过程中，径流中的部分悬浮颗粒、有机物和营养物质通过沉淀、过滤、吸附等作用得到去除。由于处理能力有限，入渗沟一般用于处理较小汇水区域的降雨径流。对于小型降雨可以做到全部入渗而不产流。

2.7.2　适用条件和优缺点

入渗沟适用于处理轻度污染的降雨径流，宜设置在住宅区、办公区、商业区等场所，如图 2-14、图 2-15 所示的建设在停车场和住宅小区内的入渗沟。不建议在工业区内使用入渗沟这种措施。

入渗沟可以滞留和处理一定量的降雨径流，但汇水区域面积不宜过大，例如美国有些州的设计规范中建议一般不超过 20000m²。如果用在面积更大或者常年多雨的区域，可以考虑与其他有一定贮存能力的径流污染控制措施协同使用；或在入渗沟系统中设置溢流装置，将多余水量排出。

入渗沟不宜建设在坡度超过 20% 的场地。

入渗沟对设施周边的土壤渗透性能和地下水位有较高的要求。选址时，应进行土壤性质测试。如果渗透速率过小，应当考虑进行土壤改良。对于土壤渗透系数过小（低于 0.1m/d）的地点，应考虑选择其他适宜的径流控制措施。反过来，土壤渗透系数过高的区域，也不适合建设入渗沟，例如砂土。如果地下水位较高，也不宜采用入渗沟来处理降雨径流。根据国外相关设计手册，一般要求沟底与季节性最高地下水位之间至少保有 1.2m 的安全距离；我国《建筑与小区雨水利用工程技术规范》（GB 50400—2006）中则要求雨水入渗系统的渗透面距地下水位应大于 1.0m[72]。

入渗沟底部跟其下方的不透水土壤层或基岩之间也要有足够的距离，根据美国相关设计手册的要求，这个距离至少得要有 0.6m，最好是在 1.2m 以上。

入渗沟的选址要保证与大型建筑、房屋、公路、铁路等基础设施有一定的安全距离，以减少安全风险。同时也要远离水井、水窖等设施，避免污染水源。

入渗沟在非降雨期可以作为公共绿地、人行道等设施使用，其选址和建设要与周围土地利用类型相匹配，注意景观设计，发挥其美学效应。

总体来看，入渗沟这种措施的主要优点有：能够削减部分地表径流总量，并起到一定的错峰调蓄的作用；对径流中大多数污染物质均有较好的去除能力；占地面积较小，一般设置在地表以下，易于适应周边区域的土地利用类型，适用性广；入渗能力较强，可以有效回灌地下水；与管网系统相比，经济性显著，同时还具有一定的景观效果。其主要缺点则包括：处理径流的能力有限，遇到强度较大的降雨可能出现积水或溢流，需要与其他措施共同作用来处理大面积汇水区域的降雨径流；对溶解性污染物质的去除能力相对较差；对场地土壤的下渗能力要求较高，容易堵塞，同时存在污染地下水的风险；运行维护较为繁琐，费用较高。

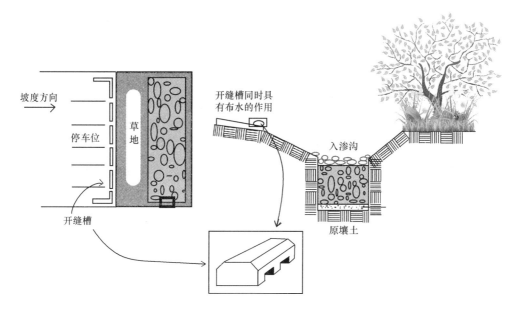

图 2-14　建设在停车场附近的入渗沟

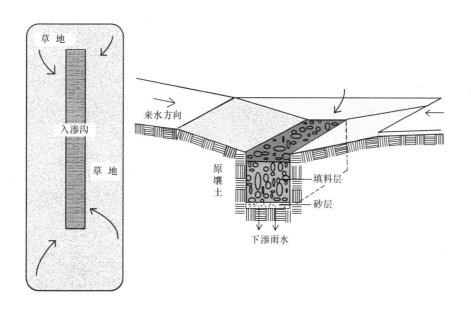

图 2-15　建设在住宅小区内的入渗沟

2.7.3　设计要点

1. 预处理单元和出水单元

　　为保证入渗沟的正常服务期,最重要的措施就是必须设置预处理单元,用于去除径流中粗颗粒的沉淀物(粒径为 0.075mm 及以上)。尤其是在干旱或半干旱区域,年降雨量较少,但径流中含有大量泥沙及悬浮颗粒物。如果雨水不经过滤就进入入渗沟,沟内填料和周边土壤中的孔隙会逐渐被填满，最终导致设施失效。常见的预处理单元形式可以是植草沟、植被过滤带、设施上游的草地等，再配合覆盖在入渗沟表面的砂石过滤层。砂石过滤层的过滤功能也可以换成用透水铺面模块来实现。预处理单元还可以采用前置沉淀池的形式。

如果入渗沟不能保证在设计停留时间内排空全部存储空间，建议在沟底上方适当的高度上布设雨水收集管和流量控制器，以便将积存的雨水缓慢排出。该收集管的出口应布置在方便连接到附近雨水口的地方。在该出水管与入渗沟渗透出流的共同作用下，即使遇到降雨期间土壤渗透性能不足的情况，入渗沟内的雨水也能在设计的滞留时段内排空。这种出水结构的作用跟过滤设施底部设置的排水管是相似的。

另外需指出的一点是，还有必要为入渗沟设计溢流通道，以便安全输送超出其设计能力的径流。尤其是在雨量充沛的区域，入渗沟一定要设置溢流出口，以减少入渗沟的超负荷运行。

2. 填料、过滤织物和植被

选择的入渗沟填料应该和周围土壤的质地相匹配。填料的最上层（1m 左右，可根据实际情况调整）建议采用直径在 4～8cm 之间的砾石，不仅可以提供约为总体积 40% 左右的空隙用于降雨径流的暂时贮存，而且能起到均匀布水、降低冲击的作用，使系统运行更加稳定。

在入渗沟的填料层中，还可以铺设一根穿孔管。穿孔管的加入能大大提高入渗沟的储水能力，在降雨强度较大时加快传输径流的速度，提高入渗沟的渗透量，减少溢流的产生，维护系统稳定性。如果待处理的设计径流量不变，加入穿孔管，可以减小入渗沟的整体体积；如果入渗沟体积不变，加入穿孔管则可以提高处理规模。加入穿孔管后的具体效果可参见后面章节给出的计算示例。

入渗沟的底部一般应铺设 20cm 左右的砂层，以加强对污染物质的去除。

入渗沟的四壁应当铺设过滤织物，从而对填料形成包裹，但入渗沟底部不得铺设过滤织物。如果入渗沟的设计形式是顶部不带有覆土（和植被）的，那么应在顶部单独铺设一层过滤织物。单独铺设的好处是在过滤织物被堵塞的时候便于更换。

如果采用表面植草的入渗沟，那么在选择草的品种时，需要注意其是否能耐水淹。一般来说，不易长高的匍匐性草种比较适宜种植在入渗沟表面，因为不需要勤修剪，这样能减少在沟顶作业的次数。

3. 检查井

入渗沟中每隔一段距离应设置一个检查井。一般可用直径 10cm 或 15cm 的 PVC 管，垂直竖立在入渗沟中，末端应深入到入渗沟底部，如图 2-16 所示。检

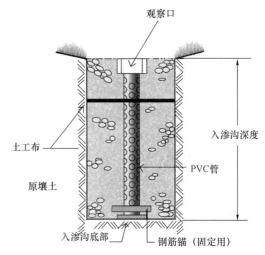

图 2-16　检查井剖面示意图

查井用于观察系统运行状态，主要是考察入渗沟内积存的雨水是否已在设计的停留时间内渗完。

4. 尺寸计算方法

入渗沟体积和表面积的大小，与要求处理的径流量、土壤渗透性能、填料类型等因素有关。

根据入渗沟填充材料的不同，其孔隙率也有所不同，一般碎石、砂砾的孔隙率在 0.25～0.45 之间，设计中常取 0.35 或 0.40。入渗沟功效受土壤渗透系数的影响显著，一般应保证土壤的渗透系数在 0.3～1.5m/d 之间。由于建设场地的土壤渗透系数 k（m/s）不可能完全均匀，再加上渗透性能的高低还受到温度的影响，需要考虑温度下降时入渗沟处理效果的降低，所以在实际设计中，一般在场地实测土壤渗透系数的基础上，还要考虑 0.3～0.5 倍的安全系数 SF。

入渗沟的形状及长宽比则受选址地点的影响较大。入渗沟的尺寸可根据需求适当做调整变化。普遍认为长且深、底部平坦或呈阶梯状的入渗沟是效率最高的，所需要填入的多孔材料也是最少的。一般情况下，可以采用矩形横断面的入渗沟。入渗沟的深度一般在 0.6～3.6m 之间。最大沟深主要受到沟壁的稳定性、地下水位高低、沟底到不透水土壤层的距离等因素的限制。入渗沟宽度不宜小于 90cm，虽然理论上对入渗沟宽度的最大值没有限制，但也不宜太大，最好限制在 7.5m 以内。过宽的话，施工建设时可能需要用到大型挖掘设备，此时则应考虑改用入渗池或者其他径流污染控制措施。根据国外经验，认为深 1～2m、宽 1m 的入渗沟是最为有效的。

入渗沟形状同时也会受到径流来水形式和方向的制约。如果地表径流以均匀剪切流形式进入沟体，则入渗沟的长边要与来水方向垂直（图 2-17）；如果来水以渠道流形式进入沟体，则入渗沟的短边要与来水方向垂直。有条件时，降雨径流应分散进入沟体（图 2-17），避免来水方向单一。

设计入渗沟的基本原理是认为雨水储存在入渗沟填料的空隙中，沟内所滞留的径流应该在一段时间内下渗完毕。在各国的径流污染控制实践中，对于入渗沟具体尺寸的设计计算，有两类方法。一类是将入渗过程看做是动态的，入渗沟体积是进水量和入渗量的时间函数，计算相对复杂[68]、[73]。但是我国《建筑与小区雨水利用工程技术规范》（GB 50400—2006）中，对渗透设施设计所采用的计算公式就属于这类方法[72]。第二类方法则是将入渗沟看成是放置了填料的特殊形状的入渗池，而且整个计算不考虑入渗量的动态变化过程，根据以上假设进行相应的设计，计算比较简单。以下分别加以介绍。

（1）方法一

第一类方法中，首先需要选定入渗沟的横断面尺寸。例如，如果采用矩形横断面的话，那么根据现场情况，首先确定沟深 H（m）和沟宽 W（m）。尺寸设计的关键任务就转化成沟长 L（m）的计算。接下来要明确入渗的有效渗透面积是如何构成的。由于入渗沟的建设成本较高，如果进行改造，成本会更高，所以在其设计中保守一些没有坏处。一方面，入渗沟在投入运行后，其底面是最先可能发生堵塞的，甚至运行不久就会发生堵

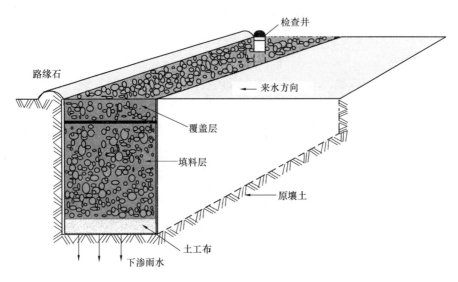

图 2-17　入渗沟剖面图

塞，因此在设计中为保险起见，一般会把入渗沟的底面看做是不透水的，所有的雨水只从沟的四壁渗出，即渗透面积不包含底面面积。另一方面，由于入渗沟中的水深是波动的，跟降雨量大小有关，在实际场次降雨量达不到设计降雨条件时，沟的四壁不会全部被淹没。为了简化设计，可以假设平均水深只有沟深的 1/2。在此基础上就可以写出入渗沟的有效渗透面积 A_{inf}（m^2）：$A_{inf} = H(L+W)$。

接下来可以利用达西定律来估计雨水从入渗沟的四壁渗出时的速度 q（m/s），进而计算得到指定的降雨时长 t（s）内渗透到土壤中的水量体积 V_{out}（m^3），如式（2-10）所示：

$$V_{out} = A_{inf} \times q \times t = [H(L+W)] \times (SF \times k) \times t \tag{2-10}$$

而在降雨时长 t 内，进入到入渗沟的设计水量 V_d（m^3），可以用式（2-11）来计算：

$$V_d = R_v \times I \times A \times t \tag{2-11}$$

式中　R_v——入渗沟服务的汇水区径流系数；

I——平均设计降雨强度（m/s）；

A——汇水区面积（m^2）。

在给定的降雨时长 t 内，存储在入渗沟的水量为 $V_s(t) = V_d(t) - V_{out}(t)$。针对不同降雨时长，就可以求得使存储水量最大化的降雨历时和相应的最大存水体积 V（m^3）：$V = \max_t [V_d(t) - V_{out}(t)]$。针对该最大化目标函数的求解，有的专家学者给出了经验公式，例如德国的 W. F. Geiger，在经验公式中还考虑了入渗沟内装有渗透管（穿孔管）的情形。有的专家学者提出用图解法进行优化求解。美国手册中则直接采用试错法迭代计算求解。我国学者汪慧贞等还提出了基于数学求导的最大值法，并且在其发表的科技论文中以带有 U 型渗渠的入渗沟设计为例，具体介绍了最大值法[74]。

接下来需要明确的是沟内填料类型，以确定填料的孔隙率 ρ。根据孔隙率大小，可计算出所需入渗沟的体积 V_T（m^3），$V_T = V/\rho$。然后最终计算出沟长 $L = V_T/(HW)$。如果计算出的沟长在现场条件下不能满足，那就得回到最开始的计算步骤，通过重新调整一组沟深和沟宽的值，重复上述计算过程，以此类推，直到获得合适的沟长。

上述设计过程相对复杂，尤其当遇到断面形状不是矩形，或者在沟内还布设有渗透管、渗透渠等复杂构型的情况下，计算量较大。

为方便理解，以下给出采用试算法设计矩形横断面入渗沟的一个例子。已知汇水区面积为 22000m²，径流系数为 0.3，要求所设计的入渗沟能够处理的最大降雨深度 I_m 为 1.3cm。场地的土壤渗透系数为 0.3mm/s，安全系数取 0.5。沟内填料的孔隙率为 0.35。设施建设场地所在区域内，降雨历时为 t（min）所对应的降雨强度 I（cm/h）的计算经验公式为：$I = aI_m/(t+b)^c = 28.5 \times 1.3/(t+10.0)^{0.786}$。根据现场条件，选定沟宽和沟深分别为 0.9m 和 1.8m。接下来通过设定不同的降雨历时，迭代试算求出需要入渗沟提供的最大储水体积，并最终折算出所需的沟长为 63.5m。表 2-12 给出了沟长为 63.5m 时的具体结果，包括降雨历时分别为 10min、20min、30min、40min、50min、60min、70min、80min、90min、100min 时的降雨强度，汇水区产生的径流量（即入渗沟的入流量 V_d），从入渗沟四壁渗出的水量 V_{out}，所需的入渗沟储水体积、入渗沟体积和入渗沟沟长。试算时假定沟长为 63.5m，代入前文所述的各项计算公式。计算结果表明，随着降雨历时的增加，降雨量和渗出量都在增加，但后者增加的更快，因此所需储水体积经历了先增加后降低的过程。存储体积的最大需求出现在 30min 降雨时长上，所需最大沟长正好与试算时代入的沟长相当，由此得到最终设计结果。

入渗沟体积计算示例 表 2-12

降雨历时 （min）	降雨强度 （cm/h）	入流量 （m³）	渗出量 （m³）	所需储水体积 （m³）	所需沟体积 （m³）	所需沟长 （m）
10	3.52	38.7	10.4	28.3	80.7	49.8
20	2.56	56.3	20.9	35.4	101.1	62.4
30	2.04	67.3	31.3	36.0	102.9	63.5*
40	1.71	75.3	41.7	33.6	95.9	59.2
50	1.48	81.6	52.2	29.4	84.0	51.9
60	1.31	86.7	62.6	24.1	68.9	42.5
70	1.18	91.1	73.0	18.1	51.6	31.8
80	1.08	94.9	83.5	11.4	32.7	20.2
90	0.99	98.3	93.9	4.4	12.5	7.7
100	0.92	101.3	104.3	−3.0	−8.6	−5.3

注：* 最终计算得到的沟长。

（2）方法二

第二类设计方法总体上比第一类方法要简单。其计算过程是：首先根据要处理的径流水量 WQV（m³）和填料孔隙率，计算出入渗沟的开挖体积 $V_T = WQV/\rho$。然后指定雨水在入渗沟内允许滞留的时间 T_{max}（s）。由于不同建设场地的土壤渗透性能不同，停留时间的设计也会有所区别，但其下渗应能保证径流水质得到充分净化，降低污染地下水的风险。同时，停留时间也不能过长，避免对下次降雨事件的处理产生影响。径流在沟内的存储停留时间要控制在 24～72h 之间，设计时常采用 48h。接下来可以计算得到所需的入渗沟最大深度 H_{max}（m）和最小底面面积 A_{Tmin}（m^2）。其中，$H_{max}=(SF \times k \times T_{max})/\rho$，而相应则有下式成立，$A_{Tmin}=WQV/(T_{max} \times SF \times k)$。最后就是根据场地的实际情况，确定合适的沟长 L、沟宽 W 和沟深 H，使之满足总体积的要求，同时沟深 H 不超过最大沟深 H_{max}（或者底面面积 A_T 必须大于最小面积 A_{Tmin}）。

针对第二种方法，给出一个设计示例。已知入渗沟将被布设在道路边进行径流处理，要处理的径流量为 175m^3。场地实测的土壤渗透系数为 1.4m/d，沟内填充材料的孔隙率为 0.4，允许雨水在沟内的最长滞蓄时间为 48h。取 0.5 倍的安全系数。经计算可知，所需的入渗沟体积为 438m^3，最大沟深不得超过 3.5m，相应地，沟底面积不得低于 125m^2。现场条件下，可以布置长度不超过 92m 的沟体，这个长度要尽量利用起来，以减少对沟深的需求。由于考虑到现场施工条件对挖掘设备的限制，沟宽不宜超过 2.4m，此处就参考该限值确定沟宽。由此可得到入渗沟底面面积为 220m^2，满足了 125m^2 的最低要求。进而计算获得沟深为 2.0m，显然也未超过最大沟深的限制。最终设计结果为，沟长、沟宽和沟深分别为 92m、2.4m 和 2m，可提供 176m^3 的储水体积。

如果现场条件不允许开挖这么深的入渗沟，为了满足径流处理的需求，可以考虑在入渗沟内添加两根穿孔管，以增大径流存储空间，并对入渗沟尺寸做出相应调整，减少对沟深的需求。假设放置两根长亦为 92m、管径 90cm 的穿孔金属圆管，那么两根管可提供的储水体积为 117m^3。穿孔管的放置替代了原来的填料，让入渗沟的总储水体积得以增加，所增加的体积就是穿孔管的储水体积减去原来相同位置上由填料孔隙所提供的储水体积，即 $117-117 \times 0.4=70$（m^3）。因此，放入穿孔管后，由于底面面积未发生变化，入渗沟深得以减小，减少的值可以用穿孔管带来的储水体积增加量反算得到，即 70/（92×2.4×0.4）=0.8（m）。最终可获得调整后的入渗沟沟深为 2.0-0.8=1.2（m）。由上可知，经过重新设计后，整个入渗沟体积为 92×2.4×1.2=265（m^3），所能提供的储水体积为 265×0.4+70=176（m^3），其中包括由穿孔管提供的 117m^3 和填料中的孔隙体积 59m^3，满足径流处理的需求。

2.7.4　运行维护要点

入渗沟需要进行定期检查和维护，以维持其良好的运行状态，可参照表 2-13 中的要求开展相关工作。

对于表面植草的入渗沟，其维护措施与草坪相似。首先在降雨事件发生前要保证已经形成浓密的植被层。设施运行阶段要加强对草皮的修剪，一旦出现裸土斑块要及时补种，使其覆盖率保持在 98% 以上。要尽量少用化肥，可能的话最好做到完全不用，以避免下渗污染地下水。天气炎热时需适量浇水，天气寒冷时应设置适当的防护措施。应及时清除沟体表面出现的泥土、树叶、垃圾等，以免堵塞设施。

对于表面铺设碎石的入渗沟，其维护措施与人行道相似。应定期清扫表面，减少垃圾、尘土的富集。减少或禁止机动车在入渗沟上的行驶或停靠，避免损毁沟体。检查并维持砾石铺设的均匀性，减少侵蚀。

入渗沟日常运行维护注意事项   表2-13

维护对象	可能出现的问题	推荐解决方法
设施整体	出现大量漂浮垃圾、枯枝落叶	及时清除
入渗沟周边区域	出现裸土区域和侵蚀现象	修整土层，种植一些植物，一次性施加少量肥料，减少土壤侵蚀
进水结构	进水管堵塞	清除堵塞物，加装或维护筛网
进水结构	进水管破损	更换进水管
进水结构	进水沟渠出现土壤侵蚀现象	加固进水沟渠，对沟渠表面予以硬化或采取铺设碎石等措施
入渗沟沟体	一次降雨事件结束24h后，入渗沟表面仍有积水	清除沟体内的沉积物；全面检查入渗沟的填料，进行清理、冲洗或更换
入渗沟沟体	出现野草或不利于入渗正常运行的植株大面积生长	立即去除；如果使用除草剂，应采用涂抹的方式，避免喷洒
入渗沟沟体	降雨过后5d，入渗沟内的水位没有明显下降	立刻清除出水口处的堵塞物；如果是设计的问题，请咨询相关专家
检查井	长时间（30d）存在底部积水（30cm）	咨询相关工程设计、施工人员，并进行检修
出水结构	出水口堵塞	清除堵塞物，加装或维护筛网
出水结构	出水结构损坏	及时维修或更换

2.7.5 效果与成本

入渗沟可以入渗削减一定的地表径流量，起到错峰调蓄的作用。对TSS、有机物、重金属、细菌和油脂均有较高的去除效率，可以达到90%以上，对营养物质（N和P）的去除效果在60%左右，但对硝酸盐和氯化物的去除效果较差。

入渗沟的建设费用与其规模能力、配套设施、填料类型、场地条件等因素有关，建设和运行维护成本差异较大。一般情况下，年维护费用为其建设费用的5%～20%。

最后汇总一下入渗沟这种措施的技术经济性能和特点，如表2-14所示。

入渗沟的技术经济性能和特点   表2-14

控制效果：污染物去除效果		可行性分析	
TSS去除率	90%	占地和土壤条件要求	低
TN去除率	60%～70%	建设费用	中
TP去除率	60%～70%	维护负担	高/中
控制效果：水量控制效果		可滞蓄的径流体积	中/低
削减径流峰值	是	选址约束性	低
减少径流总量	是	公众可接受性	高

2.8 砂 滤 池

2.8.1 基本功能

砂滤池（Sand Filter）是一类利用砂石或砾石作为滤料对降雨径流进行过滤，从而去除其中污染物的径流污染控制工程性措施。大多数的砂滤池之前都会设置用于预处理的前置沉淀池（简称前池），共同构成砂滤系统。其中，前置沉淀池主要去除径流中的漂浮物和可沉淀物质，砂滤池则通过滤床的过滤作用去除污染物质。砂滤系统通过沉淀、过滤和吸附等物理及物化作用去除地表径流中的悬浮颗粒、有机物及重金属等污染物质，而且部分有机物、细菌、病毒等还会随悬浮物一起被除去。总体来说，砂滤系统对于悬浮固体的去除效果最好。此外，雨水在砂滤系统里滞留过滤，再由底部排出，从一定程度上也起到了滞蓄径流、推迟径流峰值出现的作用。砂滤系统的进水和出水均可通过管网传输，多为离线形式，如果场地的土壤渗透性较好，也可以不设出水管，系统出水直接下渗。

砂滤系统可以分为地表砂滤系统和地下砂滤系统两大类，如图 2-18 所示。

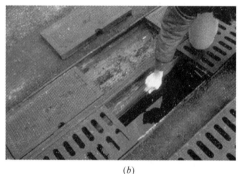

（a）　　　　　　　　　　　　　　　（b）

图 2-18　地表砂滤系统（<i>a</i>）和地下砂滤系统（<i>b</i>）

（图片来源：*NCDENR Stormwater BMP Manual* & *Georgia Stormwater Management Manual*）

地表砂滤系统是一种设置在地表敞开空间的过滤设施。地表砂滤系统的贮存能力主要来自于前池和一部分砂滤池的容积，但与其他径流控制措施相比，对降雨径流的滞留能力相对较弱。在前池的入水口一般都设置有侵蚀控制措施，不仅可以减缓径流对周边土壤的侵蚀，减少进入系统的污染物负荷，而且可以降低径流带来的冲击，提高系统运行的稳定性，提升出水水质。

地下砂滤系统则是将处理构筑物全部布置在地下，降雨径流通过设置在入口处的一系列格栅进入系统。地下砂滤系统也包括处理前池与砂滤池两个分室，在此基础上还要增加一个溢流后室，用于收集和排放超过设施处理能力的径流。由于地下砂滤系统对地表现有环境的影响小，因此常用于人口或建筑密度高的地区，建设在不透水面积比例较高区域（如停车场、城市道路等）的周边。

2.8.2 适用条件和优缺点

砂滤系统的设置和使用对土地面积的要求较小，适宜布置在人口和建筑密度较高的商业区或居住区之内，也可以设置在机场跑道或城市道路旁边，用于处理 TSS、重金属等含量较高的道路径流。

砂滤系统一般用于处理间歇性的降雨径流，要保证在降雨结束后能尽快将积水排除，不适用于连续进水的情况。

砂滤系统的建设场地应比较平坦，坡度不宜大于 6%，这样有助于滤池表面的均匀布水。建设地点的地下水位不能过高，以美国各州为例，基本上都要求砂滤池底部与季节性地下高水位之间的距离至少应大于 0.6m，最好大于 1.2m。

地表砂滤系统服务的汇水区域可大可小，文献中有最高达 100hm² 汇水面积的报道，但美国等地的实践表明大多数工程案例中相应的汇水面积小于 2hm²。一方面，随着滤池表面积的增加，越来越难将来水均匀地分配到滤床表面。不仅如此，如果雨量低但小规模降雨频繁出现，就可能会导致表层滤料的局部持续堵塞，反而当设计降雨到来时无法提供足够的处理能力。地下砂滤系统可服务的最大汇水区域则相对较小。将多个砂滤系统组合起来，可用于处理较大区域的降雨径流。

不建议在沉积物负荷高的区域，例如建筑工地附近，建设地表砂滤系统。因为砂滤系统去除污染物的主要机制是过滤，如果径流中的 SS 过多，滤料很快发生堵塞，会影响到砂滤池的去除效率和使用寿命。

总的来说，砂滤池这种措施的主要优点有：对悬浮颗粒物、重金属、氮、病原体等去除率较高；与其他径流控制措施相比，出水水质好，可用于灌溉、洗车等；占地面积较小，适用于人口和建筑密度较高的区域；适用于不透水比例较高的区域，如商业区、城市道路等；单独的砂滤系统可因地制宜，设计灵活，使用方便；针对较大的汇水区则可组合多个单元，以加大降雨径流处理能力。而主要的缺点则包括：单个系统可以处理的径流量相对较小；对于降雨量较大的情况，处理效果会有所下降；削减径流峰值的能力较弱；维护要求高，过程复杂，尤其是出水收集管道和滤床的维护；建设和运行维护的费用较高。

2.8.3 设计要点

1. 总体考虑

砂滤系统对建设场地的土壤没有太多的要求，但是只有在土壤类型是砂土、壤质砂土、砂质壤土时，才允许系统出水直接下渗。对于其他类型的土壤，必须铺设出水管。

建议以离线形式建设砂滤系统。原因在于，如果降雨量较大，上游来水超出砂滤池的设计容量后会造成溢流，使得已经沉淀在系统中的污染物进入下游排水系统，反而造成二次污染。

冲刷速度大和泥沙负荷高是影响砂滤系统正常工作的主要因素，如果设计不当将导致系统过早损坏甚至失效。解决这一问题的最好方法是在砂滤系统的设计中增加布水装置和前置沉淀池。

　　砂滤系统的建设有多种不同的构型可以选用。一种常见的形式是沿着不透水区域的外周，设计成线型的系统。这种线状构型一般都是长而窄的，并且建设在地下室内，属于地下砂滤系统。此时系统的前池一侧与不透水面的周边平行，水流从前池顶部的格栅进入。格栅可以起到拦截大块固体物质的作用。跟前池平行的则是砂滤池，两者之间通过支撑墙隔开，支撑墙的作用类似于堰。收集系统则布设在滤料以下。

　　根据是地表砂滤系统还是地下砂滤系统的不同，砂滤系统可能要通过土方开挖来施工建设，或者建在地下室中。如果涉及到开挖，开挖后的土坑四壁应铺设土工布。如果建在地下，原土地基需要压实，然后铺设 15～30cm 的砾石层且也要予以压实。

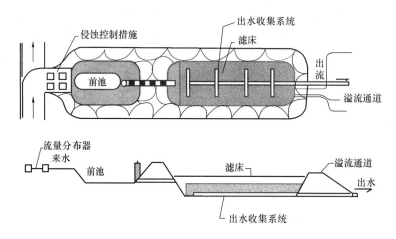

图 2-19　地表砂滤系统示意图

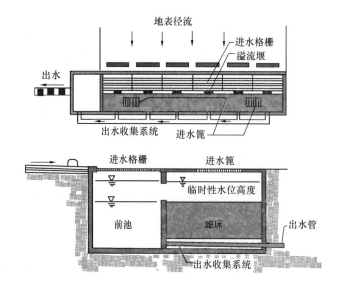

图 2-20　地下砂滤系统示意图

2. 前池

径流进入砂滤池之前，需经过预处理，去除粗颗粒沉淀物、大的固体物质和碎片等，以延长砂滤池的清洗周期。常采用前置沉淀池作为预处理单元，还可以采用安装旋流分离器的方式来起到类似前池的预处理效果。

前置沉淀池，也被称为沉淀前池，简称前池，主要用来去除粗颗粒的沉淀物，是一种用来延长下游处理单元或设施服务寿命的典型的预处理设施。径流流经前池，来水的速度得到降低且悬浮物质得到沉淀，与砂滤池配合使用，可以减少砂滤池发生堵塞，并能有效降低来水的冲击。前池也有一定的削减峰值作用。如果前池的设计采用的是允许雨水下渗的形式，那么它还具有一定的径流量消纳作用。前池可以是干式的，也可以是湿式的但必须能够实现排干。

前池的设计容量一般应相当于整个系统设计容量（包括处理的径流体积加沉积物存储体积）的 15%～25%，系统其余的设计容量则应由砂滤池来负担。前池的深度一般在 1～2m 之间，边坡坡度不宜超过 1：3，1：4 为最佳。池内流速应低于 1.2m/s。

前池进水结构的设计应该保证它能起到来水消能和打散羽流的作用。前池的出水结构应当布置在与进水结构相对的位置上，这样可以适当延长径流在前池中的停留时间，加强处理效果。

水流离开前池进入砂滤池时，需要有合理的配水结构保证能将进水均匀地散布在砂滤池上。所采取的配水形式与砂滤系统的位置、几何形状等因素有关，推荐采用管道布水或配水堰来均匀布水。

3. 砂滤池

砂滤池的设计容量跟前池的容积有关，二者之和，即砂滤系统的总存储体积应当是所需处理径流量的 75%～100%。低值（75%）之所以被认为也是合理的，首先是由于砂滤料中还有一定的存储空间，而且砂滤池在接受来水填充的同时也一边在排水。但从另一方面看，一旦砂滤池发生堵塞，滤速就会降低。因此需要平衡好存储体积的大小和维护频率高低之间的矛盾。

砂滤池面积的计算有多种方法。第一种是系数法，通过估算整个区域对过滤设施的需求，设定单位汇水区面积上的滤池面积或者单位不透水面积上的滤池面积，进而计算相应的砂滤池表面积。第二种方法是用设计降雨条件下要处理的径流量（即所谓的水质体积 WQV）除以最大操作水深（砂上的水深），以此来获得砂滤池面积的估计值。还有一种方法则是根据要去除的总悬浮固体 TSS 来设计砂滤池面积，此时要求计算滤池的沉淀负荷率。而最常用的方法就是利用设计径流量、渗透系数和处理时间来确定滤池面积。伴随着过滤的进行，砂滤层的渗透能力会有所降低，为此，在计算时一般要在渗透系数之前乘以 0.3～0.5 以确保安全。一般要求砂滤系统在 12～48h 内将其存储的雨水径流处理完并排出。

砂滤池的几何形状与汇水区域面积、建设地点的实际情况等因素有关。一般情况下，地表砂滤池多为矩形或圆形，地下砂滤池多为矩形。

以下给出常用的砂滤系统设计方法。

砂滤系统的设计容量可采用式 (2-12) 计算:

$$WQV_{adj} = a \times WQV \qquad (2\text{-}12)$$

式中　WQV——设计降雨条件下要求处理的径流量 (m^3);

　　　WQV_{adj}——砂滤系统需要容纳和处理的径流量 (m^3), 一般取 WQV 的 75%～ 100%, 即 a 的取值为 0.75～1。

假设径流以很快的流速进入系统, 则积水的下渗量与来水量相比可以忽略。此时, 为保证全部来水得以处理, 砂滤系统的最大水深 h_{max} 计算见式 (2-13):

$$h_{max} = WQV_{adj}/(A_s + A_f) \qquad (2\text{-}13)$$

式中　h_{max}——最大水深 (m), 一般控制在 1.2m 以内, 虽然有工程案例实际达到过 3m;

　　　A_s——前池的面积 (m^2);

　　　A_f——砂滤池的面积 (m^2)。

一般情况下, 可以认为砂滤系统的平均水深 h_A (m) 是最大水深的 1/2 左右, 如式 (2-14) 所示。

$$h_A = h_{max}/2$$

前置沉淀池的最小面积可由 Camp Hazen 方程确定, 见式 (2-14)。

$$A_s = -(Q_o/w) \times \ln(1-E) \qquad (2\text{-}14)$$

式中　A_s——前池的最小面积 (m^2);

　　　Q_o——平均流量 (m^3/s);

　　　w——颗粒的下沉速率, 当颗粒直径为 $20\mu m$ 时, w 可取 0.12cm/s;

　　　E——沉砂效率。

砂滤池的最小面积可由达西定律确定, 见式 (2-15)。

$$A_f = WQV \frac{d_f}{SF \times K(h_A + d_f)t_f} \qquad (2\text{-}15)$$

式中　d_f——砂滤层的厚度 (m), 取值范围 0.45～0.60m;

　　　K——砂滤床的渗透系数 (m/d), 砂的渗透系数范围为 0.6～6m/d, 设计时建议取值范围为 0.6～1.2m/d, 一般可取 1.0m/d;

　　　SF——渗透系数的安全系数, 可取 0.3～0.5;

　　　t_f——径流通过滤床所需的时间 (d), 取值范围为 12～48h, 推荐值 40h 或 1.66d;

　　　$h_A + d_f$——总水头损失 (m)。

以上计算结束后还要进行验证, 以确保砂滤系统的总容积满足径流量处理的需要, 即确保式 (2-11) 成立:

$$h_{max}(A_s + A_f) > WQV_{adj} \qquad (2\text{-}16)$$

以下给出一个计算砂滤池面积的示例。已知 $WQV = 800m^3$; 要求过滤处理的时间不超过 24h, $t_f = 24h = 1d$; 前池的设计容量为 WQV 的 25%; 实测得到砂的渗透系数为 3m/d; 滤料上方最大池深为 1m。设定砂滤层的厚度为 0.46m。1m 的池深中, 留出 0.4m 的超高, 剩下 0.6m 作为滤池上方的最大水深 h_{max}。计算可得砂滤池的表面积为:

$$A_f = WQV \frac{d_f}{SF \times K(h_A + d_f)t_f} = 800 \times \frac{0.46}{0.3 \times 3 \times (0.6/2 + 0.46) \times 1} = 538(m^2)$$

可选择平面尺寸为 16m×35m。如取边坡系数为 3，最大水深为 0.6m，则存储体积为 393m³。

但是，除去前池提供的容积外，为处理来水，所需要的砂滤池容积应该是：

$$WQV - 0.25 \times WQV = 0.75 \times 800 = 600(m^3) > 393(m^3)$$

显然，还需要增大砂滤池的体积才能满足径流量的处理要求。这可以通过把边坡再放缓一些，或者增加 A_f 的大小，或者对二者都进行调整来实现。例如，将边坡系数调整为 12.2，A_f 不变，最大水深 0.6m 处相应的存储体积就达到了 600m³。但是这样设计出的池型，在最大池深 1m 处，其顶面尺寸达到了 40m×60m，现场未必能有这么大的地方摆放该设施。换个做法，把 A_f 调大，例如调成 20m×45m，边坡系数仍然为 3，0.6m 水深处的存储体积达到了 612m³，最大池深 1m 处的尺寸为 26m×51m。其他的调整方法还有，改变超高或最大水深，或者调整处理时间。可以看出，在这个例子中，决定砂滤池尺寸大小的是处理量和处理时间，而不是砂滤层的渗透性能。

4. 滤料

砂滤层的厚度应在 45～60cm 之间，一般用 45cm 即可。滤料层的边坡坡度不应超过 1:2.5，常见的是 1:3 或者更平一些，主要是为了方便检查和维护修整。

砂滤系统所用的滤料必须是清洁的，颗粒的平均直径应在 2mm 以下。在滤床之上，一般还应该铺有 7.5cm 的表层土壤。砂滤池所用的砂或其他滤料，其级配要求跟给水处理和污水处理中用的滤池资料相似。滤料级配指标通常采用有效粒径 d_0 和均匀系数 k_{60} 来表征。d_0 表示通过滤料重量 10% 的筛孔孔径，它反映滤料中细颗粒的尺寸；$k_{60} = d_{60}/d_{10}$，其中 d_{60} 指通过滤料重量 60% 的筛孔孔径，它反映颗粒的平均尺寸。对于砂滤料而言，它的有效粒径范围一般是 0.15～0.45mm，通常为 0.3mm；均匀系数应该在 1.5～3.5 之间，可以以 2.0 为标准来要求。

在滤床上下应当铺设可透水的滤布，以减少滤料和出水管的堵塞，降低维护难度和频次。

5. 出水结构和溢流结构

一般情况下砂滤系统处理后的出水是要进入排水系统管网的，因此砂滤系统的底部应设置出水结构。如果场地的土壤渗透系数比较大（>0.6m/d），收集系统就不是必需的了，可以考虑让出水下渗。如果土壤渗透系数低或者场地不许有下渗，就需要配备出水收集系统。整个收集系统一般由砾石和穿孔管或者带槽管组成，并配有检查井，出水管的末端可以连接雨水管网，或是其他的径流控制措施。砾石的直径大小通常应在 15～40mm 之间，从而保证砂滤料底部的出水能被快速收集并转输至排水管中。出水收集管应从砾石层中穿过，与滤床之间的间距要适中，一般在 5cm 左右，管道之间的缝隙可由砾石填充，如图 2-21 所示。如果出水管采用穿孔管形式，孔的大小要小于砾石的大小，还可以采用开槽的形式（20～50 个开槽）。如果要求将砾石层与其下面的土壤隔离开来，就得再铺设一层低渗透性的土壤或者高密度聚乙烯（HDPE）衬层。

砂滤池出流量的大小基本上是由其滤料的渗透能力控制的，但也可能出现下游管网能力控制的情况。

砂滤系统的设计中，溢流结构也非常重要。在设计紧急溢洪道时，要区分砂滤系统是在线的形式还是离线的形式。在线的情况下，意味着服务区域所有的雨水都要进入砂滤池，此时可能会遇到极端高流量通过系统，从而带来严重的问题，包括池壁被冲蚀、沉淀物再悬浮等。这种大流量就会通过紧急溢洪道流出，但往往携带有很高浓度的沉淀物和其他污染物。出于这种原因，砂滤系统采用离线形式会更有效。离线形式下，超出设计径流量的雨水应进入旁路系统，以保证砂滤池足够的处理效果并保护设施结构的完整性。采用堰和孔口的形式可以提供很好的旁路控制。

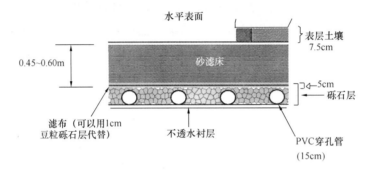

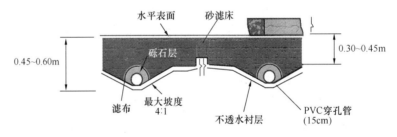

图 2-21　砂滤系统滤料和砾石层设置示意图

2.8.4　运行维护要点

在实际运行中，最好能每月对砂滤系统进行例行检查，在每场降雨过后还要及时检查，避免出现系统故障。前池和砂滤池中的沉积物应定期清除，积累高度不能超过 15cm。垃圾、碎石、树叶等垃圾应当及时清除，定期冲洗出水管，防止影响滤床的正常工作。砂滤系统的主要构筑物及其他部件，如出口结构等，应至少每年检查 1 次，如发现破损，予以及时修补或更换。相关维护工作可参考表 2-15 所列的内容。

如出现降雨径流在砂滤池中停留时间超过 48h（或其设计的径流停留时间），应对系统进行全面的检查。可能的原因之一是出水管出现了堵塞。另外一个原因是滤床最顶层的滤料发生了堵塞，应更换新的滤料。替换下来的废旧滤料要予以妥善处置，如采用填埋等方式。

砂滤系统日常运行维护注意事项 表 2-15

维护对象	可能出现的问题	推荐解决方法
设施整体	出现大量漂浮垃圾、枯枝落叶	及时清除
配水结构	进水管堵塞	清除堵塞物，加装或维护筛网
	进水管破损	更换进水管
前池	前池底部淤积的沉淀物质过多	清除过多的沉积物
	出现侵蚀状况	硬化表面或采取铺设碎石等措施
	杂草丛生	最佳的办法是人工清除，如果使用除草剂，应采用涂抹的方式，避免喷洒
滤床及出水收集系统	降雨过后，积水在系统中的停留时间超过24小时	最可能的原因：（1）出水管被堵塞；（2）滤床最顶层的滤料发生了堵塞，应更换新的滤料。如果不是以上两种情况，请咨询专家
出水结构	出水口堵塞	清除堵塞物，加装筛网或对已有筛网予以维护
	出水结构损坏	及时维修或更换

2.8.5 效果与成本

砂滤系统对悬浮颗粒物、营养物质（氮和磷）、重金属物质、有毒有机污染物、石油类化合物、病原微生物等均有一定的去除效果。其中，对 TSS 的去除率可以达到 80%，对 TN、TP、重金属和粪大肠菌群的去除率分别在 25%、50%、50% 和 40% 左右。

砂滤系统的建设成本与其规模大小、填料选择等因素有关，主要包括开挖土方、铺设滤料和砾石、地面夯实找平等费用。运行维护费用主要用于系统表面清洁、表层滤料冲洗等方面。如果出现系统大面积堵塞，维修费用将大幅增加。

汇总一下砂滤池这种措施的技术经济性能和特点，如表 2-16 所示。

砂滤池的技术经济性能和特点 表 2-16

控制效果：污染物去除效果		可行性分析	
TSS 去除率	80%～85%	占地和土壤条件要求	中
TN 去除率	20%～35%	建设费用	高
TP 去除率	40%～55%	维护负担	高
控制效果：水量控制效果		可滞蓄的径流体积	低
削减径流峰值	是	选址约束性	中
减少径流总量	否	公众可接受性	中

2.9 生物滞留池

2.9.1 基本功能

生物滞留池（Bioretention）是一种有效的雨水径流净化与处置技术，也是常用的径流污染源头控制措施。一般建在地势较低的区域，池的处理单元主体通常由植物、蓄水层、（树皮）覆盖层、种植土壤层、粗砂填料层、砾石层等组成。降雨事件中，雨水在生物滞留池中暂时得以存储而后慢慢渗入周围土壤。通过充分利用天然（或人工）土壤—植物—微生物系统的过滤、下渗、吸附以及生物修复作用，生物滞留池可起到净化、消纳小面积汇流雨水的作用，同时还能产生良好的景观效果。其主要功能包括：通过滞蓄作用削减径流峰值和总量，降低下游排水系统的水力负荷，缓解径流对受纳水体的水力冲击；利用植物截留、土壤渗透等作用去除径流中的污染物，保护水环境；充分利用雨水资源补充涵养地下水；经过合理设计和妥善维护能改善周边环境，美化景观。

由于外表看上去很像普通的景观花园，所以生物滞留池也常被称作雨水花园（Rain-Garden）。又因为在其处理径流的过程中，过滤是其重要机理，有时也被称为生物滞留过滤池（Bioretention Filter）。甚至可以认为生物滞留过滤池是对地表式砂滤池概念的延伸，与砂滤系统最大的不同之处在于植物的种植，加入植被层后可以更大程度地对汇水区未受开发干扰前的水文过程予以仿真。生物滞留池表面的植物系统除了提高景观效果外，还有多种作用：植物根系可有效吸收雨水径流中的氮磷等营养物和其他污染物质，并可通过蒸腾作用挥发部分雨水；植物根系的生长发育可为雨水入渗创造有利条件，为微生物的生长繁殖提供媒介，这反过来又能促进土壤结构的健康发展；丰富多样的植物群落结构有利于抑制杂草，避免病虫害的爆发，还能创造微气候环境和有效控制噪声[75]。

2.9.2　适用条件和优缺点

从 1992 年起至今，生物滞留池作为典型的低影响开发措施，已经在美国马里兰州、弗吉尼亚州、新泽西州等地得到广泛使用，有许多在城市市区使用的成功案例，目前在我国也有所应用。

生物滞留池普遍适用于工业和商业用地、居住区等，在城市道路、停车场、高速公路安全带、小区庭院、新开发区域等诸多场所中均可考虑采用此类措施。其中，用于城市道路的生物滞留池，通常设置在道路两边，将雨水口布设于生物滞留池内，让雨水口高程高于池体表面而低于路面高程，道路径流通过孔口道牙流入池内，可取代传统的城市道路绿化带；用于停车场的生物滞留池，其设置和用于道路的生物滞留池类似；设置在庭院内的生物滞留池，可根据庭院的方位和汇水面积的大小予以灵活布置，这类生物滞留池通常对景观要求较高；各类建筑小区内的生物滞留池则可综合考虑小区地形、汇水面积、景观等因素进行布置[76]。表 2-17 举出了生物滞留池用在不同场所的实例。

不同场所采用的生物滞留池　　　　　　　　　　　　　　表 2-17

停车场景观区的生物滞留池（图片来源：ht-tp：//chesapeakestormwater.net）	

续表

停车场路缘的生物滞留池（图片来源：http://www.bae.ncsu.edu/stormwater/downloads.htm）	
公路旁的生物滞留池（图片来源：http://www.strand.com/services/municipal — civil/greensustainable-design/）	
环状交叉路口、环形入口处、交通环岛处的生物滞留池（图片来源：http://www.rivanna-stormwater.org/biofilter.htm）	
庭院中的生物滞留池（图片来源：http://cfpub.epa.gov）	

　　总体来看，生物滞留池这种措施的优点有：对悬浮颗粒物、重金属、氮、磷、病原体等去除效率较高；非常适用于城市新开发区域；每个独立单元对占地面积要求较低，但可通过单元组合处理较大汇水区域的径流量；与自然景观的融合度高。而其缺点则主要包括：各独立单元一般只能处理较小汇水区范围内所产生的径流；对漂浮物（如垃圾，枯枝败叶等）的清除频率要求高；表层土壤易板结，即使更换表层土仍易发生该问题；对植被

和护根层的维修频率要求高；对土壤的排水性能要求较高。

2.9.3　设计要点

1. 典型结构组成

典型的生物滞留池由预处理单元（可以是植草沟、植草带或前置沉砂池）、进水单元、滞留过滤单元、排水单元和溢流装置组成。其中，过滤单元是生物滞留池的主体，过滤床自上而下由植物、表层蓄水区（蓄水层）、覆盖层、种植土壤层、渗透层、砾石垫层构成。

（1）预处理单元

预处理单元的作用主要是收集来水中的固体颗粒物等可沉淀物质，从而减轻过滤单元中的土壤板结、侵蚀现象，还具有一定的来水调节功能，降低进入过滤单元的水量水质负荷。例如可以采用草石结合的植物缓冲带形式，前端一般为砾石层，后接草地。还可以采用前置沉淀池的做法，前池通常深 45～75cm，入水口处深度较深，存水区深度较浅。

（2）进水单元

生物滞留池的进水方式对其运行效果有重要影响。一般情况下，雨水入流口位于生物滞留池内，高程高于池表面，具体形式可根据当地地形、汇水面积、径流来源、景观效果进行灵活布置。地表径流最好能以层流形式进入生物滞留池，例如布设流量分配器或卵石消能设施，可使径流均匀缓慢地进入处理单元，从而减轻对生物滞留池的冲刷和侵蚀。对于前置池种有草被或坡度不大的地区，则一般无需再安装流量分配器。但要注意径流流速降低后，径流中的悬浮物和垃圾容易沉积，造成对进水口的堵塞。

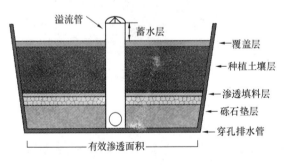

图 2-22　生物滞留池过滤单元剖面示意图

（3）过滤单元

过滤单元一般要下凹 10～30cm。表面种植植物，并留有一定的表层蓄水区以暂时储存降雨，蓄水层之下的填料自上而下通常依次为覆盖层、种植土壤层、渗透填料层和砾石层，其剖面如图 2-22。其中，种植土壤层和渗透填料层又被统称为过滤层。

过滤单元的具体结构如下：

① 蓄水层：为雨水径流提供临时存储空间，部分沉淀物质在此处发生沉淀，进而使得附着在沉淀物上的有机物和金属离子得以去除。蓄水层的深度应根据周边地形和当地降雨特性等因素确定。建议在设计降雨条件下，控制蓄水深度不超过 30cm，一般为 10～25cm。在保证植物正常存活和维持各滤层中颗粒物稳定性的前提下，根据场地条件和所种植的植物类型，更大的蓄水深度也是可能的。

② 植物：生物滞留池表面需种植植物，一般情况下常混合种植草坪、灌木等类型的植物，池表面积大小允许的情况下也可考虑种植乔木。所种植的植物一般应是多年生的，并且在短时间内能够耐水淹。

③ 覆盖层：一般用碎树皮对表层土壤进行覆盖。覆盖层的存在，一方面能够保持土壤湿度，避免土壤板结而造成渗透性能降低；同时还有助于缓解雨水径流的冲蚀作用。另外，在树皮—土壤界面上营造的微生物环境，有利于微生物生长和有机物降解。覆盖层不宜过厚，一般不超过7～8cm，过厚会限制氧气的透过。如果已经种植了较厚的地被植物，如草坪，也可以选择不要覆盖层。

④ 种植土壤层：种植土壤层一方面为植物正常生长提供基础条件，另一方面则要为植物根系吸附和微生物降解污染物提供场所。种植土壤层应具备较好的过滤和吸附作用。种植土壤层的导水率（渗透系数）应达到0.6～6m/d，在工程实施前和实施后均要对其渗透性能予以测试，下渗能力应当满足在3～4h内将表层滞蓄的水量全部下渗完毕。为保证植物生长，还应控制种植土的pH范围在5.5～6.5，总溶解盐含量不能超过500mg/L。种植土壤层一般采用高渗透性的人工土，当然个别情况下如果天然土壤也能达到相应性能要求的话也可以直接采用。通常种植土的构成中，砂质成分占主要比例，再配以小比例的细颗粒物质和有机质。例如，高渗透性的砂和细碎石混合物占50%～70%，大尺寸的有机物质例如木屑、碎树皮占5%～20%，天然土壤最好是壤土占10%～25%，以及小颗粒的有机质例如堆肥占10%～20%。有文献报道，用砂—堆肥—木屑/碎树皮—壤土的混合物作为种植土壤，其构成比例在50—20—10—10到60—10—10—10之间就能够保证足够的水质改善效果和渗透性能。为防止土壤板结或者被雨水冲走，种植土中的细颗粒泥沙和黏土的比例要加以控制，一般不宜超过2%～5%。种植土的各种成分在使用中必须混合均匀，要求混合物的均匀系数要超过6。种植土壤层的厚度一般在60～90cm，但如果种植结构中包含了深根植物，可能需要将厚度增加到1.5m。如果所处理的汇水区面积小（例如小于0.2hm²）且不透水率低（例如小于25%），种植土壤层的厚度也可以小于60cm。如果只种植草坪的话，最小厚度达到40cm也是允许的。一般来说，种植土壤层厚度越大，去除径流中营养物质的效果越好，深根植物的存在还能增大储水量和蒸腾量。

⑤ 渗透填料层：是位于种植土壤层和砾石层之间的过渡层，也是整个过滤单元中的主要渗透功能区。渗透填料层既要进一步提供对雨水径流的过滤净化作用，还要能够防止土壤颗粒进入下面的砾石层。该层应选择渗透性强的天然或人工材料，其渗透系数一般不低于0.8～1.0m/d，例如粗砂、炉渣、豆砾等。渗透层的厚度应根据场地的降雨条件和设施的服务面积来决定，一般在15～30cm左右。

⑥ 砾石（垫）层：该层为承托层，位于过滤单元的最底层。一般由直径2～5cm的砾石组成，厚度为20～30cm。该层具有较大的空隙率，主要用于雨水径流的临时储存，并收集过滤单元的出水。

（4）排水单元与防渗处理

根据生物滞留池过滤单元的出水是否允许进一步下渗，生物滞留池可以带有也可以不带有排水设施，相应地也决定了生物滞留池的池底是否需要防渗。

如果不允许生物滞留池的出水继续下渗，则需要配套建设排水设施，并且池的底部需加装防渗的衬层，例如黏土衬层或者其他不透水合成材料衬层。一般将排水设施设在过滤单元底部。设计合理的排水系统有助于保持过滤单元的渗透性能，以及保证过滤单元在垂直方向上自上而下处于好氧/厌氧状态，从而加强对径流中氮的去除。生物滞留池一般采用在底部的砾石层中铺设穿孔管的方式排除雨水，雨水在穿孔管内流行的过程中可继续下渗。例如常采用 100mm 的穿孔管，经过渗滤的雨水由穿孔管收集进入下游的排水系统或者直接进入邻近的受纳水体。很多情况下，生物滞留池的出水还可以继续向下渗入到场地的天然土层中，此时滞留池也可以不设置排水管。

一般要求，生物滞留池蓄积的雨水在降雨结束后 12～24h 内排除完毕；干旱地区可适当延长排水时间，但也不宜超过 48h。

（5）溢流装置

跟所有蓄水系统一样，生物滞留池的设计也要考虑超量雨水的排除，即超过滞蓄量的径流可通过雨水溢流口流出。雨水溢流口要高于池的表面，超过蓄水深度，其布置方式可以有两种形式：一种是在生物滞留池与进水单元相对的一侧设置雨水溢流口，当生物滞留池表面的雨水水位超出设计的蓄水深度时，多余雨水经由雨水溢流口直接排除。另一种则是在生物滞留池池体中间设置雨水溢流口，溢流口与底部的穿孔管相连，同样当生物滞留池表面雨水水位超出设计标准时，过量雨水可进入溢流口，经底部穿孔管排出。

2. 布局与选址参考因素

生物滞留池的选址和布局决定着该工程的可行性、适用性、实用性和经济性。因此，工程选址和布局时，需综合考虑地质、气候、水文、交通、工程等各方面条件。具体考虑因素如下：

（1）地下水保护

参考国外设计标准，如果从生物滞留池底部允许雨水进一步向下渗入到天然土壤（典型的雨水花园都会采用这种做法），则建议设施底部与地下水最高水位之间至少应保持超过 1.2m 的距离。如果不允许生物滞留池底部下渗（此时池底要有粘土衬层或者合成材料衬层以防渗漏），则建议设施底部与地下水最高水位之间至少应保持超过 0.6～0.9m 的距离。与此同时，在设施启用后还要关注地下水位的变化。

（2）坡度

生物滞留池不适宜在坡度超过 20% 的陡坡地区布设，坡度过大可能会带来土壤稳定性的问题。更有文献指出，坡度介于 3%～5% 之间才能达到最好的处理效果。

（3）汇水区面积

关于生物滞留池适宜的服务面积，一直存在争议。生物滞留池概念提出之初，是将其用作分散式的控制措施，因此要求汇水面积小于 4000m²。但是生物滞留池实际上有能力服务更大的汇水区，汇水面积可高达 20000m²。生物滞留池的能力越大，设计时越要保证进水单元有足够的消能设施来应对大的水量，还要让流量分配装置在遇到小雨量时能将来水均匀地分配到过滤单元的整个表面上。反过来，如果生物滞留池很小，则可能面临更大的环境压力，例如高温、干旱、结冰等，从而影响整个种植计划的实施。

（4）位置

设施应与水源地保持足够的安全距离。

3. 设计方法和参数

生物滞留池的设计过程首先是根据其功能要求来合理确定其构造；并按照滞留池需要处理的水量，选择相应的计算方法来确定其面积、深度等。

由于应用类型、场地条件、汇水区特征等的不同，生物滞留池的结构设计参数有较大差异，表2-18给出了各单元常见的结构参数，可供参考。

生物滞留池结构参数参考值   表2-18

构造	参数	取值
预处理前池	水流流速	<2.5～5cm/h
	滞蓄水量	超过25%的总滞蓄量
	停留时间	3～4h
覆盖层	覆盖层材料	树皮、碎石块
	厚度	5～8cm
种植土壤层	厚度	60～90cm，若低于50cm，应选用浅根型植物
	pH	5.5～6.5
	土质成分	可有多种组合，需根据实际情况优化，例如沙子50%、表层土20%～30%、腐殖质20%～30%
	土壤渗透率	>0.6m/d
	停留时间	<48h
砾石层	砾石直径	<5cm
	厚度	20～30cm
穿孔排水管	材质	PVC/ADS/HDPE
	管径	100～200mm
	孔间距	60～90m

计算生物滞留池的表面积有多种方法。国外设计手册和参考指南中，常见的计算方法有基于达西定律的渗滤法、蓄水层有效容积法、基于汇水面积的比例估算法等，我国学者也在此基础上提出了基于总水量分析的完全水量平衡法[68]、[75]。不同方法有各自的优缺点：渗滤法利用达西定律进行设计计算，生物滞留池的处理能力主要考虑种植土壤和填料的渗透能力，忽略了池体构造孔隙中的储水潜力和植物对蓄水层的影响，适合于渗透性能有保障时的设施计算。采用蓄水层有效容积法进行计算时，蓄水层能够有效滞留雨水的容积构成了生物滞留池的处理能力，但这种做法虽然能够考虑植物对蓄水层储水量的影响，却未将生物滞留池的渗透能力和孔隙储水能力纳入设施处理能力的计算，因此更适合于过滤层渗透能力有限、设施运行更多依赖于蓄水层存储功能的情形。基于汇水面积的比例估算法则是在汇水面积基础上乘以相应的经验系数获得设施的面积，其计算过程简单，但需通过多年的工程经验积累才能建立相应的估算系数，且系数的精度和适用范围有限，在降水特征差异较大的不同区域之间推广存在困难。我国学者则提出了同时包括渗滤和滞留作

用在内的完全水量平衡法，这种设计方法能够综合考虑生物滞留池的渗滤能力、蓄水层植物的影响、孔隙储水能力等因素，但计算过程略显复杂。

以下介绍一种计算生物滞留池表面积的简易方法，该法采用的是渗滤法的基本原理。计算过程中，需要确定的主要参数包括蓄水层深度、过滤层厚度、排水时间等。具体计算公式如式（2-17）所示：

$$A_f = WQV \times d_f / [k \times (h_f + d_f) \times t_f] \tag{2-17}$$

式中　A_f——生物滞留池表面积（m^2）；

WQV——"水质体积"（Water Quality Volume），指生物滞留池要予以处理的径流量（m^3）；

d_f——过滤层的厚度（m），一般是种植土壤层和渗透填料层厚度的加和；

k——过滤层的渗透系数（m/d）；

h_f——蓄水层的平均水深（m），一般可以取蓄水层最大蓄水深度 h_m 的 1/2；

t_f——排水时间（d）。

以下给出一个计算示例。已知汇水区不透水面积 $A = 10000m^2$，设计条件下要处理 25mm 的降雨量。在考虑了安全裕量后确定设计渗透系数为 $k = 0.20m/d$，最大排水时间 $t_f = 24h = 1d$，最大蓄水深度 $h_m = 300mm$，过滤层的厚度 d_f 确定为 75cm。计算结果如下：

要处理的径流量 $WQV = 10000 \times 0.025 = 250m^3$。生物滞留池的表面积 $A_f = 250 \times 0.75 / [0.2 \times (0.3/2 + 0.75) \times 1] = 1041.7m^2$，可以设计为 25m×45m 的平面尺寸。

以上的计算方法和过程比较保守，因为假定雨水在开始下渗前全部存储在过滤层上方，但事实上还有一部分雨水是可以存储在过滤层的孔隙中的。为此，设计计算时为避免过于保守造成生物滞留池面积偏大，可以假设蓄水层只需要存储部分径流，例如 70% 的径流，其余 30% 的径流量存储在过滤层的孔隙中。在刚才的例子中，如果加入该条件，那么：

蓄水层体积 $V_d = 0.7 \times WQV = 0.7 \times 250 = 175（m^3）$。生物滞留池的表面积 $A_f = 175 \times 0.75 / [0.2 \times (0.3/2 + 0.75) \times 1] = 729.2（m^2）$，可以设计为 20m×40m 的平面尺寸，远小于上述保守计算的结果。

为安全起见，再校核一下刚才假设的条件：由于生物滞留池整个过滤层的体积为 20×40×0.75 = 600（m³），如果过滤层的孔隙率为 0.3（一般情况下能达到相应渗透性能要求的话，均能保证这样的孔隙率），那么孔隙体积 0.3×600 = 180（m³）远远超过了所要存储的 30% 的径流量（0.3×250m³ = 75m³）。事实上，即使只有上述 1/2 的孔隙可用，都能够维持刚才的假设，因此第二次的计算结果是可行的。

4. 植被选择

在不同地区，应尽量选用当地常见植物。同时为了适应生物滞留池中的复杂生态环境，所选植物应具有以下几个方面的特征：（1）强壮，抗风；（2）耐修剪，耐移植；（3）抗污染力强，抗病害能力强；（4）侵占性不强；（5）夏季耐高温热风，冬季能越冬。另外，对树根的尺寸、形状和种类也要有一定的要求。表 2-19 给出了在生物滞留池中推荐种植的植物类型，可供参考选择。

生物滞留池推荐种植的植物 表 2-19

耐水性植物	抗干旱性植物	乔木类	灌木类	地被植物类
尖尾凤属	水甘草属	康傈属	酒神菊属	骚缀属
紫菀属	须芒草属	山核桃属	金缕梅属	细辛属
花属	波菊属	朴树属	山胡椒属	天竺葵
泽兰属	披碱草属	白蜡树属	风霜果属	矾根属

针对生物滞留池的不同应用场合和类型，具体列出了一些需要遵循的原则：

（1）如果生物滞留池是建设在居民区内或其附近，主要用于收集小区的地表径流，此时需要有较优的景观效果。为此应优先选用当地常见植物，且确保较多的植物种类。在交通繁忙地区则应种植那些维护需求不高的植被。如果是在路边处，应选种耐盐性较好的植物。

（2）应用于商业地块的生物滞留池，对景观要求更高，同时由于交通量一般比较大，土质较差，对植被的选择应更为严格。最好选用一些常见的较矮的景观树木，并建造隔离带。

（3）对于仿森林型的生物滞留池，由于模仿自然森林状态，要求植物布局时尽量不改变当地的整体景观特点。乔木或灌木品种不少于 3 种，且乔木与灌木量的比例应介于 1/3～1/2 之间；植被平均密度为 25 棵/100m^2，建议乔木间距为 3.6m、灌木间距为 2.4m；可在池边缘处种植常青耐寒型植物；覆盖层可选种草本地被植物，且品种不少于 3 种。

不同生物滞留池的生态环境区别较大，即使在同一个池中，各区域的微生态也不同。因此，设计人员应综合考虑多种环境因素，如阳光、风向、温度、阴影等，对池内植物进行合理的布局。例如，在池的北部多种植常青树和耐寒植物等，以抵御冬季寒风；不要在入水口处种植多枝多叶的树木等。

2.9.4 运行维护要点

对生物滞留池需要定期进行一些常规检查和维护，以确保其能维持良好的处理性能和景观效果。表 2-20 给出了各组成单元运行过程中可能存在的问题及其相应的处理措施，表 2-21 则给出了各项维护工作的具体时间要求，可供参考。另外，对维护人员还需要进行具体工作环节的相关培训，如池体清淤、覆盖层更换、施肥等。同时，每次进行维护工作后需进行详细记录并存档。

生物滞留池运行期间的常规维护和检查项目 表 2-20

维护对象	潜在问题	措施
	径流绕行	土地整理
	形成水沟	更新维护
入水口	沉积物厚度超过 7.5cm	确定污染源，清扫、去除污染源头
	设施腐蚀	设施防腐，如堆砌石护坡、种植草皮
	野草乱生	锄草

续表

维护对象	潜在问题	措施
植被	植被景观	定时修剪灌溉
	植物死亡、发生病虫灾害	确定灾病原因，加强施肥打药等
	电线架树	移开电线
土壤和覆盖层	覆盖层被损害或发生异位	更换、重新固定
	结块	确定结块程度，更换表层或整个覆盖层
	土壤 pH 下降	喷洒石灰粉
	重金属污染	换土
排水系统	排水管堵塞	冲洗
蓄水层	积水超过 4～6h，或积水深度超过 7.5～15cm	人工强制排水

生物滞留池常规维护和检查的时间安排表　　　　　　　　　表 2-21

措　施	时间要求
检查植被覆盖率（确保不低于 80％的覆盖率）	第一年每季度检查 1 次，以后每年检查 2 次
检查管道工程的事故或人为损害情况	暴雨过后 24h 内（降雨超过 25mm）
灌溉植物	根据植物需求定期灌溉，以确保植物存活
清理入口处、出口处和池内的垃圾残骸等	每年至少 2 次，如有景观需求，可更为频繁
清除杂草，修剪植物	1 年 1 次
土质检测	1 年 1 次

2.9.5　效果与成本

　　生物滞留池具有削减径流量，降低径流峰值的作用，对悬浮颗粒物、营养物质（氮和磷）、重金属、有毒有机污染物、石油类化合物、病原微生物等均有一定的去除效果。还有研究表明生物滞留池是污染负荷削减效果最好的径流污染源头削减技术之一。表 2-22 给出了不同应用案例中生物滞留池对不同污染物质的去除效果。

生物滞留池的污染物削减效果　　　　　　　　　表 2-22

污染物	去除率（％）	数据来源[77],[78],[79],[80],[81],[82]
TSS	60～91	Pennsylvania，2006；NCDENR，2007；Audrey，2009
TOC	28～66	Maryland，2007；TRCA，2009；DE，2009
TP	42～85	Maryland，2007；TRCA，2009；DE，2009；Pennsylvania，2006；NCDENR，2007；Audrey，2009
TN	45～95	Maryland，2007；TRCA，2009；Pennsylvania，2006；NCDENR，2007
Cu	43～97	Maryland，2007；TRCA，2009；Pennsylvania，2006；NCDENR，2007；Audrey，2009

污染物	去除率（%）	数据来源[77],[78],[79],[80],[81],[82]
Ca	66	Maryland，2007
Zn	80～90	Maryland，2007；TRCA，2009；Pennsylvania，2006
Cr	53～85	Maryland，2009；Audrey，2009
Pb	75～89	Maryland，2007；Pennsylvania，2006
细菌	50	TRCA，2009

生物滞留池的建设费用主要包括工程施工费用，人工土、填料、砾石、排水管等材料费用，设施安装费用等；运行维护费用则主要包括检修置换费用，植物灌溉和化肥施用等。影响生物滞留池建设成本与运行费用的主要因素包括：所选区域的建设难度、材料的可获得性、设施的性能要求、人力成本等。

汇总一下生物滞留池这种措施的技术经济性能和特点，如表2-23所示。

生物滞留池的技术经济性能和特点　　　　　　　　　　　　　　　表2-23

控制效果：污染物去除效果		可行性分析	
TSS 去除率	60%～90%	占地和土壤条件要求	高
TN 去除率	45%～95%	建设费用	较高
TP 去除率	40%～85%	维护负担	较高
控制效果：水量控制效果		可滞蓄的径流体积	低
削减径流峰值	是	选址约束性	中
减少径流总量	是	公众可接受性	高

2.10 非工程性的源头削减措施

还有一些径流污染的源头控制措施不是工程性的，即非工程措施。典型的非工程措施包括：做好场地开发规划、控制大气污染、加强固体废物管理、合理清扫街道、控制化肥和杀虫剂的使用、控制水土流失、清洁下水道口以及完善相应的法律法规、加强宣传教育和公众参与，等等。非工程性措施的设计、使用较为简单易行，不涉及工程和技术的设计施工，也不需要维护。若能合理运用，可以有效地降低污染，还能进一步减少对工程性措施的需求。但是，非工程性措施的落实必须依靠有效的管理。以下对一些常用的非工程措施加以介绍：

（1）把城市径流污染控制和城市规划及场地设计紧密结合起来，在规划和建设的过程中加入径流控制的因素，从土地利用的源头出发，在径流污染发生之前就予以预防和管理。在分析场地背景因素和识别敏感区域的基础上，做好场地开发的规划和设计，力图减少对原有环境的扰动和改变，如保持土壤的松弛程度、维持透水区域的面积比例、维护原有生态植被等，以保持土地对雨水的涵蓄和下渗能力，从而减少产流及进入径流的污染物质，提高周围环境的生态性和宜居性。

（2）限制当地大气污染物排放总量。大气中的颗粒物、气溶胶物质均可通过降雨到达地面，在旱季也可通过风力作用沉降至地表。因此，通过控制大气污染排放可起到削减径流负荷的作用。然而，要在空气质量改善与降雨径流污染负荷降低之间建立起定量的关系，目前还存在一定的技术难度。

（3）加强固体废物管理。街道垃圾中通常含有重金属、玻璃、纸盒、香烟蒂、报纸、食品包装袋等等，如不及时清理，这些物质会随雨水进入管道中，造成堵塞与污染。因此，应加强固体废物管理，对树叶、纸张、油脂等类废物进行分类收集。

（4）合理清扫街道。经常清扫街道可以避免污染物的地表积累，减少冲刷进入径流中的污染物总量。该项措施是否能起到控制径流污染的积极作用取决于很多因素，如清扫频率、清扫粒径大小、停车监管状况、气候条件包括降雨频率和季节等。对于人口密集的城市，在道路两边停车是影响街道清扫措施效果的主要因素之一，因此有条件时应在街道清扫计划中对停车提出一些强制要求。

（5）控制化肥和杀虫剂的使用。在降雨过程中，化肥和杀虫剂可能会随降雨冲刷进入径流，增加污染负荷。城市内的公共花园或居民小区可能是较容易控制的地方。因此，要求相关人员按规定操作，避免不正确或过量使用化肥和杀虫剂。

（6）控制水土流失。水土流失的防治对于径流污染控制和保护水体环境起着十分重要的作用。土壤颗粒在受纳水体中会产生浊度，阻挡阳光的进入，产生贫营养化；同时，土壤颗粒携带营养物质、重金属和其他有毒物质，进入水体会使水质恶化，造成水华和有毒物质在生物体内积累；受侵蚀的土壤还会在收集管网中产生沉淀问题，减少容量。

（7）清洁雨水口。雨水口的日常清理工作主要是去除积累的沉淀物，有助于确保排水系统的正常运行。

（8）完善相应法律法规，建立相应的管理机制。不少发达国家将城市降雨径流管理看做水污染控制的重要内容，为此建立了配套的径流污染控制法规体系。我国目前在这方面还较为滞后，相应的法规政策较为匮乏、不成体系。应围绕城市降雨径流污染控制加快法律法规建设，保障相关工作的有效开展。因我国各城市的自然状况、发展水平、基础设施条件等各方面因素差异较大，应根据各城市的不同特点，有针对性地制定控制目标和规划方案，提出符合当地条件的径流污染控制对策及措施，并将其纳入市政、环保、水务、园林等相关职能部门的工作范围内。

（9）加强宣传教育，积极促进公众参与。应加大城市径流污染控制相关知识的公众宣传，使人们逐渐认识径流污染的环境危害，鼓励市民参与到污染控制的相关工作中。具体的宣传教育形式包括：在受影响区域和公共活动场所的溢流口附近张贴告示，让公众了解雨污合流溢流排放情况，及其对人体健康的影响、对娱乐和商业场所的影响；对居民可告知在阳台上安装洗涤盆、洗衣机的危害，要求不私自改变排水管道的使用功能，帮助减少雨水、污水的直接排放和管道混接等问题的发生；在进行地面清扫时，禁止将垃圾扫入雨水口；为市民提供与城市径流污染控制相关的参观和实践活动，定期举办城市径流污染防治的主题展览和讲座培训，对积极参与者可予以奖励。

第3章 城市降雨径流污染的管路控制措施

本章所介绍的管路控制措施是指，雨污水已进入市政管网系统但尚未排入污水处理厂或者受纳水体之前所采取的，重点针对管网溢流和雨水口排放带来的污染，主要作用在管路上的径流污染控制措施。具体的控制对象则包括：分流制系统中的（初期）雨水、合流制管网中的混合污水溢流，以及分流制系统污水管网的溢流。有些措施既适用于合流制系统，又适用于分流制污水系统，例如增大管网存储能力、管道维护修复的一些措施；有些措施既适用于合流制系统，又适用于分流制雨水系统，例如雨水口改装措施、安装旋流分离器等；有些措施特别针对的是合流制系统，例如将合流制改为分流制系统、合流污水的调蓄和溢流污水的消毒等；另外一些措施则仅适用于分流制雨水系统，例如雨水调蓄池。以下各章节将对不同措施分别予以介绍。

3.1 合流制系统改成分流制系统

3.1.1 基本功能

将合流制系统改建成分流制系统，实现雨、污分离，可以消除雨污合流溢流排放问题，是降低雨季生活污染负荷排放最直接的办法。可以认为，合流制系统改造成分流制系统是控制降雨径流污染的一项"理想化"措施。

很多地方实施过雨污分流的改造，包括一些很拥挤、高密度的社区。但是改建过程会涉及道路、建筑地下空间等诸多限制因素，且改建工作量巨大、成本高、周期长，因此达到预期目标的难度很高。另外，我国城市污水的乱排偷排和雨污管道错接混接现象较为严重，实际改造中难以完全杜绝。因此，在排水体制改造问题上，要根据各个城市的具体情况进行深入分析，经过反复论证比选后制定细致的工作方案。对于一些合流制管道系统相对完善、空间有限、降雨量少的老城区，则应考虑在合流制系统中进行适当改造或建设合流制溢流控制设施，如采用一些截流、截污措施并对老化管道进行修复改善等[83]。对于不可改造的合流制系统，应做好维护工作，保证系统的运行性能，使系统处理尽可能多的合流污水。

3.1.2 适用条件和优缺点

当满足以下条件时，比较适合将合流制系统改造成分流制系统，具体包括：

（1）排水口对应的服务片区面积不大，国外经验是小于300英亩，即121hm²。

（2）现有基础设施运行状态差，面临大量修复工作。

（3）截污管和污水处理厂的能力可以保证收集处理所有预计的分离后的城市污水，包括对入渗入流量的必要考虑。例如，美国相关手册建议，根据服务区域大小，相应能力要达到旱季流量的 4～6 倍。

（4）现有的合流制管道具备施工进入的条件，或者当前状况能达到用作分流制污水管使用的条件。

（5）其他替代方案实施起来成本很高，例如对溢流污水进行调蓄和处理。

如果遇到的是以下所述情况，就不建议将合流制改造为分流制系统，具体包括：

（1）排水口对应的服务片区面积非常大；

（2）截污管和污水处理厂的能力有限，而且其他替代方案或者相关计划中也未涉及到对截污管和处理厂进行扩容的安排；

（3）现有合流制管道很难施工进入，例如在很窄的胡同里；而且作为分流制污水管使用效果不好，例如坡度较平、管径过大等。

3.1.3　实施要点

要想有效地实施雨污分流改造，首先要对现有系统的结构有清晰的认识。系统结构越复杂，需要考虑的因素越多，改造的难度也就越大。现有系统一般可以分为以下三类：

（1）合流制的干管加上分流制的支管。在这些区域，主干管是合流制的，但是大多数接入干管的支管或者是纯粹的污水管或者是雨水管。对于这类片区，分流改造基本上可以通过建设新的雨水干管或者分流制污水干管来实现。

（2）存在交叉连接现象的双管路系统，也就是说两条管路都有可能担当起合流管的职能。此时就必须开展相应调查，以明确第二条管线的存在是为了缓解原有合流制管道输送压力的，还是想起雨污分流作用的。进而摸清合流制改造的可行性，以及如果需要新建管道的话，建设任务有多大。

（3）真正的合流制系统，也就是说在相应排水片区内，单一管路系统绝对占优，而且大多数管道都是作为合流管在使用。如果要在这些片区开展雨污分流改造，将会涉及大量的管道新建任务。

要实现全面的雨污分流改造，必须考虑到整个收集系统的完整性，要保证所有的雨水源和城市污水源都按照设计合理正确地接入相应的管网系统，而且管网系统本身也不能出现雨水管和污水管的错接、混接。

鉴于完全的雨污分流改造往往很难实现，在有些情况下，则可以采取部分分流改造的折衷策略，通过重新规划雨水的去向来减少溢流的频次和水量，还可以预留对（初期）雨水进行处理的可能性，从而达到污染控制的目标。这种部分分流的措施对于原来的合流管来说，可以看做是一种减少入流的措施，主要是通过新建雨水管来实现。一般的做法是，新建雨水管用于收集道路、停车场等公共区域的径流，也可以包括一些就近方便收集的居民小区雨水，然后排至新的雨水系统；而原来的合流制系统则保留下来，主要收集居民家庭的排水，包括污水和雨水。新建雨水管道常常只需要连接当地的雨水口，管道一般埋深较浅，并且一般不涉及对建筑物的排水服务进行重新分区或者重新连接。

从系统可靠性的角度来看，进行雨污分流改造时，为了获得功能良好的分流制系统，也可以考虑去新建污水管道而不是雨水管道。这主要是因为，现有的大多数合流制系统往往都比较老，很多都已经接近甚至超出其设计的服务期，为此常常处于较差的运行状态，其坡度特征和过大的管径都很难保证其后续能被有效地用作分流制污水管。不仅如此，把先前的合流管当作分流制污水管使用之后，仍然需要新建大的雨水管来替代其以往的雨水收集输送能力，但有时候道路下方甚至不具备敷设管道的空间。当然，新建污水管道也同样难免会遇到很多困难，在某些条件下甚至不可行。例如，现有的合流制管道是位于狭窄的小街道下面、建筑物下面，甚至游泳池下面，那么替换这样的管道就很不容易实现。因为新建的管道只能放在跟原管道大致相同的位置，而且还得重新连接所有服务对象。为了保证原来的用户都得以接入，管道坡度和埋深问题必须要处理好。有时还会遇到一个排水用户有多个排口且各排口用途不同（分别排雨水、污水）的情况，也给新污水管道的建设带来一定的复杂性。

3.1.4 效果和成本

根据国外径流污染控制的经验，对一些小流域，相应的控制措施中一般都会涉及到一定程度上的合流制改造工作。但是仅靠雨污分流改造并不能去除雨水中的污染物，分流制雨水管的直接排放所造成的水体污染还应另行考虑。

合流制系统改造成分流制系统的成本，如果直接跟其他的合流制管网溢流控制措施相比的话，不一定有竞争性。不过，管网改造常常可以跟一些必要的基础设施更新工作结合在一起，这样的话就有可能比局部的管路控制措施更为有效，而且长期的运行维护成本也会比溢流污水的存储调蓄和处理设施要低。

3.2 管网现有存储能力的最大化利用

3.2.1 基本功能

提高现有管网存储能力，实现现有系统调蓄和处理能力的最大化利用，使进入受纳水体的合流制溢流量达到最小，从而减少 BOD、TSS、营养物质和其他污染物对水体的影响，也是雨季污染控制中常用的手段。要想充分利用现有管网的能力，需要从两个方面入手。一方面首先要尽量减少计划外流量（管网设计施工时并不希望收集输送的流量），避免系统能力被无谓地消耗占用，此时的常用措施有减少管网入渗入流、消除管道错接等。另一方面则是通过改善系统的水力条件来实现管网能力的提高，例如通过安装新的或者调整已有的流量调节器来加大管网在雨季的存储量、采用实时控制的方法来优化管网运行等。

管网内的存储空间包括了任何可能存储污水的部分。管网系统现有能力究竟有多大的挖掘潜力，与其实际的运行条件和状况，包括管道尺寸、流量调节设备安装的位置和调节余地等因素密切相关。通常，排水干管和合流制系统中截流管的设计容量是旱季的若干倍，可以提供潜在的调蓄容量；坡度较平坦的管道也可用于存储。一般需要通过水力监测和系统模拟来综合评估和确定不同运行状态下可用的存储位置。水力监测可以提供管网系统的流量特征信息；对系统的数值模拟则可以帮助判断系统对于不同降雨条件的反应，筛选确定在管网内实施存储的最佳位置。

3.2.2　适用条件和优缺点

通过最大限度地利用现有管网存储能力来实现溢流控制的措施，常常被大家看做是管网在线调蓄技术的特殊表现形式。这类在线调蓄技术可以广泛用于合流制管网，也可用于分流制污水管网；尤其适合于场地有限、无法使用其他溢流控制措施的地方。

需要注意的是，管网现有存储能力的提高具有一定的局限性，系统能滞留的污水量毕竟有限，而且在此期间还会增加运行难度和维护需求。

管网收集系统的超载是限制该措施应用的主要因素之一，如果控制不当的话，超载水流甚至可能会进入地下室或返回街道而造成内涝问题，溢流控制和内涝防治成为一对矛盾。因此，在实施该项措施之前，需要预估系统在不同条件下的水力坡降线，评估超载概率及超载可能带来的公众健康风险，要确保存储能力最大化的措施实施后不会造成系统超载。除了超载问题的预防外，存储能力的提高还会加大固体物质沉淀的可能性。因此在措施实施前，还需评估相应措施对管网最小流速的影响，并且要核算合流制管网旱季输送能力，保证能将管网中的固体物质和沉积物输送至污水处理厂。

3.2.3　实施要点

1. 减少管网入渗

管网系统发生入渗主要是由于地下水通过残缺的管道接口、破损管道、检修孔等途径进入管网，或者受纳水体的水流通过破损的潮闸渗透进入管网。入渗发生的频率高，渗透量小，一般较难控制且控制成本较高。

对于入渗现象严重的管道，应及时予以修复（具体的管道修复措施参见后续章节）或替换。有时候为了有效消除管网入渗，对管网的修复范围甚至要涵盖入户支管。减少管网入渗还应注意防止树木根部对管网的破坏。

当受纳水体为感潮型或者水位在雨季波动较大时，可以在排放口安装潮闸，减少或防止在高潮位时受纳水体的水从排放口回流至管网内。常见的潮闸形式有翻板型潮闸和橡胶潮闸。翻板型潮闸的安装和运行比较简单，但很容易积污、黏结，同时需要合适的水头来抵消其自身的重量，在实际运行中常遇到的问题有发生弯曲、被腐蚀以及被卡住。橡胶潮闸与传统的翻板型潮闸相比，打开时需要的水头较小，且不易被堵塞。潮闸的泄漏或破损均会影响其控制回流的能力，需要定期进行维护，确保其正常工作。

2. 减少管网入流

管网系统的入流是指雨水径流直接进入污水系统,入流途径一般包括有停车场和道路广场的雨水口、屋顶、地下污水坑泵、室外排水沟、地基排水管、破损的检查井盖、不透水路面的漫流,以及分流制系统中的雨水管网错接等。检测入流来源的方法包括目测、烟气测试、染料测试、录像检测等。与入渗相比,入流的危害更大,应予以优先控制。通过减少入流可以降低流经管网的峰值流量,从而避免管网溢流发生的次数。减少入流的基本思路是让雨水径流改道进入透水区域或者重新将其连接至雨水管道。在实施中可能会遇到一些技术困难,因为入流的源可能很复杂,例如多层和错层建筑的内部屋顶排水,雨水入流源的高程可能比相邻的雨水管道要低;雨水入流源分布在人口居住的密集区,等等。在有些情况下,可能还需要扩建现有的雨水管网系统或者增加泵站。

减少入流的具体措施包括截断屋面导水和落水管,对排水沟、地基排水管、地下污水坑泵做改道处理等。一般情况下,截断落水管和地下污水坑泵改道的成本较低;而由于更改排水沟、地基排水管的去向往往涉及工程开挖,因此成本较高,破坏性也更大。

屋顶导水管和落水管负责将落在屋顶上的雨水直接运送至排水系统。截断屋顶导水管与污水系统的连接,并让其改道进入草坪使屋顶雨水直接渗入土壤,或连接到雨水罐、雨水花园等径流污染控制设施,都可以减少进入污水系统的雨水量。屋顶导水管截断技术相对简单,适合于住房独立、院子面积大的住宅区。由于对单栋住房采取截断导水管的措施能产生的效应较小,因而大范围实施才能获得显著效果。

城市中排水沟、地基排水管及地下污水坑泵大多与生活污水管网相连,是管网入流的重要来源之一。可利用排水泵使其改道进入草坪、干井、田沟或者现存的分流制雨水管网,减少管网入流。改道的可行性与土壤类型、坡度以及房屋附近的排水条件相关。与截断屋顶导水管的措施类似,排水沟、地基排水管及地下污水坑泵改道的措施应在大范围内实施才能获得显著效果。

应根据入流来源和具体场地情况来选择和确定使用哪种具体的入流减少措施。措施的效果主要取决于改道后受水地区的土壤渗透性质以及渗透面积。

3. 消除管道错接

错接是指生活污水管网和分流制雨水管网相连接。我国许多城市的排水系统中合流制与分流制系统并存,老城区往往沿用原有的合流制排水系统,新城区则采用分流制,因此,合流制和分流制混接现象时有发生。与此同时,由于城市建设模式和管理上存在的一些问题,住宅小区往往先开发,市政基础设施配套滞后,也造成了大量雨污管道混接的现象。雨、污管道错接与混接的具体情况包括:不同排水分区或系统间的混用、排水管道间的混接、小区或企业内管网混接、室内排水管道混接等。

雨、污管道错接与混接不仅降低了现有污水设施系统的收集处理率,甚至造成部分雨水泵站出现旱季排水的情况,还会额外增加对周围水体环境的污染负荷。检查并消除错接状况可减少污水管网中的雨水流量,同时减少进入管网中的细菌、营养物质、耗氧物质。一般的管道测试检查方法都可以用于识别错误接入污水系统的雨水源。此外,也可通过其他一些特征指标进行判断，如旱季时雨水管道中是否有入流、在雨水管网排放口处观察表征人类排泄物的生物学指标等。一旦发现管道交叉混接，需要进行开挖和混接管道修正。在新项目建设前需要进行合理规划，并在建设期及时检查，防止出现新的错接和混接。相关工作可参考表 3-1 予以开展[84]。

雨、污管道错接与混接改造方式

表 3-1

混接方式	改造措施
少数支管混接	封堵、分流
污水管道接纳正常，雨水管有污水直接出流	封堵出流口，敷设雨水支管至街坊外雨水管道系统
区域内部只有合流管，并最终接入市政污水管道	封堵，另设雨水管接入市政雨水管道
区域内部只有合流管，并最终接入市政雨水管道	封堵，另设雨水管接入市政雨水管道
污水管直接接雨水管	封堵，敷设污水支管至街坊外污水系统管道
区域内部污水系统通过泵站接外部雨水系统	根据实际情况，确定是否废除泵站，并新建污水管道实现外排
污水经区域内部污水处理站处理后接雨水管	根据实际情况，确定是否废除污水处理站，并新建污水管道实现外排
污水经内部化粪池后接雨水管	根据实际情况，确定是否废除化粪池，并新建污水管道实现外排

4. 安装和优化流量调节器

通常情况下，管网系统中安装流量调节装置的目的主要包括：防止截流系统超负荷，实现污水处理厂处理量的最大化，充分利用系统内的调蓄体积，在降雨事件发生时缓解系统的压力（通过受控溢流的方式），以及将水流从一个排水片区调往另一片区等。简言之，调节器可以用来控制管网流量，为超出管网容量的水流提供出路。

最常见的流量调节器是安装在合流管道和截流管道相连接的地方，用于控制进入截流系统的流量。此时每个调节器至少有 2 个水流出口：一个是用于将旱季流量正常输送到截流管；另一个则是在雨天将超出下游系统能力的水量予以分流，一般是将水流分走后导向受纳水体。

通过在排水系统中安装流量调节器来拦截或限制流量，可以优化管网的在线存储调蓄能力。对系统中现有的调节器予以维护或调整其位置，或者在截流设施出口新增调节器，都有可能进一步提高系统的存储能力。当系统的需求随时间发生变化时，通过调整流量调节器的运行参数，可以确保水流在管网中仍以最优路线行进。当流量增加时，也需要对调节器的运行参数予以调整。如果下游的截流系统或污水处理厂有足够的容量，则可以增大通过调节器输送的流量。

流量调节器可分为固定型和移动型两类。固定型不能随流量变化进行调节，通常放置在主要的水力控制点上。由于其活动部件非常少，因而安装、运行维护都比移动型的更为便宜。固定型流量调节器的形式主要包括孔口、堰、涡流节流阀和限制型出水口等。移动型的调节器更加复杂，可在动态模式下运行，因而可以根据水流状态随时进行调整，使管线内的存储实现最大化。常见的移动型调节器包括充气坝、反向弧形门、漂浮控制门、倾斜板调节器等多种形式。以下简单介绍几种常用的流量调节装置。

堰通常采用砌体砖、混凝土砖和叠梁方式构造，是最常用的流量调节器之一。堰的作用是将未超出堰高的水流导向收集系统，而超出堰高的流量则溢流进入受纳系统。不论是提高现有堰的运行水位，还是在系统中安装新的堰设施，都可以通过控制溢流管道的排放来实现增加管网储存能力、降低溢流污水体积和频率的目的。堰在实际运行中可能受到截流管回水或受纳水体水位高低变化的影响。在实践中可采用阶梯式安装的做法来减少系统超载的风险。

涡流节流阀可以让大流量的水流通过螺旋运动的阀门后转成小流量水流。带有堵塞物的水流通过涡流阀时，其维护成本低于传统孔口出水。利用涡流阀可以将水流转向合流制溢流的处理设施。涡流阀还可以用于控制调蓄设施的出水量或者替代受损的机械调节器。当下雨时，通过设定涡流阀的水流恒定功能，可以实现对大流量水流的调节。

充气坝如图 3-1 所示。充气坝一般由橡胶制成，当坝膨胀起来时，污水可以储存在上游的管道内。通过其不断充气和放气来控制流量，可以使管网的储存能力最大化，是合流制管网中常用的控制措施。依靠管网中特定位点处布设的传感器测量水位，并将此信号传递给充气坝后可以使之启动，从而实现充气坝的自动运行。坝内可充空气、水或是气水混合物，充空气价格低廉，充水控制效果更好。充气坝的维护非常简单，但需要定期检查。

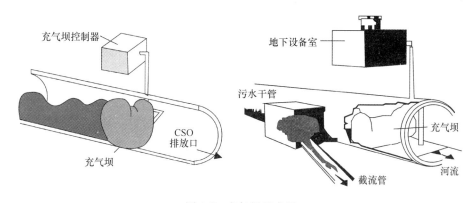

图 3-1　充气坝示意图

还有许多其他类型的机械调节器是受重力控制的，根据流量情况可以自动或半自动运行。由于它们一般依靠漂浮机制或压力作用来启动，因而需要的维护较少，并且不需要额外的动力源。

需要注意的是，流量调节装置的操作直接受到管道入流出流负荷和周边系统运行状态的影响。例如，转输至污水处理厂的水力总负荷更多情况下是受管网旱季流量大小限制，而不是调节器本身的控制能力。溢流到水体的总负荷则可能受到水体水位和溢流管具体条件的影响，往往也不是堰的理论出水量。因此，调节器的设计安装和优化使用必须考虑到与之相关联的系统的整体性。

5. 利用实时控制系统优化管网的运行

对管网系统进行实时控制的基本出发点是，充分利用现有收集系统的能力，最大限度地将水流输送到污水处理厂使之得以处理，并且在雨季尽可能地利用大型管道的临时存储能力。与静态控制相比，实时控制在最大化收集系统的存储能力和多个污水处理厂之间合理分配水量方面，更具有有效性。利用系统的实时控制，可以降低溢流的频次和水量。在实时控制系统中，所布设的传感器负责测量管网内关键节点的水位、流量及沉积物信息等，实时测量结果则通过数据传输系统传送到控制中心。控制中心将传输来的信号进行分析处理之后，自动实时控制阀门、泵及其他流量调节器等的启停和开度，实现管网系统运行状况的动态调整，从而减少系统的溢流量。

要实现有效的实时控制或者系统内存储，需要对不同条件下的系统能力、系统中的流行时间、可利用的存储体积以及处理能力有全面细致的了解。满足以下条件的管网系统更容易获得好的实时控制效果：大多数的降雨事件中，截流管的能力有富余；那些管径大、坡度相对较平的合流管一般都未出现过满流；在不同的污水处理厂之间安装有分流结构，可以进行流量调配[85]。

第一种常见的实时控制系统是实现截流管能力的最大化，设计目标是在大多数降雨条件下能够充分利用截流管的能力。最大化截流管输送能力的实现，依靠的是对流量调节器设置参数进行实时修正，从而根据控制目标增加或者降低进入截流管的水量。要实现控制目标，要求流量调节器必须采用可调式的部件，例如水闸或阀门都是可以实时操作调整的。如果系统中有其他调蓄设施，还可以把系统中的调蓄池和截流管看做一个整体进行实时控制，在维持截流管满流的情况下一并实现调蓄设施的存储体积最大化，从而避免很多低水量溢流事件的发生。

第二种常见的实时控制系统，其控制目标是实现截流管和支管水力坡度的最大化。例如，通过提高溢流堰的运行水位高度直至其最大有效高度，可以实现截流管水力能力的增加和合流制支管存储能力的改善。当然，要改变堰高，必须对上游的水力条件做出仔细地评估，要避免出现内涝淹水问题。还可以通过实时调整闸门开度的方式来控制截流管中的最大水力坡降线，这种做法有望在实现截流管中水力坡降最大化的同时防止内涝。

还有一种实时控制系统，针对的是大型管道存储能力的最大化。大管径的合流制管道可能会有一些区段能够为雨季流量提供相当的存储能力。可以通过安装水力控制设施产生回流条件进而实现系统内的存储。例如，通过安装充气坝、可调节开度的水闸，或者控制泵站的运行。采取水力控制措施之前，同样需要对现有管道条件（例如，不增加新的结构或不更换管道的情况下是否具备安装新水力设施的条件）、安装水力设施期间系统服务是否受到影响、地表的情况、存储位置的深度和存储能力的有效性等。控制系统运行过程中必须保证管网水位不得超过临界高程。如果水力设施操作很慢，当遇到水量快速增大的情况，则极有可能造成上游管网发生超载；而过快的操作又会导致瞬时条件下出现涌波现象。这两者都是管网运行所不能接受的，需要事先做出评估。

6. 其他相关措施

除了前面几类主要的措施外，还有一些能够增大管网能力的措施，例如改变现有来水流向、升级和调整泵的运行、对企业和街坊排出口做截流、消除管网堵塞、捕集进入管网的油脂等，具体如下。

改变现有流向指的是对旱天入流、雨天入流实行改道处理，以及通过调整排水管接口将原有入流从一个排水片区调往另一个排水片区。通过调整入流可以缓解单个流量调节器或截流井负荷过重的问题，进一步优化管网收集系统。通过改变流向，还有可能将溢流出水口从敏感的受纳水体转移到相对不敏感的受纳水体。

泵站是管网系统的重要节点。当管网的正向水力梯度足够大时，可以通过对提升泵站进行升级改造或调整其运行参数等手段，增大管网系统的能力。但要注意的是，必须首先考虑泵速提高后下游的污水处理厂是否具备接纳处理更多污水的能力。

企业、街坊内部排出口的截流主要针对污染企业的重污染初期雨水和地表冲洗水，以及小区、街坊内部的错接。该项措施通过在其排出口处设置专用截流井，实现对重污染水流的截流。与在管道或泵站末端设置截流措施相比，该措施减少了污水直接排入受纳水体的量，以及雨污合流污水中的污染物量，工程投资低，而且环境效益高。

清理去除管网内的堵塞物后可以增大现有管道的储存容量，从而减少溢流水量。为此，管网应进行定期检查以确保堵塞物能被及时清除。通过检查管道和入流点，确定造成管网无法正常运行的沉积物所在位置。沉积物和小的堵塞物可以采用不同的管道清洗技术来去除，而大的堵塞物则通常需要使用人工方式去除。具体的管道检查和维护技术参见后续章节。

油脂类物质（FOG）是家庭、饭店排放污水中常出现的成分，加油站或者一些工业区的径流中也会含有油脂。若直接排入污水管，其积累会导致堵塞，造成溢流污染。安装油脂捕集装置（例如已经广泛商品化的油水分离器等），可以有效控制这些物质带来的溢流污染。捕集器能力大小的设计取决于所需处理流量的大小和油脂物质含量高低。实际案例有用于厨房的

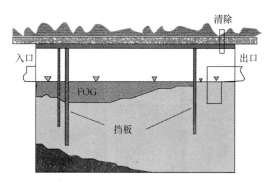

图 3-2　油脂捕集器应用示意图

40L 左右的小型装置，也有安装在室外地下、容积高达 15000L 的捕集器。图 3-2 是一种油脂捕集装置应用的示意。

3.2.4　效果和成本

如果系统干管和截流管有条件储存多余污水，通过优化可以达到很好的效果。美国在这方面积累了不少经验。例如，波士顿地区为了提高现有管网的储存能力，采用了替换和整修潮闸来控制入流的措施，以及提升堰的运行水位、建造新的堰设施、新增其他流量调

节器等改变水力条件的措施，达到了溢流污水量减少 25％ 的效果。美国俄亥俄州的哥伦比亚市为了减少溢流，同样也采取了调整溢流堰运行水位高度的方法，溢流频次和水量有望减少 30％。美国印第安纳州 South Bend 在管网系统中引入了实时控制系统，针对 1.27cm 的降雨事件，与维持系统当中流量调节器运行参数固定不变的情形相比，仅通过实时调整调节器就可以减少 5％～10％ 的溢流量；如果再将现有污水处理厂扩容 40％，则预计可以减少 16％～24％ 的溢流量。在美国加利福尼亚州奥克兰，一个体积为 15000m³ 的合流制溢流调蓄池在一次降雨事件中成功地收集了 23000m³ 的溢流污水，主要是通过在截流管有富余能力的时候实时调整调蓄池排水泵的运行来实现的。

通过现有管网存储功能的最大化，可以把新增调蓄设施的成本降至最低。当污水干管和截污管线的管径大、坡度平缓时，储存能力大，其成本有效性较高。

3.3　雨水口改装措施

3.3.1　基本功能

雨水口位于管网入口处，负责收集径流。典型的雨水口组成包括雨箅子（或路缘进水口）和集水池，可以用来捕集垃圾残渣、沉淀物质和污染物。雨水口去除沉淀物和其他污染物的能力和效率，取决于其设计规模（例如集水池的大小）和对集水池的清理维护情况。虽然排水系统都要用到雨水口，并且一般在雨水口上方装有雨箅可减少街道垃圾的进入，但是很多雨水口的设计在沉淀物质和污染物捕集方面并不理想。出于降雨径流污染控制的目的，理想的雨水口应该被设计成其他径流管理措施的预处理单元。为此，为了改善雨水口的污物拦截性能，对其加以改装成为一种常用的径流污染控制措施。

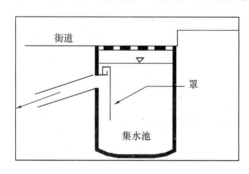

图 3-3　雨水口和集水池改装示意图

最简单的改装措施是在雨水口集水池的出水口处加装铁罩，以便更好地防止漂浮物，例如垃圾、残渣等进入管网系统。铁罩是垂直安装在雨水口集水池内的铁制挡板，罩在接纳雨水口出水的支管入口处，如图 3-3 所示。最初加装铁罩的目的是为了防臭，但实践中证明其拦截漂浮物的效果也很好，可以辅助减少管网溢流发生的频率、降低溢流量体积。

还有一种改装措施在国外应用也日益普遍，是在雨水口内增设一个能方便地插入和取出的所谓"插件"。插件通常被设计成能够去除油脂、垃圾、残渣和沉淀物质，插入到集水池中使用，提高雨水口的效能。维护时可把插件取出，清理插件内捕集的污物。目前报道已经有多种不同形式的插件可放置在雨水口集水池中用来处理径流。最简单且容易实现的插件是带漏网的垃圾桶，当漂浮物经过雨水箅进入雨水口后，可以收集至垃圾桶内。再比如还有一种基本的插件形式是由一组托盘构成，最上面的托盘用于沉淀物质捕集，而下面的托盘则由过滤材料构成。插件的另一种基本构型则是用过滤织布来去除径流中的污染物。织布材料可以做成漏斗、水杯、水袋等形状来收集雨水然后再滤出。织布材料可以直接利用雨水箅来支撑，也可以固定在专门的塑料框架或金属网上，框架和织布共同构成插件。还有的插件就是一个直接放入雨水口内的塑料箱，箱内放有过滤用的介质。雨水流经箱体时，部分有机污染物被去除，垃圾、沉淀物质则被截留在箱体中。以上这些类型的插件与雨水口集水池相比，体积要小得多，但需要较为频繁地清理。目前，国外已经有不少商业化的雨水口插件可供选择使用。

另外一类对雨水口进行改造的原理是将入渗作用纳入进来，即允许雨水从集水池底部下渗。当然这种做法需要考虑两个问题，一个是潜在的地下水影响，另一个则是影响下渗效果的堵塞问题。因此不建议将入渗式的雨水口用于商业区或工业区，主要是出于对地下水污染的担心。而为了预防集水池底部被堵塞而影响下渗，需要在使用这类雨水口时再加入一些预处理的措施。

3.3.2 适用条件和优缺点

改装雨水口的措施可以大范围使用，并且合流制和分流制管网均适用。

添加雨水口插件的做法，不论是对新建区域还是在管网改造项目中采用，都是适宜的，其限制条件主要是用地是否允许。如果原来的雨水口体积或形状不合适，添加插件可能会涉及土方开挖等改造工作。

雨水口内添加插件，其根本目的并不是控制径流总量或者削减峰值流量，主要还是用作径流水质的预处理。如果插件采用的是聚丙烯材料的过滤织布，那么比较适用于去除石油烃类化合物。也可单独或联合使用其他的过滤材料，用于去除更多类型的污染物。

雨水口改装措施的实施，面临的主要不足有：即使是设计合理的雨水口，与其他工程性措施例如砂滤池、湿式滞留池、雨水湿地等相比，处理能力有限；如果维护频次不够，雨水口可能会因为出现再悬浮现象反而成为二次污染源；雨水口改装的各种措施对于去除溶解性污染物或者细颗粒来说效率普遍不高。

3.3.3 设计要点

雨水口的表现跟集水池的体积，尤其是出水口高程以下的存储体积，密切相关。Lager（1997）等学者提出了对雨水口尺寸的"最优"要求，主要是以出水管管径 D 为基准来确定，包括：雨水口的内径应相当于 $4D$；集水池深度至少达到 $4D$，如果不能保证足够的清理次数或者汇水区域内沉淀物质负荷高，那么深度还要进一步加大；出水管管顶到雨水进口处的距离应为 $1.5D$ 等。

雨水口雨箅的放置方式会影响其漂浮物去除率。例如，雨箅开口与水流流向平行可使水流从水力学上达到最优，但此种方式可能会给骑自行车的人带来不便。

新建区域的雨水口基本设计中，条件允许的话，建议把安装铁罩作为标准配置。

雨水口插件目前尚没有通用的设计方法可参考，一般是考虑现有设施和场地雨水口形状特点来进行定制。

3.3.4　运行维护要点

通过改装雨水口来控制漂浮物和沉淀物的能力最终取决于雨水口和集水池的日常维护与清洗。有研究指出，雨水口能捕集的沉淀物质体积最多是集水池体积的 60%。超过这个限值，雨水井就达到稳态了，再多的雨水反而会造成沉淀物质的再悬浮。因此，如果维护不当，雨水口的处理效果将大大降低。大多数雨水口至少应每年清洗两次，但经过改装的雨水口最好是在每次降雨后都能够进行清洗和维护。清洗可采用手动或真空清洗方法。

雨水口插件的安装主要是将其固定在现有的雨水口上。其运行维护工作重点是考察插件的实际能力，例如是否填满了沉积物，以及检查插件是否固定良好。有些插件是带有旁路设计的，可通过检查是否存在过多的旁路溢流来判断过滤材料是否需要清洗。如果过滤织布上有破洞或者被刺穿，也要及时予以修补或者更换。由于雨水口插件主要是用来去除沉积物和垃圾残渣的，因此加强街道清扫能够提高插件的使用寿命，还能降低维护频率。

3.3.5　效果与成本

关于雨水口的效果，相关研究并不多。Pitt 的研究结果是雨水口能去除 32% 的 TSS；Aronson 等人提供的监测数据表明，小雨量条件下雨水口对 TSS、COD、BOD 的去除率可达到 60%～97%、10%～56%、54%～88%。

美国纽约市有改装雨水口的应用案例，安装了铁罩的雨水口可以拦截 85% 的漂浮物，而没有罩的仅能拦截 30% 的漂浮物。

雨水口内插件的价格，与其具体功能相关。根据美国的数据，最简单便宜的插件仅相当于建设典型的普通雨水口成本的 20%，而设计复杂精细的插件则可以达到雨水口造价的 3～4 倍左右。

3.4　漂浮物与固体物质筛除措施

3.4.1　基本功能

漂浮物与固体物质的筛除措施主要是针对大粒径固体以及漂浮物的去除。根据措施使用的具体地点的不同，可分为三类，包括用在漂浮物与固体物质产生的源头处、放在溢流污水排放口处，以及放在受纳水体上。前文介绍过的雨水口改装措施中，曾提到的加铁罩措施，就是用在漂浮物产生源头的控制措施，本节不再赘述。其他常用的漂浮物控制与固体物质筛除措施还包括挡板、格栅、网袋、漂浮围栏、撇渣船等。根据这些措施的具体使用方式，它们可以作为其他径流污染控制措施如调蓄设施和旋流分离装置的预处理手段，也可用于管网的末端处理。

1. 挡板

挡板是一种简单有效的漂浮物控制措施，常安装在合流制管网的流量调节器处或调蓄设施的出口处。一般由立式钢板或混凝土梁构成，从管道上方延伸到调节堰上方（见图3-4）。当发生溢流时，漂浮物被挡板拦截，水流可从挡板下方通过。随着降雨的减小，水位降至挡板底部以下，漂浮物随水流运输到下游污水处理厂。

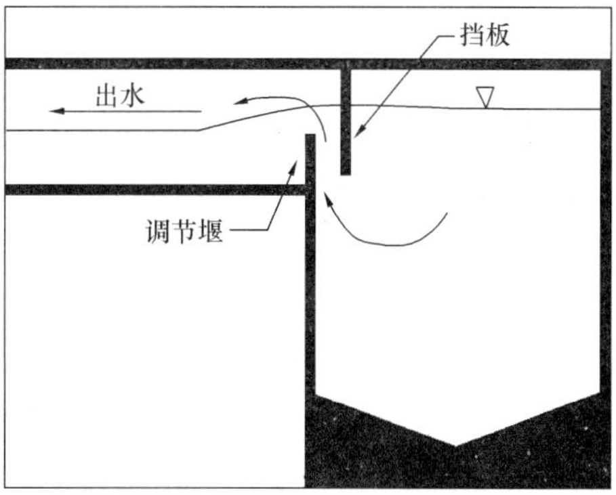

图 3-4 挡板示意图

2. 格栅

格栅是一种去除溢流污水中漂浮物和固体物质的经济、有效的方法。能够去除的固体和漂浮物的数量、尺寸与格栅的类型和栅条的间隔大小有关。将固体物质从污水中去除的机理主要为，直接滤除比格栅间隔大的固体物质，或利用已经堆积在格栅上的固体物质拦截体积更小的物质。格栅通常分为粗格栅和细格栅两种，均可用在溢流污染控制中，不同类型的去除率不同。经过格栅的污水一般还应加以消毒后排放到受纳水体。经格栅筛除的残余物通常无害，可采用填埋或焚烧方法予以处置。

粗格栅通常由平行的直立栅条组成。在合流制管网溢流污染控制和处理过程中，常用做系统的初级处理设施。格栅一般与地面呈垂直或与垂向成30°角放置，需定期进行清洗。用于溢流污水处理的格栅有3种类型：拦污栅、手动清洗格栅、自动清洗格栅。拦污栅的间隔较为粗大，一般是4～8cm，只适合于从污水中分离出体积非常大的固体物质。常放置在合流管和截流管交汇处来避免管道堵塞，保护泵的正常工作。因为无论旱季还是雨季都有污水流经格栅，所以必须每天清洗。手动清洗格栅的栅条间隔一般为2.5～5.0cm，格栅放置时应与垂向成30°～45°角，其下放置多孔板便于排水，随后再将漂浮物手动清除。自动清洗格栅的栅条间隔一般为1.0～2.5cm，可竖直放置或与垂向成30°角，会定期自动清除格栅上堆积的固体物质，常见的类型有链条驱动、爬坡耙和悬链型。链条驱动型格栅的缺点是其链轮和轴承位置较低，所以容易浸没在污水中造成堵塞、磨损和腐蚀。爬坡耙型格栅则不带有浸没在污水中的部件，因此不易造成堵塞、磨损和腐蚀。悬链型格栅也使用链条来驱动，但所有的链轮、轴承和传动杆都在污水水位之上，因此减少了损坏以及日常维护的工作。

细格栅常用在粗格栅之后，从污水中去除粒径更小的固体物质。常用的类型包括固定型和旋转型。固定型细格栅开口通常为水平或圆形槽，间距为0.02～1.0cm，采用不锈钢凹形构型，放置时坡度大约为30°。旋转型细格栅包括内、外格栅和鼓轮，旋转直径为0.5～2m不等，开口为1mm，可去除所有的大块固体物质和漂浮物。

3. 网袋

控制溢流污水的网袋系统的工作原理是依靠出水的动量将漂浮物送入网袋中，一般安装在溢流管的下游部位。实际使用中主要有3种构型，包括漂浮式网袋、置于管网末端的网袋以及设置在管线内的网袋，其布设和安装方法与现场情况有关。

网袋的主要功能是去除漂浮物，但研究表明，对其他污染物，如悬浮固体也有一定的去除效果。使用中需定期换网以防止臭味。若网袋是放置在受纳水体中的，则无法实现就地消毒。网袋放置在管网内的话，则可以与消毒单元搭配使用。

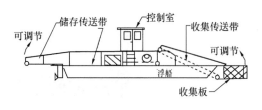

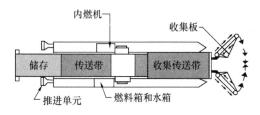

图 3-5　典型撇渣船的立面与平面示意图

4. 漂浮围栏

漂浮围栏是一种漂浮式结构，目的是拦截漂浮物，还可通过设计达到吸收油脂的作用。通常放置在受纳水体中临近排放口的位置。降雨发生后，拦截的固体物质可手动去除，或采用真空车、撇渣船去除。

5. 撇渣船

撇渣船是一种特殊的船式结构（见图 3-5），主要收集已经进入到受纳水体的漂浮物残渣，包括拦截在漂浮围栏内的漂浮物。撇渣船通过传送带上的移动格栅将漂浮物带到船板上，或将大型网降至水面下以捞取漂浮物。当溢流污水的排放去向为湖泊、海港和海湾时，可考虑使用撇渣船。

3.4.2　适用条件和优缺点

首先简单比较各种漂浮物控制措施的建设成本、维护难度以及漂浮物捕集效率，如表 3-2 所示。

不同的漂浮物控制与固体物质筛除措施比较　　　　　表 3-2

措施分类	建设成本	维护难度	漂浮物捕集效率
雨水口加铁罩	低	中	中
挡板	中	低	中
格栅	中	低	中
网袋	中	高	高
漂浮围栏	高	中	高
撇渣船	高	中	中

带罩雨水口的措施可以大范围使用，并且合流制和分流制管网系统均适用。

挡板的适用范围广泛，可以用于合流制排水系统中。

格栅是一种物理处理方式，因而其只能去除直径大于格栅开口的固体物质。格栅可以有效地去除漂浮物，但不能去除大量的悬浮物质，去除细颗粒的效果相对较差。若想去除悬浮物质和耗氧物质，需要在格栅下游增加其他的处理设施。不同类型的格栅中，自动清洗格栅是一种相对简单、价廉、有效的方式，被大量用于合流制管网溢流处理中。旋转型细格栅也有不少成功的应用案例。

是否选用网袋系统作为漂浮物控制措施，取决于峰值流量、最大流速和污水中的漂浮物含量。管线内构型的网袋适用性很广，可应用于绝大多数合流制系统。漂浮式的网袋更适合于排向湖泊、河口以及感潮水域的排放口或临近水面的地方。因为漂浮式网袋主要收集进入受纳水体的漂浮物，所以可能会影响景观。尽管网袋系统的任一种构型都可以用于绝大多数出水口，但仍应考虑具体的安装选址问题。所选位置应是运输车辆可以通达的，同时方便维修人员进入的地方；对于漂浮型网袋，要考察枯水季节的最低水位，保证其正常运行；在网的支撑结构和浮筒周围不能有突出的岩石或硬物；不能布设在航道上；应该选择没有强对流、剧烈波浪运动和疾风的地方。网袋可以用在各种天气条件下，包括霜冻季节。即使地面已结冰时发生了溢流，在冰下漂浮物也可以进入网袋中，整个网袋系统也能确保完好无损，并可以将漂浮物保存直至冰层融化。当溢流污水排放速度超过 2m/s 时，可以在溢流出口使用高速网袋进行拦截，比普通网袋成本略高。

漂浮围栏的使用需要考虑场地情况，其设计和安装固定都会受到现场具体条件的限制，如受纳水体的流速、溢流污水的流速等。尽管围栏由于其漂浮状态可以适应水位的波动，但河流流动和风力作用可能会使其偏离原位。漂浮围栏在冬天结冰时可能无法正常使用。

撇渣船主要用于清理大面积的开阔水面，可以收集来自合流制管网溢流、分流制雨水管出水中的漂浮物。

3.4.3 设计要点

1. 采用挡板时考虑的因素

挡板的结构、尺寸设计与污水流速、漂浮物量有关。如果将大范围安装挡板作为管网系统改造的措施，必须保证管网结构变化后水头损失要尽量小，并且流速还应适宜捕集漂浮物质。

2. 格栅的设计

国外经验表明，合流制管网溢流控制中格栅的负荷通常为 $3.70 \times 10^{-9} \sim 8.23 \times 10^{-8}$ m³/L，相应的峰值流量与小时流量比值范围为 2:1～20:1。水流通过栅条后会有一定的水头损失。水头损失会因栅条堵塞而增大。根据国外的经验，粗格栅上游来水的行进流速应至少为 0.4m/s，才能保证沉积作用最小；同时流经栅条的速度应小于 0.9m/s，防止固体被压在栅条上。自动清洗格栅可向清洗装置发送信号以启动清洗程序，从而保证通过格栅时的水头损失被控制在 15cm 以内。流经洁净栅条造成的水头损失可由公式（3-1）估计：

$$h_{\mathrm{L}} = (1/0.7) \times \left[(V^2 - u^2) / 2g \right] \tag{3-1}$$

式中　h_{L}——水头损失（m）；

　　0.7——湍流损失的经验排放系数；

　　V——流经栅条开口的流速（m/s）；

　　u——上游渠道的行进流速（m/s）；

　　g——重力加速度（m/s^2）。

　　格栅设计时还应考虑以下因素：

　　（1）在格栅前后都可能有砂砾沉积。必须要有去除砂砾的方法，如配备真空系统、高压水枪或喷水系统等。对格栅出水中的砂砾和淤泥进行分离、冲洗和脱水时可以使用砂砾分级器。粗格栅的移动部分最好都在水位之上。带铁丝网或穿孔板的细格栅很容易堵塞，而且不易清洗；可采用塑料网板，既能防堵塞又容易用喷水系统清洗。

　　（2）配置格栅的数量一般与排水系统的类型、使用时间、降雨间隔时间、降雨强度、流经格栅的水流流速和格栅间隔等因素有关。

　　（3）其他因素还包括：需要有备用的格栅确保设施应对峰值流量。在渠道上安装停止槽或滑动门可使水流与格栅分离，方便进行维护。在格栅周围安装护栏保证人员安全。

3. 网袋系统的设计

　　网袋系统常被用作预处理单元，整个网袋系统的服务期可考虑为 20 年。网袋系统的设计要考虑峰值流量和水流中的漂浮物含量，可根据应用场地的不同情况而灵活设计。通常情况下应考虑平行使用 2 套网袋。标准的网孔材料采用无结的合成编织物，可对其进行拉伸以适应出口尺寸。一般要在周边设置防护栏对网袋予以保护。

　　已拦截漂浮物的网袋可采用多种方法从系统内移除。例如，可通过起重装置予以捡拾，然后进行处置。或者让其随水流漂出，再用撇渣船或工作船捞出。美国纽约市就安装了轨道起重装置和推车，方便将网袋运输到附近的垃圾箱内。而用于更换网袋的起重机臂必须能够从排水口进入到安装网袋的位置。

4. 漂浮围栏的设计

　　围栏的尺寸可以根据一次降雨发生时预计排入的漂浮物量来确定。在设计、安装漂浮围栏时需要考虑所在场地的条件，如地形和水流速度等。

5. 撇渣船设计时考虑的因素

　　撇渣船在设计安装时需预先估算去除漂浮物的量以及平均水位高度，以确保去除效果。

3.4.4　运行维护要点

　　挡板的效果依赖于流量调节器和调蓄设施的设计。可以对挡板加以改造来适应系统中的调节器。许多情况下，挡板安装后不易调整，增加了维护的难度。但挡板相对而言需要的维护较少，仅需要定时清理沉积物。

　　格栅的运行控制方式通常有三种：手动启停，利用计时器控制实现自动启停，利用压力差实现自动启停。例如，当水流进入格栅渠或格栅渠的水位达到一定高度，通过远程传感启动自动清洗格栅。当格栅由于油污或初始冲刷效应而出现堵塞时，应及时清理保证其水头损失最小。用于调蓄设施时，调蓄池出流堰的回水在格栅渠会形成静止的沉淀状态，因此对格栅渠要进行冲洗或反冲洗。鉴于溢流污水的间歇排放特征，格栅的喷水系统应该定期工作，防止固体物质附着在格栅上而增大水头损失。细格栅应该使用高压水、蒸汽或化学试剂清洗。定期对格栅进行检查，确保其链条、滚轴处于润滑状态。细格栅的耳轴受力较大，是最不稳定的零件，应对其进行及时维护。

网袋系统的维护工作主要包括移除旧网袋、安装新网袋、清理垃圾、检查吊杆浮筒等，还要定期对网袋系统的支撑结构进行调整。网袋系统维护工作量的大小取决于管网溢流发生的频次、溢流量、漂浮物体积、水质以及网袋本身的质量等因素。对网袋的检查和更换应该定期进行，一般是3次溢流事件发生后，但不应长于1个月。在有些案例中，网袋每年需要更换30~60次。多数情况下，在网袋变旧、发霉之前就需要更换，而不是等到网袋装满。对单个网袋系统维护1次，大约需要30min到2h，与网袋的个数和大小有关。

漂浮围栏的维护难度适中。在每次降雨发生后都需要进行清理。

撇渣船的运行需要有一定的专业技能，一般需要2个工作人员，不宜在大风、前方有其他船只、强对流天气或结冰时使用。同时需要注意船身吃水深度和水位情况。

3.4.5 效果与成本

美国的哥伦布市通过在其污水管网中安装挡板来控制溢流污染。在每一个溢流排放口上安装混凝土挡板，在雨季可以有效地拦截绝大多数漂浮物，高效经济。挡板的基本建设成本与其结构、尺寸和设计流量有关。管道增加的挡板通常采用不锈钢或铝材；混凝土价格相对低廉，但对于新建工程通常不适用。如果涉及对管道结构的大规模改造，在排放口加装挡板的成本可能会大幅增加。

格栅对于漂浮物的去除率随固体物质尺寸的增加和间距的减小而增大。格栅的去除率与其设计尺寸密切相关，对SS的去除率在25%~90%之间。加拿大有应用实例，6.35mm间距的格栅，其漂浮物去除率达到了80%。德国案例表明，旋转型细格栅对漂浮物的去除率可达42%，且河岸附近未出现明显固体。格栅的成本与以下因素有关：格栅尺寸、清洗机制（手动或自动）、材料（铁或不锈钢）、流速、工程为新建还是改建。成本中主要包括基本建设成本、运行维护成本、处理处置所拦截的固体废物的成本等。

实践证明网袋的去除效率可达到90%。在美国纽约和新泽西开展的两项示范工程，其去除效果如表3-3所示。网袋系统的成本根据其构型不同而有所不同，除网袋系统本身的造价外，还要考虑配套的垃圾收集和处置费用。运行费用主要包括网袋的更换、漂浮物处置等。

漂浮物控制网的效果 表3-3

示范工程	降雨量 (cm)	峰值流量 (m^3/s)	峰值流速 (m/s)	合流管溢流排放量 (m^3)	漂浮物捕集的总重量 (kg)	去除效率 (%)
Saybrook	0.65	6.29	3.40	93508	781	93
Saybrook	1.30	7.01	3.30	257640	2074	94
Peddle	0.65	28.07	0.94	206967	4629	97
Peddle	1.30	24.08	1.25	817910	8760	97

漂浮围栏的去除效率大约在60%~90%。其成本主要包括安装、运行维护成本，包

括漂浮物的处置费用。

华盛顿有撇渣船的应用实例，漂浮物的年去除量为 400t。撇渣船的成本较高，费用涉及初始投资、漂浮物装卸运输及处置、船的维护和保养、燃油支出等。撇渣船的维护成本也很高，需要大量的机械维护工作和专业人员投入。

3.5　合流污水调蓄设施

3.5.1　基本功能

在管网系统中建设运行存储调蓄设施，是控制降雨径流污染的一种主流处理技术，技术成熟、效果好。存储调蓄可以针对合流制管网，主要目的是控制混合污水溢流问题，即使用合流污水调蓄设施，本章节予以重点介绍；亦可以针对分流制雨水管网，使用雨水调蓄设施，详见后续其他章节。对合流制管网溢流进行存储调蓄的工作过程一般是，在降雨期间利用调蓄设施收集存储部分混合污水，然后在降雨停止后，再将先前存储的混合污水缓慢地输送至排水管道、泵站或者污水处理厂。许多合流制管网系统在雨季时会出现流速过大的情况，使用调蓄设施还可以削减峰值流量。但调蓄设施的建设往往需要较大的占地面积或地下空间，投资也比较大，常常成为其推广应用的主要限制因素。

根据合流制系统中调蓄设施的运行模式，可将其分为在线调蓄和离线调蓄两种。在线调蓄设施在旱天和雨天都处于运行状态。而离线调蓄设施则仅在降雨事件发生时接收入流，等到旱天再排出。在实践应用中，大多数调蓄设施采用的是离线形式。根据存储污水的具体位置不同，调蓄设施的形式又包含有管道调蓄、调蓄池调蓄、隧道调蓄、洞穴调蓄等多种情况。

1. 管道调蓄

典型的管道存储调蓄是指通过新建污水管道或者管渠，采用直线型的结构来提供存储能力。建设与现有管网平行的溢流排水渠或用更大管径的新管替代旧管等做法，都可以实现管道调蓄。建设溢流排水渠或扩建管道的工作与安装新管道类似，可使用传统的开挖技术或非开挖技术。其中非开挖技术对周边环境的影响和对地表的破坏更小，后续章节中有更为详细的介绍可供读者参考。管道调蓄设施既可以设计成是在线运行的，也可以采用离线形式。其实管道调蓄和隧道调蓄的本质是类似的，不过管道的存储能力在设计时相较于隧道更为灵活，可大可小。管道调蓄与隧道调蓄相比，另一个主要的区别是调蓄管道的埋深远比隧道要小，避免了水头的显著下降。

2. 调蓄池调蓄

调蓄池是最常用的合流污水调蓄设施。可以按其工作模式是在线还是离线分为在线调蓄池和离线调蓄池两种。

在线调蓄池又称管线内调蓄池。除了在现有管道中设置流量调节器使存储功能实现最优化（详见前文）和建设在线运行的调蓄管道外，通过新增在线调蓄池提高存储容量是又一种常用的在线调蓄技术。管线内的调蓄池可以在雨季削减洪峰，储存污水。旱季时污水流过在线调蓄池；当雨天的雨量超过设计峰值时，调蓄池内的流量调节器先通过限制出流来填满调蓄池，而超过调蓄池容积的水则将被运送到下游的污水处理厂进行处理。

离线调蓄池通常采用封闭或敞开的混凝土结构，一般设置在合流污水溢流排放口附近，典型的近地表调蓄池会建设在截流设施下游。之所以称为近地表调蓄池（near-surface storage），是指设施的建设深度可以采用传统的地面挖掘技术来实现，这一点与隧道调蓄（参见下文）有较大差异，因为调蓄隧道（deep tunnel storage）一般会设置在较深的地下。旱天时，污水不流经调蓄池；雨天时，雨污合流水在重力作用下或泵的抽提作用下被导入调蓄池，通过将合流雨污水存储在近地表建设的离线调蓄池中，以降低溢流次数和频率；当来水量超过调蓄池的容量时，池体的溢流结构将多余的水流导向受纳水体；当雨天结束后，管网输水能力恢复正常，储存的污水被送入污水处理厂。当无法采用在线调蓄或在线调蓄不能完全满足溢流控制要求时，离线调蓄池就成为重要的溢流控制措施。

离线调蓄池可作为单池使用，也可多池联用。图 3-6 是离线调蓄池在单池或多池条件下的工作原理示意图。多池联用时，可采用顺序流模式或并流模式。初始冲刷效应明显时，多池联用对污染物控制效果更显著。多池联用还有一个好处，可以在单池进行维护的同时，仍能保证调蓄功能的实现。

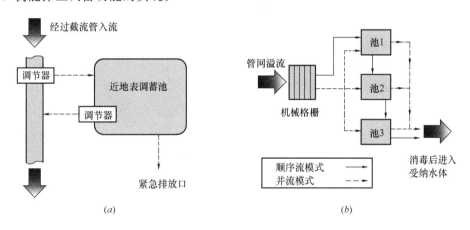

图 3-6 单池（a）和多池（b）模式的离线调蓄池工作原理

去除固体物质和漂浮物质以及对出水进行消毒是调蓄池的通用功能，因而调蓄池上一般都设有格栅和消毒装置。有些调蓄池在设计中会考虑设置对降雨初期污水的收集功能。大部分离线调蓄设施由于沉淀作用的存在可起到一定的处理效果，但其主要功能仍然是削减峰值和储存。

如果离线调蓄池在设计时考虑了沉淀功能，即通过设计让调蓄池起到对污水初级净化的目的，此时又被称为调蓄沉淀池。调蓄沉淀池在利用其池容达到最大存储量的同时，对超出池容流经设施的混合污水还可以提供沉淀处理。这样设计出的调蓄沉淀池，根据实际情况，有时也可以考虑将调蓄池处理过的水直接排放到受纳水体而不必再送入污水处理厂。调蓄沉淀池对于溢流污染控制的总体性能则取决于经存储后返回到污水处理厂的

CSO 负荷与设施中经沉淀处理后排放负荷的相对大小关系。

3. 隧道调蓄

隧道调蓄主要是指在地下建造大型隧道对雨污合流水或雨水进行暂时储存，削减峰值流量。储存的污水在雨季过后运往污水处理厂，恢复隧道储存能力。隧道调蓄的方式具有储存容积大，对地表的影响小等优点。而且隧道除了具有存储能力外，还有一个好处是可以提供额外的污水转输能力。但是隧道调蓄设施的地下施工较难，还需要加固和连续维护，一旦发生渗漏可能会影响地下水和周边水体。

4. 洞穴调蓄

利用天然洞穴经过人工扩容改造后建成存储调蓄设施，在国外也有一些成功应用的案例。显然，这种形式的调蓄设施只可能在一些特定的地形地质和管网条件下才能得以建设和使用。

3.5.2　适用条件和优缺点

在线调蓄池的优点包括：与其他调蓄方式相比成本较低；有助于管网现有能力的最大化，一定程度上可以减少其他控制措施的使用；能削减雨季峰值流量，使进入各处理设施的负荷均衡化；减少溢流发生次数；还可以与其他管网修复措施一起配合使用。但也存在一些缺点，如很难建造大型的在线调蓄池，不可能实现合流制管网溢流的完全控制；仍然存在内涝风险，容易发生地下室淹水和道路积水；根本目的是调峰，因此对污水无处理效果；可能造成流速减缓，加速沉积物或碎屑的沉积，反而导致储存空间的减少。

离线调蓄池是合流制管网溢流污染控制措施中最常用的一种，尤其是在单点上需要控制较大流量时，因为它的成本相对较低，对于不同地形的适应性也较好。它常用于管网现有储存能力已经实现最大化之后的溢流污染控制。当在线调蓄设施无法使用时（如考虑到下游管网的水头损失），通常可考虑使用离线调蓄池。

隧道调蓄技术通过在地下建造大型隧道存储、运输雨污水，主要用于合流制管网，但在分流制系统中也有一些成功应用。隧道运行时几乎不受地表影响，可提供很大的存储调蓄容量，因此适合于拥挤的高密度区域。但在建设时需要考察场地的地下条件，如土壤成分、岩石结构、地下水水位等，明确其适宜性。国内外的案例表明，选择隧道存储的主要原因往往是由于缺少建设地表调蓄设施的场地，或者公众对于在地表设置污水设施难以接受。

3.5.3　设计要点

1. 在线调蓄池设计时考虑的因素

由于在线调蓄池的存在影响到了管网的流动状态，为此设计时要考虑的一个重要因素就是确保管网最低流速，以便能将沉积物冲刷进入污水处理厂。此外，由于在线调蓄池最主要的作用是削减峰值而非处理，与离线调蓄池和隧道调蓄（见下文）等方式不同，在线调蓄池基本可以不设置消毒设备，也不需设置直接排向受纳水体的溢流口。

2. 离线调蓄（沉淀）池的设计

在设计离线调蓄池之前，需要对排水系统的运行条件和状况进行评估。要开展评估工作，首先要收集降雨强度、历时、频率信息，监测记录管道流量、水位数据，考察设施安装场地的情况，监测受纳水体水质，以及构建相应的排水系统数学模型。离线调蓄池的使用同样也改变了下游污水处理厂对于合流污水原有的接纳和处理模式，因此在设计时需要考虑与污水处理厂处理能力的协调。离线调蓄池的设计同时需要确保所储存的污水不会发生腐臭，必要时应考虑池内的充氧。还要保证沉积的固体物质及时得到清除，可以使用水力冲刷或机械刮泥机。超过调蓄池储存能力的溢流污水则需要进行消毒才能排放进入受纳水体。具体的设计要点如下。

（1）池容设计准则与计算方法

开展调蓄池体积计算之前的一项重要工作是确定池容规模的设计准则。根据不同的CSO控制目标，存在不同的设计准则。典型的设计准则包括[85],[86],[87],[88],[89]：

1）按照指定的最低处理要求来确定容积。一般来说，对于CSO控制设施，最低处理要求往往是指实现一级处理，即类似于污水处理厂的初沉池那样来设计调蓄（沉淀）池。这就意味着从颗粒物沉淀速度出发，用表面负荷和停留时间来决定池的尺寸。根据美国的经验，初沉池表面负荷的取值参考范围如下，对于平均流量在 $32\sim48m^3/(m^2 \cdot d)$ 之间、峰值流量在 $80\sim120m^3/(m^2 \cdot d)$ 之间的情况，停留时间的取值范围则在 $1.5\sim2.5h$ 之间。由于一般情况下混合污水中的重颗粒物比例高于分流制系统中的污水，所以直接参考污水处理厂初沉池的设计参数往往会偏于保守。如果能通过现场实验确定待处理混合污水的颗粒物沉淀速率分布，将有助于在设计中采用更为合理的表面负荷值。由于溢流控制设施经历的流量高峰过程一般会比污水处理厂入流过程更为尖锐，所以与污水处理厂初沉池设计不同的是，调蓄沉淀池的设计应该更为关注峰值流量条件而不仅仅是流量的均值大小。可以用峰值出现前后的进水总量来校核调蓄沉淀池的总池容。

2）按照水体水质达标的要求来确定池容。采用这一设计准则，要求先根据受纳水体的纳污能力和流域中污染负荷分配方案推算出混合污水中污染物的削减要求。也就是说，按照受纳水体达标或者水质改善的需求来确定合流制排水系统的最大允许排放负荷，进而折算成对溢流污水的控制要求。也有的国家，例如德国和日本，则直接要求合流制系统的排放负荷必须降低到与分流制系统相当的水平。将负荷削减要求转化成池容设计的控制要求时，不同的国家也有不同的做法。例如，美国在实践中则往往转化成对截流比例的要求。对于离线调蓄池而言，截流比例有时可以用来指示单个调蓄设施所截获的现状溢流量的百分比；但一般情况下，截流比例是指所能截流的合流制系统中雨季流量的百分比，即截流比例的取值是针对整个排水系统的长期平均水平（例如全年平均）而言的，并且假设所截获的混合污水最终全部都会进入到污水处理厂得到处理。有了截流比例的要求，就可以根据该值大小计算出排水系统所需增加的调蓄容量了。而我国排水系统相关设计规范中采用的截流倍数概念，跟此处的截流比例之间有着较为明确的数量转换关系。类似地，我国规范中则给出了根据增加调蓄池前后截流倍数的差异来进行池容计算的方法（截流倍数计算法，用于计算针对合流制排水系统控制径流污染的调蓄池的有效容积），并指出调蓄池建成后的截流倍数应根据污染负荷目标削减率、当地截流倍数和截流量占降雨量比例之间的关系求得。而德国和日本则结合本国的降雨特征、旱季污水浓度、雨水浓度、雨季污水处理厂排放标准等情况，将负荷削减要求直接转换成了汇水区单位面积所需调蓄容量的经验公式，即采用池容当量法来开展设计。

3）按照初雨的截流要求来设计池容。很多 CSO 污染控制设施，是按照能够在降雨事件发生过程中截获初始阶段含有更高浓度污染物的混合污水来设计的。如果采用这一准则来确定池容，关键是要明确"初雨"的定义和浓度限值，进而才能计算出所要截流的水量以用于指导设计。此时所设计的调蓄池甚至被称为初雨调蓄池。由于不同场次的降雨所表现出来的初雨效应都有所不同，因此要量化初雨效应，从整个降雨过程中划分出初雨的历时，则必须采集足够多的能覆盖多种降雨强度和历时的监测数据。对初雨效应的特点了解越深入，就越有可能用更小的池容来获得相同的污染物去除效果，从而提高调蓄池的成本有效性；反之亦然。美国在设计初雨调蓄池方面积累了不少经验，所采用的初雨水量估算方法较为简单。具体过程是，首先将旱季污水中的 BOD、TSS、VSS 浓度作为基线；降雨过程中对上述污染物指标和流量进行连续监测，并绘制流量和浓度的时间过程线；找到从污染物浓度开始超过基线值不断升高到达其峰值然后逐渐下降直到恢复至基线值的阶段，这一阶段被认为是存在初雨效应的时段；所对应的流量过程线进行曲线积分就可以获得初雨总量。

4）按照要减少的溢流事件次数来确定池容。按此准则开展设计计算，必须明确定义什么是"溢流事件"，常采用的界定标准可以是发生了未经处理的溢流，发生了未达到预期设定的处理要求的溢流，或者发生了经过处理的溢流。不同的定义首先决定了是采用仅提供存储功能的普通调蓄池还是流过式的调蓄沉淀池。与之相关的问题还有，超过设计标准的降雨是让其发生超越还是流经设施从而获得低于设计条件下的处理效果。以上考虑决定了池容计算的基本假设。按照降低溢流频次的要求来开展设计，必须得有能够连续模拟降雨—径流—溢流过程的模型支持。通过模型模拟各种条件下的降雨，建立起溢流次数与截流量之间的数量关系（实践证明，对于采用调蓄技术来进行溢流控制的地方，二者之间确实存在较好的数量关系），进而将溢流次数控制转化成截流比例控制，然后就可以确定调蓄池体积。常用的模型包括 SWMM、STORM、HSPF 等。其中，SWMM 多用于模拟城市降雨径流过程和合流制排水系统。

（2）池体构型与池底构型

矩形池的建设和维护成本最低，是最常见的调蓄（沉淀）池构型。在矩形池的尺寸设计中，根据美国一些具体案例的统计，长宽比大致在 3～6 之间。圆形和八边形池虽然成本较高，但优点是可以通过其特定构型实现对沉积物质的自动清洗。

由于有些离线调蓄池的设计中还要考虑沉淀处理，此时建议将池的内部设计为多个隔间，初雨阶段的混合污水可以储存在一个或多个隔间内，以提高固体物质、BOD 以及营养物的去除效果；其余水流进入随后的隔间。在某些情况下，经过沉淀的调蓄池，其出水可以跳过污水处理厂的初沉设施直接进入后续处理单元，甚至可以考虑直接排入受纳水体而不进入污水处理厂。

合理的池底构型可以让沙子、淤泥等沉淀固体的清理更为高效。矩形池有三种常用的池底形式可以选择：平底、平行纵向槽和单条连续槽。平底最易建造，但需要机械方式去除沉积物，建议平底池底部坡度最小为3%。如果采用的是平行的纵向挖槽，可将多条槽串联起来，以方便将固体沉积物运出调蓄池。采用单条连续槽的调蓄池同样也具备了一定的自我冲洗功能。但是如果想让沉积物得到彻底清除，经验表明一般仍然需要有辅助的冲洗装置。

（3）入流方式和入口类型

来水可以依靠重力或者水泵的抽提作用进入调蓄池，需根据调蓄池跟管网系统、受纳水体的相对高程还有当地的地形来确定具体的进水形式。重力流是优先选用的方式。对于圆形池，入流还有中心入流还是从边缘切线式入流的不同方式，后者在欧洲使用更为普遍。

根据调蓄池是否设计有去除固体的沉淀作用，入口类型的选择也有所差别。如果需要去除沉淀物，应该减小流速（如使用挡板）来避免沉淀固体的再悬浮。如果不希望固体物质沉淀，可以通过设计在入口处产生涡流和环流的水力条件，以保证固体物质处于悬浮状态。

（4）排水能力和出口类型

一般要求调蓄池的排水部件能保证池体在24～48h内排空。实际运行中的排空时间设定值则要根据截流系统和污水处理厂当时的流量状况来确定。如果池体中有多个分隔，要能够实现不同隔间按序排水的功能。

调蓄池的出口结构要与下游设施匹配，最好让出口保持恒定流速以减少对下游设施的影响。可以使用固定孔口、调节闸门、泵或其他流量调节器来控制出流。常用的方式包括固定孔口放水、流量限制泵和溢流堰，流量容易计算，设计简单。当地形不适合重力流或需要更多的运行控制时，常用泵对调蓄池的出水进行调节，但泵最主要的缺点是其运行维护更换成本高。在设计时，可以对入流用泵提升出流借助重力的方式和入流靠重力出流靠泵的方式加以评估比较，选择更适宜的做法。如果采用闸门系统，由于一般会有许多可移动部件，需要相应仪表装置，其运行和维护都比较昂贵。但是如果能采用远程控制闸门，可以更方便地控制调蓄池的出口水流。德国大量使用了浮动式闸门，在大流量降雨事件发生时限制出流，保证排出流速恒定。还有一种漂浮式的自动调节出口系统，通过漂浮在水面，确保调蓄池出口处的水位恒定。出口部分通常都要配备流量监测装置。

（5）冲洗装置

冲洗装置的目的是在设施运行过程中辅助处置沉积的固体物质，以及在设施启动前完成总体清洁工作。由于调蓄池是间歇运行的，因此在两场降雨之间保持设施的清洁以维持设施的正常存储能力和缓解臭味问题，是非常重要的。调蓄池沉积物冲洗装置的类型一般包括喷嘴系统和冲水系统。喷嘴系统又包括移动式喷嘴和固定喷嘴，而最常用的两种冲水系统则是翻板门冲洗和翻斗式冲洗。翻板门系统通过水动翻板门放水，将池底的沉积固体冲走，在欧洲使用较为普遍。翻斗式冲洗则是依靠调蓄池上方安装的储水容器达到预定水位后，水流溢出进入调蓄池进行冲洗。

在美国，常用的调蓄池冲洗装置是喷嘴系统，具体形式则有两种。一种是沿着池体的边缘安装喷淋头，另一种则是手动控制的高压水枪。喷淋头可用来清洗池体四壁的下方，优点是操作简单方便，但是对于推动固体物质沿着池底移动就不够有效。高压水枪能有效地推移沉积物质，也能很好地清洗池壁，但劳动强度显然高于喷淋头。有些调蓄池上会同时配备上述两种形式的冲洗装置。

欧洲使用较多的则是冲水系统，尤其是刚才提到的翻板门系统。研究表明冲水系统比喷嘴系统更为经济有效。翻板门冲洗装置与翻斗式冲洗装置相比则更加便宜。翻斗式冲洗比移动式喷嘴、固定喷嘴的基本建设和运行维护成本都低，其平均建设成本约为其他类型冲洗装置的 1/5。翻斗式冲洗系统对于长度超过 50m 的池体而言，其冲洗效果可能会变差。

如果设施到受纳水体的距离比较近，也可考虑采用河水或者湖水作为冲洗水源，在国外也有实际的工程应用。但是如果采用这类水源来代替自来水，需注意防止喷头的堵塞。曾经有过这样的案例，由于河水中的细颗粒淤泥堵住了喷淋头而导致整个冲洗系统失效。

（6）溢流结构

调蓄池通常都设有紧急溢洪道或溢流口。溢洪道的尺寸大小，要保证调蓄池在出口堵塞或出口关闭等最坏情况发生时，其流量能够顺利通过。溢流口应远离调蓄池出口，防止出口附近汇集的漂浮物流出。

为检查溢洪道、调蓄池出口以及调蓄池的内部构造，推荐建设人行道。要为清洗调蓄池、去除出口和溢洪道处的堵塞物提供操作入口。

（7）消毒

根据实际需求，可能要对离线调蓄池的溢流污水进行消毒，以防止污水中的致病菌污染受纳水体。但需要快速消毒才能确保短时、大流量溢流污水中致病菌的去除率。消毒过程必须适应污水的温度变化、SS 浓度和微生物水平的波动。如果是氯消毒，那么消毒时采用短接触时间、剧烈搅拌的操作方式会更为经济有效。有时，在采用氯消毒方式后还要求进行脱氯处理，以消除氯对受纳水体的负面影响。

（8）通风和除臭

调蓄（沉淀）池中可能产生沼气和潮气的部位都应予以通风，以防止爆炸和腐蚀现象的发生，以及保障工作人员的健康安全。如果设施位于居民区、商业区和娱乐区，或者区域内有对通风系统所排出气体较为敏感的受体，那么还要对排出的气体予以除臭处理。有两种常用的除臭手段，一种是湿式洗涤，另外一种则是活性炭吸附。典型的湿式洗涤系统由洗涤塔、排风扇、洗涤液循环泵、化学品储存与进料装置等部件组成。典型的活性炭吸附系统则由颗粒活性炭床及其支撑容器、排风扇和管道系统构成。两种手段既可以单独使用，也可以按照活性炭吸附在前湿式洗涤在后的串联方式使用。二者单独使用时，活性炭吸附装置一般用在小风量情况下，不宜超过 $1.5 \sim 1.7 \mathrm{m}^3/\mathrm{h}$。而湿式洗涤器更适合于高风量的情况。

（9）流量调节控制部件与系统自动启动装置

使用调蓄池时，必须根据降雨情况调整其进出流量以保证存储调蓄功能的正常发挥。在调蓄池内要设计安装固定或移动的流量调节器来实现对水流的控制，还可以在调蓄池出口配备流量调节设备以实现旁路调节。

在调蓄池的入口部位，往往应设置进水闸，可起到防止旱季流量进入设施、控制雨季入流量等作用。进水闸的开启和关闭操作一般都采用水位控制的方式。

由于降雨和径流流量预测总是存在相当的不确定性，溢流控制设施往往都要设计成能够实现自动启动。调蓄池的启动过程一般是这样的：首先，相应的流量调节装置被触发激活，然后水流被引入调蓄系统，接下来通过水位或流量感应的方式来实现调蓄池的启动运行。流量控制装置的触发方式可以是被动式的（例如侧堰、孔口），也可以是机械式的（如充气坝）。对于后者，其触发可以采用简单的流量信号、水位信号，也可以通过实时控制系统来实现。

一般来说，调蓄设施的启动系统设计的越简单，后续的操作会越可靠。以下介绍美国纽波特华盛顿街上的一座调蓄设施的启动方式和过程：首先，来水通过侧堰流入进水管。一旦水流抵达设施，进水渠道中的浮动式开关就会激活悬链式的格栅和次氯酸盐投加系统。水流进入调蓄池池体靠的是处于常开状态的手动式闸门，闸门的开度设定值要保证第一个池子先装满。直到出水堰发生溢流从而触发出水螺旋泵，整个过程并未用到复杂的控制手段。

（10）设计时需考虑的其他因素

需要对调蓄池的建设和运行进行环境影响评价，结果可能会影响选址、设备的设计甚至是否建设调蓄池。设计前应评价地下土壤状况、设施埋深、场地条件以及对环境的影响。更为详细的评价还应考虑筛渣和残余固体的处理处置、化学药剂的操作储存等。

3. 隧道调蓄的设计

调蓄用的隧道通常位于地下 $30 \sim 120 \mathrm{m}$，直径为 $3 \sim 15 \mathrm{m}$，长度可达若干公里。典型的调蓄隧道结构如图 3-7 所示。

隧道调蓄设施的主要构成及其设计要点如下：

（1）流量调节设备

流量调节设备的功能是用于保证雨季污水能被引入隧道并控制进入的水量大小。流量调节设备在控制从合流干管进入截流管的污水量的同时，还承担着将超过隧道系统调蓄能力的水量予以分流的作用。流量调节设备可以有多种形式，例

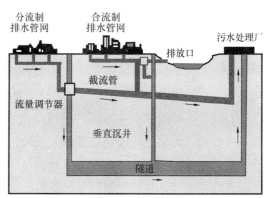

图 3-7 隧道调蓄结构示意图

如，芝加哥的地下调蓄隧道采用的是水闸系统进行流量调节，可以在预计有降雨之前就先行开启。

（2）合并连通管

合并连通管负责将经过流量调节设备的水流运输到隧道调蓄系统。让隧道经由所有的管网溢流点以实现CSO的直接截流是不现实的。实际的做法则是，将隧道建设在中间地带，然后从溢流口或截流井到隧道之间建设近地表的合并连通管道，这样才更为经济有效。建设合并连通管的可行性和成本是影响到隧道系统构型、深度、走向（收集污水的路径）的重要因素，反之亦然。

要评估是否采用合并连通管道时需考虑如下因素：建设时对周围交通、其他公共设施、居民和环境的影响；建设合并连通管跟建设多个垂直沉井之间的成本差异，一般来说垂直沉井的个数越少，成本有效性越高；近地表土壤条件（湿地、基岩的高程等）对不同的管道建设方法的影响；地下的地质条件对隧道建设和隧道收集污水的路径的影响。

合并连通管的尺寸大小应根据设计条件下的峰值流量来确定。由于按照峰值流量设计出的管道其管径会比较大，所以能提供一定的在线存储能力。在实际运行中，就可以利用实时控制系统对合并连通管道下游端的水闸进行操作优化，以实现隧道系统存储和运输能力的最大化。

为了应对超过设计降雨条件的高峰流量，必须为合并连通管提供释流点。常规的做法是把这些释流点布置在来水进入连通管道的地方。在有些情况下，可以设置一个共用的溢流点作为水流释放点，通过同时服务于多个水力连通的CSO，可以降低后续监测和维护的成本。

（3）粗格栅及相关组件

粗格栅主要是用于除去大体积碎屑并保护下游的水泵。如果在合并连通管下游端设置粗格栅，可以在水流进入垂直沉井之前去除大块的固体物质，例如树枝等。对于有多个沉井的隧道系统，在每个沉井之前都配备粗格栅则不太现实，主要是成本问题和运行维护要求过高。出于这个原因，格栅可以考虑放在隧道处。此时，格栅可以放在靠近排水泵站的上游，这里一般是隧道系统的最低点。例如，美国芝加哥的地下调蓄隧道中是把格栅系统放在排水泵站的进水廊道处，而美国罗切斯特市则是在隧道系统的两个主要隧道分支的末端各配置了一套格栅系统。

（4）垂直沉井

垂直沉井的功能是将雨污水从近地表的管网转输系统运送至隧道系统，在这一过程中尽可能地实现消能，同时为除去夹带在水流中的空气提供可能。

垂直沉井一般由三个基本部件组成：进水结构，用于实现水平流和垂直流之间的转换；垂直井筒，将水流运输到较低的高程处并消散水流中的能量；底腔，用于消散垂直水流中的能量，并为分离和释放沉井中的空气提供条件。

垂直沉井的设计主要受到以下因素的影响：水量的变化范围和对沉井底板的影响。后者主要取决于下沉的深度大小。具体的消能措施有在沉井中诱发水跃、在沉井中构造涡流行为、增加沉井四壁的摩擦力，以及在沉井底板上设置跌水池（例如在底板上做集水坑或者在沉井下游设堰以形成回流），等等。

（5）空气分离室

设置空气分离室的目的是为了释放夹带在垂直沉井中的空气。水流在下降过程中夹带空气的现象，对沉井的操作既有益也有害。好处是减小了沉井中发生负压及因负压引起的空穴现象的可能性，还可以缓冲和吸收水流下降造成的影响；缺点就是增加了水的体积，可能导致需要更大的沉井尺寸，而为了避免增压还得采用空分的手段把夹带的空气释放出去。

（6）隧道

隧道用于污水的存储和运输，需按照设计条件来确定其规模尺寸。隧道的尺寸和流路设计是一个非常复杂的过程。设计过程中往往要借助于管网模型。由于设计方案中的可变因素很多，包括直径、长度、路径、深度以及建设方式等，为了满足所需要的存储和运输能力，需要反复评估大量方案才能确定出最优方案。为了保证足够的固体物质携带速度和方便排水，隧道一般要有一定的坡度。例如，美国罗切斯特市的隧道坡度为 0.1%，这一坡度保证了其隧道很少出现砂砾沉淀的问题。正如前文所述，合并连通管的空间布局也是隧道设计时必须考虑的。

为了评估建设调蓄隧道的可行性以及确定合适的施工技术（包括隧道掘进机法、钻爆法等），地下条件的探测工作异常重要。到基岩的距离、岩石的强度、岩石结构的不连续性和脆弱性，以及地下水条件等，都会影响到隧道的路线选择和建设方法。材质一般选取坚硬的石头，在硬石条件下建造隧道比软岩石或土壤更加经济，需要的支撑结构比较少，而且不需要衬垫，但可能施工进度较慢。过量的地下水可导致设施被淹泡或者出现局部的坍塌，所以还需要做相应的特殊处理，例如排干等。另外，如何处置建设隧道时挖出的土壤石块也是需要提前考虑的。建设时为避免路面坍塌需要支撑，可使用混凝土或其他不透水材料作为衬垫，达到防渗和支撑的双重效果，但成本较高。

在确定隧道尺寸及其构型时，还要一并对污水流量如何进入和流经隧道的控制策略予以设计。例如，美国罗切斯特市的地下调蓄隧道有两个主要分支，所设计的分水结构可以让水流同时进入这两个分支体系。如果其中一支的进水填充比另一支快，那么远程控制闸门可以将污水重新分流到还有更多容量的那一支。如果在设计时已经考虑到采用带有自动闸门的控制结构，那么就能够支持如前所述的控制运行策略。再比如，在有多个垂直沉井的系统中，如果不同沉井的服务区敏感程度不同，就可以设置不同的优先级，让级别高的沉井优先将其服务区的污水送入到隧道中，而不是像通常的做法那样对各沉井不做区分而同时填充直至隧道填满为止。

（7）工作井和通道井

设置工作井和通道井是为了在隧道建设和运行阶段运送工作人员、设备和材料。工作井的尺寸要结合挖掘设备的大小来确定。供维护检修使用的永久性通道井可以由隧道建设时期用的工作井改建而成，还可以跟其他结构部件例如格栅间、控制间等结合在一起。

（8）通风井和除臭系统

通风井的功能是用于平衡隧道系统内的气压。通风井要在隧道填充和排水时提供气流的进出通道。通风井内有时还要配备除臭系统，一般是布设在部分通风点上以提供除臭功能。

（9）排水系统

一般在隧道系统的下游端会设有排水泵站，一旦排水管网系统和污水处理系统的能力恢复之后，将存储在隧道内的污水泵入到污水处理厂。如果隧道系统的上游未设置格栅，那么就应该在泵站处予以设置。泵站的排水速度主要取决于污水处理厂的处理能力。

（10）固体物质冲洗

在旱季对隧道进行冲洗以防止沉积物积累。冲洗水可以是从截流管引来的污水，也可以是来自其他的地表水源。所需的冲洗水量由隧道的直径、长度和坡降决定。冲洗水的排出则需要用到能够抽吸高浓度颗粒物的高水头水泵。

3.5.4　运行维护要点

在线调蓄设施的运行和维护是否得当是决定其能否正常发挥功能的重要因素。对排水管网进行基本养护，消除管网堵塞等保障管网存储能力的各种措施都可以为在线调蓄设施发挥最大作用提供基础条件。

离线调蓄池，特别是有隔间的调蓄池，容易受到湿度大、气体腐蚀、污泥沉积等的影响。通过合理的规划和设计可以减少运行维护工作量，如使用抗腐蚀材料、考虑通风装置等。但为了保证调蓄池的正常运行，仍然需要进行日常检查和维护。监测数据对于运行控制非常重要，因此应该定期记录调蓄池内的水位。

采用隧道调蓄时，由于调蓄用的隧道位于地下，维护难度高。需定期对隧道进行检查，避免渗入和渗出问题的发生，以防止存储能力变小或污染地下水。

3.5.5　效果与成本

调蓄池不仅可以减少管网溢流量，还可以一定程度上降低大肠杆菌、SS、BOD_5 等污染物的浓度。BOD_5 和 SS 的去除率与污水滞留时间和溢流流速有关。不同的溢流速度和滞留时间条件下，SS 的去除率在 25%～70% 之间，BOD 的去除率则在 10%～40% 之间。如果需要，可以加入适量絮凝剂提高 SS 的去除率。

美国大溪城有实例应用，通过设计运行调蓄池来削减合流制管网溢流，溢流体积削减量可达到 90%。我国上海于 2003～2005 年在苏州河沿岸建成了 5 座大型的调蓄池。多年的运行结果表明对溢流污染物的年削减率可达 8.37%，COD、SS 的年削减率分别为 6.2%～14.9%、6.9%～16.5%。调蓄池使得整个排水系统截流污水的能力显著提高，截流倍数从未建时的 3.87 倍提高到 6.9 倍（1h 内）。

总体来说，合流污水调蓄池的基本建设成本较高。与分流制系统中的雨水调蓄池相比，合流制系统的污水调蓄池由于需要应对更高的峰值流量，进而需要建设更大规模的管渠、池体和更大能力的水泵等附属设施,从而导致其成本较高。单位水量的调蓄池建设成本随着总体积的增加而降低,因此在实践中,从节约成本的角度出发,应尽量增加单个点位上的汇水区控制面积,有助于令调蓄设施更加成本有效,并且还可以降低运行维护费用。离线调蓄池一般比在线调蓄池的费用要高,因为需要新建平行管线,还要配备调运污水的泵等设施。而通过使用流量调节器来发挥作用的在线调蓄池,其单位水量成本比扩建管道或新建溢流排水渠一般要小很多。

隧道调蓄的成本主要包括隧道建设成本和运行维护成本。由于其建设难度较大,维护困难,因而比其他在线和离线调蓄设施的建设费用都要高;但是与运行维护多套分散的小型设施的总费用相比,隧道调蓄的运维费用有可能降低。而且随着隧道直径和总容积的增加,隧道调蓄方式会逐渐变得更为成本有效。

3.6 雨 水 调 蓄 池

3.6.1 基本功能

首先需要说明的是,为了与前文所介绍的合流制系统中合流污水调蓄设施(有时也用在分流制体系的污水管网中)相区分,本节所述的雨水调蓄池专门指设置在分流制体系雨水管网中的雨水径流调蓄设施。有些设计规范和参考书中未对上述两种措施加以区分,而是统称为雨水调蓄池,为此做出说明。

雨水调蓄池(Rainwater Detention Basin/Vault)是典型的雨水调节和储存设施,相应构筑物则一般采用人工材料修建并且具有防渗作用,如图 3-8 所示。有时也可结合地形地貌特征利用天然低洼地、水塘等来构建池型的雨水调蓄设施,但此时一般不再将其称为雨水调蓄池,而是往往将其设置在排水系统末端,并且根据是否有永久性蓄水而分别称为干式滞留池、湿式滞留池(见后续章节)等。

图 3-8 雨水调蓄池示例

雨水调蓄池建设目的可以是调节和储存,即首先削减降雨径流峰值,而储存一方面可以起到调节作用,另外还便于满足后续对雨水资源的利用,尤其是在缺水地区。这类以调节峰值流量为主要目的的调蓄池,有时又被称为滞留式雨水调蓄池、雨水调节池等。雨水调蓄池还可设计用于收集污染物浓度较高的初期雨水径流,在降雨停止后,再将该部分雨水缓慢输送至污水处理厂;也可对储存雨水就地进行简单处理,例如一并考虑沉淀、撇渣等污染物去除功能,之后就可以用作绿地浇洒、洗车及冲厕用水等。这类以径流污染控制为主要目的的调蓄池有时又被称为截留式雨水调蓄池。另外,在排水系统中建设雨水调蓄池,还能实现减少下游区域排水管道的管径和泵站设计流量的目的。对于已建排水系统,可在避免翻建改造下游管道和改建泵站的前提下,提高地区的排水标准,一定程度上降低管网溢流和发生内涝的风险。总体而言,雨水调蓄池的建设运行,对于削减雨天峰值流量、消除和减少排水管道的过载、降低径流污染负荷、缓解水资源短缺等都可起到重要作用。

3.6.2 适用条件和优缺点

根据地形和土质条件可以将雨水调蓄池修建在地上或地下,因此又可以进一步将其分为地上开敞式、地上封闭式和地下封闭式三类。三类雨水调蓄池的特点和适用条件[90]如表3-4所示。其中,地下建设的雨水调蓄池尤其适合于用地紧缺的城市中心区,常被选作排水管网系统改造项目。

根据雨水调蓄池跟雨水管线系统的关系不同,调蓄方式也可分为在线和离线两种形式。这两种调蓄方式的优缺点[90]为:在线运行的雨水调蓄池,一般仅需设置一个溢流出口,管道布置简单,漂浮物在溢流口处易于清除,可重力排空;但缺点是自净能力差,池中存水与后续进水会发生混合。为了避免池中水被混合,可以在入口前设置旁路溢流,但漂浮物容易进入池中。离线式的雨水调蓄池,优点是管道水头损失小,在非雨期间调蓄池处于干涸状态。离线式雨水调蓄池也可将溢流井和溢流管设置在入口上。具体应采用在线式还是离线式,应根据现场条件和管道负荷大小等经过技术经济比较后确定。

雨水调蓄池的类型、特点及适用条件 表3-4

类型	特 点	常见做法	适用条件
地下封闭式	节省占地;雨水管渠易接入;但有时溢流结构的设计运行较为困难	钢筋混凝土结构、砖砌结构、玻璃钢水池等	多用于居民小区或建筑群的雨水利用
地上封闭式	雨水管渠易接入,管理方便,但需占用地表空间	玻璃钢、金属、塑料材质的水箱等	多用于单体建筑的雨水利用
地上开敞式	充分利用自然条件,可与景观相结合,生态效果好	天然低洼地	多用于开阔区域

总体来讲,雨水调蓄池具有如下优点:能够削减雨水洪峰流量,降低下游雨水干管的尺寸,减少工程造价;可与其他水质处理设施联合使用;可以采用地下构筑物的形式,此时不占用地表的空间;能减轻初期雨水污染,减少溢流频次,降低溢流污染负荷;在干旱地区,可对储存雨水加以利用。而其缺点则包括:造价和维护成本较高;为保证长时间防渗抗漏,防水建材需定期维修或重新更换。

3.6.3 设计要点

1. 一般要求

设计雨水调蓄池前首先应了解汇水区的降雨和地形特征、现有的排水设施状况、自然经济条件和相关规划，力求做到因地制宜、合理布局，另外应同时兼顾径流污染控制和内涝防治要求，缺水地区还要考虑雨水资源的综合利用，最好还能满足一定的景观需求。一般地，在设计中要考虑的关键内容如下：

（1）充分利用和衔接已建、在建的排水管网收集系统和污水处理设施，既发挥调节雨水的功能，又保证良好的景观效果。

（2）雨水调蓄池一般应设置在其他类型的径流源头控制设施后面（下游）。国外有指南规范建议，其相应的汇水面积一般不超过 $20000m^2$。

（3）雨水调蓄池的建设对地基承载力有要求。应按地质条件推求容许地基承载力，如地基的实际承载力达不到设计要求或地基会产生不均匀沉陷，则必须先采取有效的地基处理措施才可修建调蓄池。池底板的基础要求有足够的承载力、平整密实，否则须采用碎石（或粗砂）铺平并夯实。荷载组合需考虑调蓄池自重、水压力和土压力。对开敞式雨水调蓄池，最不利的荷载组合为池内满水、池外无土；对封闭式雨水调蓄池，最不利荷载组合为池内无水、池外有土。

（4）雨水调蓄池的核心组成部分包括池身、进水管和出水管。池身一般由净水蓄水池和待处理蓄水池组成。净水蓄水池和待处理蓄水池之间设置过滤格栅，净水蓄水池的底面应低于待处理蓄水池的底面。

（5）雨水调蓄池的进水管，即雨水的排入管，在设计和布置时要注意保证进水端的均匀布水。

（6）开展池身（蓄水区）设计时，雨水调蓄池的有效调蓄容积宜根据调蓄池的具体建设目标，并结合降雨径流过程、进水过程和出水过程的特征，经模拟计算后确定。后续章节对不同计算方法有所讨论，可供参考。理论上池身可以做成任意几何形状，但实际工程中为便于设计计算、施工及与周边环境相协调，常采用长方形或圆形两种。池身可以由多种材料制成，包括铝、钢、塑料、金属波纹板、预制或现浇混凝土等，宜采用耐腐蚀易清洁的环保材料。通常在调蓄池底部应设有存放淤泥的区域，泥区大小应根据所收集雨水的水质和排泥周期来确定。对封闭式调蓄池，可以参照污水沉淀池设置专用集泥坑（泥斗）以节省空间；对开敞式调蓄池，排泥周期相对较长，泥区深度可按 $200\sim300mm$ 来考虑。当采用型材拼装的蓄水池且内部构造具有集泥功能时，池底除设集泥坑和吸水坑外，蓄水池还应设检查口或人孔。当蓄水池分格时，每格都应设检查口和池底集泥坑。池身底部坡度不小于 5%。调蓄池除了满足有效调蓄容积的要求外，还应考虑设置池身的超高，开敞式池型的超高一般不少于 $0.5m$，封闭式则不少于 $0.3m$。

（7）根据调蓄池建设目标，调蓄池有可能会兼作沉淀池，此时其进、出水管的设置应满足一定要求，防止水流短路、避免扰动沉积物。出水管末端可堆砌乱石、设置跌水池或

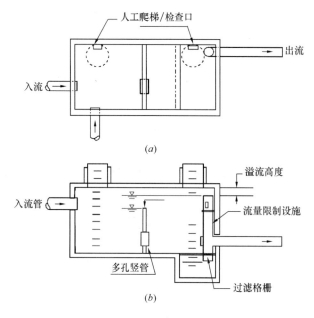

图 3-9　典型雨水调蓄池结构示意图

(a) 俯视图；(b) 剖面图

其他分流设备，避免对受水区域的过度冲刷或侵蚀。

（8）雨水调蓄池一般均应设计溢流结构，以引走过量的降雨。尤其是地下封闭式的调蓄池，更要注重溢流结构的合理设计。溢流结构可设置在池身上，也可设置在进水口之前。如果溢流口与下游的高程关系允许采用重力溢流时，应尽量采用这种方式，建设运行费用低且运行简单、可靠性高；如果场地条件不允许重力溢流，也可以通过水泵抽提的方式实现。最好还要配备溢流水位报警装置。

（9）雨水调蓄池内宜设置爬梯。开敞式水池应设护栏，护栏应有足够强度，高度不低于 1.1m。

图 3-9 为典型雨水调蓄池结构示意图。

2. 容积计算

雨水调蓄池的造价不低，必须合理计算其容积以提高成本有效性。根据雨水调蓄池建设目标的不同，例如侧重于径流污染控制、峰值流量削减还是提高雨水收集利用水平，结合进出水方式、溢流位置和对雨水存储利用要求的不同，国内外有多种雨水调蓄池容积计算模型和方法可以选用。例如，我国《室外排水设计规范》（GB 50014—2006）（2014 年版）中则给出了用于分流制排水系统径流污染控制时，雨水调蓄池的有效容积计算方法[91]。但是，由于各种容积计算方法的原理不尽相同，因此相同条件下的设计计算结果也就不完全一致，甚至差距较大。实践中，为稳妥起见，建议采用多种方法进行计算并予以相互校核，最终根据经济成本有效性原则确定其有效容积。以下介绍几种常用的计算方法[90],[91],[92]。

（1）方法一：设计调蓄降雨量法

这种方法的原理是，根据场地多年降雨统计资料、雨水工程投资规模、水量平衡和径流污染控制要求等多种因素，合理确定要调蓄的降雨量设计值，进而计算得到调蓄池容积。低于调蓄降雨量设计值条件下的径流量，可以被调蓄池全部容纳；超出调蓄降雨量设计值条件的径流量，只能部分被调蓄池容纳，多余的将被溢流外排。另外，由于确定调蓄降雨的设计值时，存在一定不确定性，为安全起见，容积计算时还应考虑一定的设计裕量。由此可得到相应的调蓄池有效容积 V（m^3）计算公式如式（3-2）所示：

$$V = \beta H A_I = \beta H A \varphi \qquad (3-2)$$

式中　β——容量设计的安全系数，取值应大于1；

　　　H——调蓄降雨量设计值（mm）；

　　　A_I——汇水区不透水面积（m²）；

　　　A——汇水区面积（m²）；

　　　φ——汇水区综合径流系数。

采用该方法进行设计计算时，关键在于H值的合理确定。如果雨水调蓄池的建设目标重在实现雨水的集蓄利用，可通过试算获得不同设计降雨量条件下调蓄池平均每年能充满的次数、可收集雨量大小与建设费用间的关系，然后进行技术经济比较来确定H值。如果雨水调蓄池的建设目标重在解决分流制系统中的（初期）雨水径流污染问题，则应通过监测分析降雨量与径流水质之间的特征变化曲线，在污染负荷削减量与建设费用之间寻找折衷点或者边际值，从而确定H值。我国《室外排水设计规范》GB 50014—2006（2014年版）给出的雨水调蓄池容量计算公式则是针对后者的，并指出H值可取4～8mm，β可在1.1～1.5之间取值。

一旦降雨量设计值得以确定，那么调蓄池有效容积就完全取决于汇水区不透水面积的大小，所服务的面积越大，相应的容积越大，其成本也就越高，因此这种方法又被称为面积法。以上设计理念在德国、日本均有所应用。

（2）方法二：设计重现期法

这种方法的原理是，首先根据汇水区的降雨特征、地形特点、场地性质，以及现有雨水管网外排能力和系统完善程度等因素，合理确定设计重现期；然后利用相应重现期条件下的暴雨强度公式获得径流量与降雨历时之间的关系曲线；根据调蓄池出流方式获得出流量与降雨历时之间的关系；最后合理选定降雨历时，计算得到相应时段内的径流量和调蓄池的出流量，以二者之差作为调蓄池的有效容积。由此可得到相应的调蓄池有效容积V（m³）计算公式如式（3-3）所示：

$$V = \int_0^{t_d} \left[Q_{in}(t) - Q_{out}(t) \right] dt = \int_0^{t_d} \left[q(t)A\varphi - Q_{out}(t) \right] dt = \int_0^{t_d} \left[q(t) - q_{out}(t) \right] A\varphi\, dt$$

$$(3\text{-}3)$$

式中　Q_{in}——汇入调蓄池的径流量（m³/h）；

　　　Q_{out}——调蓄池的出流量（m³/h）；

　　　t——降雨时间（h）；

　　　t_d——设计选定的降雨历时（h）；

　　　q——汇水区暴雨强度（mm/h）；

　　　q_{out}——调蓄池出流能力相当的暴雨强度（mm/h）。

在设计过程中，根据调蓄池工作时的出水方式来确定出流量过程曲线。调蓄池的出流量在特定条件下可以设定为0，即汇流的同时不出流，降雨结束之后才放流，例如不设排水口而只有溢流口的调蓄池，或者调蓄池关闭排水口的情形，意味着设计条件下全部入流都得以存储。更多情形下，出流量是随时间变化的函数，为设计方便，有时可设为常量或者令其随时间线性变化，例如采用水泵抽提或通过池身底部管道出流的方式。有的时候，调蓄池的建设是对已有系统的改造，那么根据接纳调蓄池出水下游管道的能力，能够比较容易地将出流量折算成与之相当的汇水区暴雨强度，例如等于原系统中相应雨水管道的设计暴雨强度，此时就可以使用计算公式最右端的表达形式来简化设计过程。

我国现有的相关设计规范中，并未针对雨水调蓄池的设计给出重现期要求，有学者建议可参考雨水排放系统的设计重现期标准。一旦确定了设计重现期，那么调蓄池的有效容积就取决于降雨历时的选取，因此，这种设计方法又被称为时间法。

利用时间法进行设计的关键就是如何合理选定降雨历时。有些国家的设计规范中，要求采用使有效容积 V 达到最大值时对应的降雨历时进行设计计算，以上设计理念在英国、美国和日本都有所应用。为了实现求极值的过程，在设计实践中，为方便，有时直接用软件模拟一场 2h 的设计降雨过程，通过试算获得调蓄池容积。也有做法是转而采用设计重现期下的 24h 最大降雨量（日最大降雨量）进行计算。计算中往往采用中央集中型或者后方集中型的雨型，偏于安全。对于我国而言，由于在利用降雨数据确定暴雨强度公式时，一般最大降雨历时不超过 2h，因此也有专家建议采用 2h 的降雨过程进行计算。

（3）方法三：日调节计算法

如果雨水调蓄池的建设目的重在存储利用，并且对具体的利用方式和利用量大小较为明确，可以考虑收集长时间序列（如连续 10 年以上）的逐日降水资料，采用日调节计算法来确定雨水调蓄池容积。该方法的原理实际上是把调蓄池当做一个日调节型的水库，在每日水量平衡的基础上来优化设计水库容积，具体计算过程如下。

首先，确定逐日来水量。根据雨水调蓄池的雨水利用控制面积、平均径流系数、逐日降水量，按式（3-4）计算逐日来水量：

$$Q_{id} = F\varphi P_{d} \tag{3-4}$$

式中　Q_{id}——逐日来水量（m^3）；

　　　F——雨水利用面积（hm^2）；

　　　φ——平均径流系数；

　　　P_{d}——逐日降水量（mm）。

接下来先设定一个调蓄池容积 V_{T}，根据日初的蓄水量、日来水量和日用水量，按式（3-5）计算日末的蓄水量：

$$V_{s2} = \begin{cases} Q_{id} + V_{s1} - Q_{ud}, & Q_{id} + V_{s1} - Q_{ud} \leqslant V_{T} \\ V_{T}, & Q_{id} + V_{s1} - Q_{ud} > V_{T} \end{cases} \tag{3-5}$$

式中　V_{s1}——日初蓄水量（m^3）；

　　　V_{s2}——日末蓄水量（m^3）；

　　　Q_{ud}——每日用水量（m^3）。

每日弃水量则按式（3-6）计算：

$$Q_{ad} = \begin{cases} Q_{id} + V_{s1} - Q_{ud} - V_{T}, & V_{s2} = V_{T} \\ 0, & V_{s2} \leqslant V_{T} \end{cases} \tag{3-6}$$

式中 Q_{ad}——每日弃水量（m^3）。

然后以当日日末蓄水量作为下一日的日初蓄水量，循环计算，直至整个有资料的计算时段结束。

对整个时段计算相应调蓄容积下的雨水利用率，计算公式如式（3-7）所示：

$$\eta_T = \frac{\sum Q_{id} - \sum Q_{ad}}{\sum Q_{id}} \qquad (3-7)$$

式中 η_T——容积 V_T 对应的雨水利用率。

改变调蓄池的容积 V_T，再按照上述过程计算得到新的雨水利用率值，进而可以绘出 $\eta_T \sim V_T$ 关系曲线。设定雨水利用率，就可以从曲线上找到对应的调蓄池容积。η_T 取值宜大于 0.6。

（4）方法四：脱过系数法

如果建设调蓄池的主要目的是调节洪峰，即其作用是高峰流量入池调蓄、低流量脱过，那么我国的《给水排水设计手册》（第 2 版）中给出了利用脱过系数进行容积计算的经验公式方法。

脱过系数是指脱过流量 Q' 与池前管道设计流量 Q 之比值。调蓄池的容积计算公式如式（3-8）所示：

$$V = f(\alpha)W = \left[-\left(\frac{0.65}{n^{1.2}} + \frac{b}{\tau} \frac{0.5}{n+0.2} + 1.10 \right) \lg(\alpha + 0.3) + \frac{0.215}{n^{0.15}} \right] Q\tau \qquad (3-8)$$

式中 α——脱过系数，$\alpha = \dfrac{Q'}{Q}$；

$f(\alpha)$——α 的函数式；

W——调蓄池前管道的设计流量 Q 与相应集流时间 τ 的乘积（m^3）；

b、n——暴雨强度公式 $i = \dfrac{A}{(t+b)^n}$ 中的参数；

τ——管渠在进入调蓄池前的断面汇流历时，不计延缓系数（min）。

该式可适用于 $i = \dfrac{A}{(t+b)^n}$、$i = \dfrac{A}{t^n}(b=0)$、$i = \dfrac{A}{t+b}(n=1)$ 三种类型的暴雨强度公式。

由于我国的暴雨强度公式在建立时，降雨历时一般最长不超过 2h，而调蓄洪峰的调蓄池计算中降雨历时比计算管道峰值流量的降雨历时要长，因此上述经验公式不适用于 2h 以上历时的调蓄池设计。另外，该公式的计算结果受到暴雨强度公式中参数 b、n 的影响较大，各地的暴雨强度公式中 b、n 取值不同，甚至差异较大，因此在实际应用中，会出现不同地区虽然调蓄需求相同但是调蓄池容积计算结果不同的现象。

3.6.4 运行维护要点

由于雨水径流中携带了地表和管道沉积的污物杂质，使用过程中，沉积物不可避免地会滞留在雨水调蓄池底部。如果沉积物聚积过多占用了雨水调蓄池的有效容积，则设施无法完全发挥其存储功效。不仅如此，如果不及时清理沉积物，污染物发生衰减转化的过程中还会产生异味。因此，对底部沉积物进行有效冲洗和清除是雨水调蓄池运行维护过程中的重要任务之一。如淤泥深度超过 15cm 时，就应组织清扫。具体的维护措施及时间要求如表 3-5 所示。

雨水调蓄池的常规维护和检查要求　　　　　　　　　　　　　　表 3-5

维护措施	时间要求
池底清淤，清扫垃圾、落叶、残骸	每次降雨后
进水管、出水管维护	随机，基于检查状况

3.6.5　效果与成本

谭琼等利用排水系统水力模型对上海世博园区的规划雨水系统进行了研究，评价了初期雨水调蓄池控制城市面源污染的长期效果[93]。其研究结果表明，在上海市平水年降雨条件下，分流制排水系统调蓄池每年能够拦蓄约 50% 的雨水径流量。调蓄池的污染物削减效果与降雨径流初始冲刷效应及调蓄池容积大小密切相关。初始冲刷效应越强、初期雨水携带的污染物负荷比重越高、雨水调蓄池的容积越大，则调蓄池对污染物的削减效果越好。平均来看，COD 削减率为 38.2%，TN 的削减率达到 36.6%，TP 的削减率达到 31.5%，TSS 的削减率为 48.5%。

另有相关研究表明，不加净化处理的调蓄池，其 BOD 和 COD 平均去除率约为 5.0%～38.7%，TN 的去除率达到 20.7%～36.5%；若在调蓄的基础上增加净化处理措施，BOD 和 COD 去除率可大大增加，平均去除率可分别达到 50% 和 60%。

雨水调蓄池的成本还是比较高的，费用大小主要取决于其规模。成本主要包括建设时的挖掘、修砌费用，运行时的设备电力消耗和维护费用等。

汇总一下雨水调蓄池的技术经济性能和特点，如表 3-6 所示。

雨水调蓄池的技术经济性能和特点　　　　　　　　　　　　　　表 3-6

控制效果：污染物去除效果		可行性分析	
TSS 去除率	40%～50%	占地和土壤条件要求	高
TN 去除率	10%～40%	建设费用	较高
TP 去除率	30%～40%	维护负担	中
控制效果：水量控制效果		可滞蓄的径流体积	高
削减径流峰值	是	选址约束性	高
减少径流总量	是	公众可接受性	较高

3.7 旋 流 分 离 器

3.7.1 基本功能

旋流分离器是一种利用物料之间的密度差或者粒径差进行多相分离的设备。20 世纪 50 年代起，旋流分离器开始大规模应用在世界各地的选矿厂。1980 年以后，旋流分离器逐步在化工、石油、纺织、金属加工、水处理等行业推广使用，是工业领域应用最广泛的分级设备之一。

在城市降雨径流污染控制方面，旋流分离器最初是被设计用于处理合流制管网溢流污水，后来逐渐出现在初期雨水处理工程中，主要是去除合流污水和雨水中的固体颗粒[94],[95]。目前国内外均已有相应的商业化产品。

典型的旋流分离器，结构如图 3-10 所示，其上部是一个中空的圆柱体，下部是一个与圆柱体相连的倒锥体，二者共同组成旋流器的工作筒体。其他核心部件还包括进水管、溢流管、底流管等。旋流分离器用于污水处理时，污水以一定的速度从其上部进水管沿切线方向进入旋流器内部做高速旋转运动，产生很强的离心力场。污水和污水中所含颗粒物质因存在密度差而受力不同，密度较大或粒径较大的颗粒物在离心力所用下，在旋转运动中向下向外运动，最终形成外旋

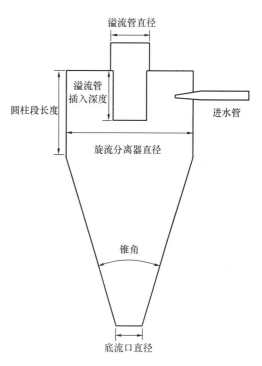

图 3-10 旋流分离器结构示意图

流被甩向外壁后减速并沿锥面进入底流管后排出；而污水和密度（粒径）较小的颗粒物组分在旋转运动中向上向内运动，最终以溢流的形式从位于筒体中央的溢流管排出，从而达到分离的目的[96],[97]。

3.7.2 适用条件和优缺点

旋流分离器可以看做是既能限制流量又能分离固体物质的一体化设备，可以在发挥流量调节功能的同时实现一定的固体物质和漂浮物去除功能。旋流分离器除了适合用于处理合流制管网溢流污水外，也可以被应用在分流制系统中处理污染物浓度较高的初期雨水。旋流分离器分为机械和水力两种，合流制系统的溢流控制和雨水径流处理中常使用水力旋流分离器。

旋流分离器可以有效地进行固液分离，去除污水中的 SS 和 COD；同时还有占地面积小、单位体积处理能力高、抗冲击负荷能力强、易于设计安装和调节控制、成本较低等诸多优点[98],[99]。它的缺点主要是磨损问题，进水口和底流管出口处采用耐磨材料可以一定程度上解决该问题。另外，为了提高分离效率、保证进水流速，可能需要对进水予以加压，例如用泵，此时分离器的运行能耗会大大增加；而且高压运行还会进一步加重磨损。

旋流分离器适用范围很广，对于降雨径流这种流量波动性大、SS 浓度高、含有大量固态氮磷污染物的污染源有较强的针对性。但是对细小颗粒以及溶解性污染物去除效果差，且水流速度过大时处理效果不好。曾有研究报道，颗粒物粒径在 0.1mm 以上时，效果最好。

旋流分离器的安装使用没有特别的选址要求，可用在合流制管网溢流口末端处理合流污水，也可直接用于雨水的处理。用于合流制溢流污水处理时，既可以作为独立的处理单元，也可以作为预处理单元与其他溢流污染控制设施如调蓄池、沉淀池等联合使用。

旋流分离器的商业化程度较高，因此在实践中，往往直接选购成型的产品。既有产品的最大出厂规格成为所能服务的汇水区面积大小的限制条件。另外，商业化产品的规格尺寸是固定的，为了满足所需的处理能力，很多情况下不得不选购尺寸偏大的产品，导致成本的增加。

3.7.3 设计要点

水力旋流分离器的技术参数主要包括基本结构参数、物性参数、操作参数和性能参数[100]。主要的结构参数有旋流器圆柱段直径（一般被简称为旋流器直径）、旋流器圆锥段锥角、进水口直径、出水口（溢流口）直径、底流管直径等。物性参数包括固体物质粒径与沉降速度等。操作参数有流量、压降等。性能参数则主要是指分离效率。

1. 结构参数

汇水区面积大小决定了对旋流分离器处理能力的需求。旋流分离器的尺寸与设计流量密切相关，同时需要考虑是否允许超出设计流量的水量通过旋流分离器，以及最大允许超出多少。设计时应保证设计流量条件下 TSS 的去除率可达到 85%。为节约成本，在保证理想的去除效率时应尽可能地减小容积。

旋流分离器结构的合理程度决定了它的分离性能高低。由于旋流分离器各结构参数对流体流动过程产生交互影响和制约，应慎重选择，具体机理如下[100]：

（1）圆柱段和圆锥段：旋流分离器圆柱段直径决定了它的处理能力。当旋流分离器直径增大时，其处理能力和分离粒度都会增大。因此，不能简单利用几何相似准则将实验室条件下的小型旋流分离器直接放大到现场规模的大型设施。圆锥段的锥角大小则与旋流器分离固体颗粒的级数密切相关。增大锥角，分级粒度变粗，底流中的细颗粒减少；反之亦成立。

（2）进水口：旋流分离器的进水口，在旋流分离器圆筒的切向与筒相连，其数量可以是一个或多个。进水口的大小对处理能力、分级粒度和分级效率都有一定影响。随着进水管直径的增大，分级粒度变粗。为了利于在旋流分离器内部形成稳定的流场，入口的形式主要有涡线型、弧线型、渐开线型等，而入口横截面的形式主要有圆形和矩形等。进口处的水位跟旋流分离器能通过的最大水量有关。

（3）溢流管：溢流管是污水（和细颗粒）的出口，位于圆柱筒顶部的中心处。溢流管内径是影响水力旋流分离器性能的一个最重要的尺寸参数，它的变化影响到旋流分离器的所有工艺指标。增大溢流管直径，溢流量增大，溢流粒度变粗，底流中细粒级减少，底流浓度增加。进口压力不变时，在一定范围内，可以认为旋流分离器的处理能力近似与溢流管直径成正比。通常情况下，应让溢流管深入到圆筒内，以降低短路流对分离效率的影响，因此设计时除了确定其直径外，还要确定溢流管的插入深度。溢流管插入深度是指溢流管底部到旋流分离器顶盖之间的距离，随着溢流管插入深度的减少，分级粒度变细。

（4）底流管：底流管是固体颗粒物的出口，位于圆锥段的下方，设计时需确定其出口直径。底流口直径增大，分级粒度会变细。底流口是旋流分离器中最易磨损的部位，其直径的增大，会使旋流分离器的处理能力相应增大，但其影响比进水口和溢流管尺寸的影响相对小一些。底流口可以设计为矩形或半圆形，但角度应为320°。

在水力旋流分离器的设计过程中，应首先确定其直径 D，直径不仅影响旋流分离器的处理能力和分离粒度的大小，也是其他结构参数选择的重要依据。确定水力旋流分离器的直径时要同时考虑设计规模和分离粒度的要求，可以根据已有统计的水力旋流分离器处理能力、分级粒度和直径之间的经验关系来帮助确定。例如，G. Pearse 曾给出了不同直径的水力旋流分离器对应的分级粒度和处理能力上下限范围，覆盖了 10～2000mm 范围的旋流分离器直径，很多设计人员以之为参考开展初步设计。分离粒度粗且处理水量大时，一般选用大直径的旋流分离器；反之当分离粒度小的时候则应选择小直径的旋流分离器。

确定了旋流分离器的直径 D 后，可以参照以下的通用要求确定其他结构参数，包括：进水管直径为 $(0.15～0.25)D$，溢流管直径为 $(0.20～0.30)D$，溢流管插入深度 $(0.50～0.80)D$，底流管直径 $(0.07～0.10)D$，圆柱段长度 $(0.70～2.00)D$。一般来说，处理细粒级进水，采用 10°～15°锥角；粗粒级进水则可采用 20°～45°的锥角。以上经验半经验的做法在实际设计中使用普遍，但值得一提的是，经验公式毕竟有一定的局限性，也造成了水力旋流分离器应用中的一些问题。有不少学者则将流体力学模拟计算和实验验证结合起来，指导旋流分离器的设计。

旋流分离器内腔材料通常采用水泥。内壁不一定严格建造为圆形，可以考虑使用预制钢结构，更加坚固，便于维护。也可使用平板，但为了排水，从器壁到中心的最小坡度为2%。旋流柱上应设置直径为 60～80cm 的检修孔，以便堵塞时进入检修。旁边需设侧门以便定期清除漂浮物，门的尺寸根据进水口的尺寸和漂浮物的尺寸而定。为了安全和美观，旋流分离器可以设置顶盖。

进水口应尽量设置在旋流分离器中部，加速固体物质沉淀。进水口要笔直地接入旋流分离器内腔，以保证水流可从切线方向进入。溢流口的尺寸可随排水管道上闸门的大小进行调整。

最好设有自动清洗装置。清洗水可采用分离后的水、流经旋流分离器的雨水或其他便捷水源。若采用受纳水体作为水源，需设有水渠和泵；采用雨水作为水源，需在旋流分离器附近布设蓄水池储存雨水，以供清洗时使用。

排水管上（检查井内）最好安装闸门或其他流量调节设备，以便用于调节进水水流速度，减少旋流分离器的堵塞。

2. 物性参数

在溢流污染控制中，旋流分离器的颗粒沉降速度下限为 $0.10 \sim 0.15 \mathrm{cm/s}$，因而主要处理粒径在 $200 \mu m$ 以上的可沉有机固体及 $50 \sim 100 \mu m$ 的可沉无机固体。底流管的流出物中一般可包含 90% 以上的粒径大于 $1 \mathrm{mm}$ 的固体颗粒。

水头损失与去除颗粒尺寸有关。粒径为 $200 \mu m$ 时水头损失通常较小；但随欲去除固体粒径的减小，水头损失显著增加。水头损失根据处理效果和器型而有所不同，但绝大多数情况应小于 $0.3 \mathrm{m}$。

3. 操作参数

作为一种固液分离系统，旋流分离器的主要操作参数有进水口污水（雨水）流量、进出口处压力、进水中颗粒物浓度和粒度等。进水流量标志着旋流分离器的处理能力，它决定了内流场的强度，直接影响旋流分离器的性能。流量较小时，旋流分离器内流速较小，离心力也较小，两相分离的有效性低，分级粒度变细。而流量较大时，通过旋流分离器的压降会增加，大小颗粒的夹带变得明显，分级粒度变粗。进水压力是旋流分离器工作的重要参数。提高进水压力，能增大流速，混合流体所受离心力增大，可以提高分离效率和底流浓度。但通过增大压力来降低分级粒度则效果较差，反而使得能源消耗大幅增加，且底流口磨损更加严重。当旋流分离器尺寸和进水压力一定时，进水浓度对溢流粒度和分级效率影响显著。进水颗粒物浓度高，则流体的粘滞阻力增加，分级粒度变粗，分离效率降低。进水颗粒物的粒度变化也会明显影响水力旋流分离器的分级效果。

用于合流污水处理时，旋流分离器的设计必须要考察三种流量条件：旱季峰值流量、设计流量和通过旋流分离器的最大流量。旱季峰值流量条件下，应能保证污水直接通过旋流分离器进入受纳水体，相应的底流管排放口直径不得低于 $20 \mathrm{cm}$，最好在 $25 \sim 30 \mathrm{cm}$ 之间。对于在线使用的旋流分离器，允许通过的最大流量不宜低于设计流量的 4 倍。对于离线使用的旋流分离器，允许通过的最大流量则一般等于设计流量。

4. 工艺布局

旋流分离器的安装使用一般有四种布局模式，具体采用哪种主要取决于整个合流制溢流控制系统或者分流制雨水系统的运行控制策略、场地的实际情况、处理目标以及处理成本等[89]。

（1）单独使用的离线方式

在这种工艺布置方式中，流量控制装置将超出合流制系统截流管能力的水量分流至旋流分离单元。分流堰和涡流阀是常用的流量控制装置。上清液或者出水从旋流分离器排放至受纳水体，与此同时底流浓缩液返回到截流管。为了在极端降雨条件下保护设施，一般会在上游设置溢流点，或者在旋流分离单元内设置高水位堰，向受纳水体释放多余的水量。

（2）与调蓄池一起使用的离线方式

这种工艺布置方式与离线单独使用的方式很相似，只不过旋流分离器的出水是进入调蓄池而不是直接排入受纳水体。将旋流分离器与调蓄池串联在一起使用且放在调蓄池前面的好处是，前者能够去除大多数砂砾和较重的颗粒物，否则这些物质会一并沉淀在调蓄池中。除了让调蓄池的冲洗变得更为容易之外，去除一部分固体负荷后还能减少消毒药剂的使用量，如果后续还要进行消毒处理的话。

（3）单独使用或者与调蓄池一起使用的在线方式

在这种工艺布置方式中，旋流分离器所起的作用首先是对合流制系统的流量进行调节控制，流量限制功能表现为只允许底流进入到截流管。在线旋流分离器的溢流或者直接进入到受纳水体，或者进入到调蓄池。旋流分离器的大小设计要保证旱季流量不会受到限制而全部进入截流管。采用在线方式布置旋流分离器，同样可以最大程度地利用旋流分离器的重颗粒物去除功能。在线方式的缺点是长期连续与水流接触带来的磨损问题。当旋流分离器需要维护和修理时，在结束维修之前要有处理旱季污水的替代措施。

（4）跟其他处理单元的配合

很多旋流分离器设计时是跟上游的格栅一起使用的。格栅能够保护旋流分离单元不被堵塞，不被水流中携带的大块固体物质损毁，还可以改善漂浮物的控制效果。对于底流需要用泵来提升的情况，格栅同时还保护了下游的水泵设施。对于在线安装使用的旋流分离器，如果底流不需要水泵提升的话，则一般不需要在上游安装格栅。

3.7.4　运行维护要点

每次降雨发生后都应对旋流分离器进行检查，予以清洗。定期清理旋流分离器内积累的物质，周期可为1年。如果安装的是商业化产品，不同设备厂商的要求可能略有不同，但一般清理周期也在1～2年。设备安装后的第一个雨季，建议每月都要对设备进行检查，并设定相应的清理频率。如果所处理的水中含有油类物质，需要分别去除沉积物和漂浮物。

3.7.5　效果与成本

旋流分离器的去除率与进水固体物质的浓度、污水中固体物质的种类和沉降性能、旋流水流流态、漩涡的结构和稳定性等有关[101]。根据经验，使用旋流分离器控制溢流污染，其粒径下限为100～200μm（对应沉降速度为1mm/s），TSS去除率可超过80%；控制雨水径流污染，粒径下限为50μm，TSS去除率为60%。但当粒径小于50μm时，去除率将大大降低。

旋流分离器的费用取决于其尺寸规格、附属部件造价等因素。其建设、运行维护成本均较低。

3.8　溢流污水消毒技术

对溢流污水进行消毒，其目的是为了减少排入受纳水体的污水中的病原菌。本节重点介绍氯消毒和紫外消毒两种方式，这也是对溢流污水进行消毒常采用的消毒方式。

3.8.1　基本功能

1. 氯消毒和脱氯

氯消毒可采用氯气或氯离子，如 $Ca(OCl)_2$ 和 $NaOCl$。它们与水反应或在水中生成次氯酸 $HOCl$ 和次氯酸根 OCl^-。当将氯加入到溢流污水中时，$HOCl$、OCl^- 会和氨、有机物反应生成氯胺、有机氯化合物。继续添加氯，它们会氧化有机氯和氯胺，使一氯胺转化为二氯胺和三氯胺。随着氯的不断加入，多余的氯胺和有机氯化合物减少到最小值，最后使氯在污水中有所剩余。氯的消毒机理主要包括氧化生殖细胞、改变细胞透过性、改变细胞原生质、降低酶活性、损害细胞 DNA 和 RNA 等。主要的消毒机制与微生物种类、污水性质以及使用的氯化合物有关。

当控制氯反应的物理参数保持恒定时，消毒效果（用细菌存活率来衡量）主要取决于剂量和接触时间，增加其中一项同时减少另一项，可以达到近乎相同的效果。生成余氯的点为转折点，该点的加氯量为刚好生成余氯的量，即折点加氯量。如果加氯量没有到转折点，同时要确保氯饱和时达到消毒效果，必须延长氯接触时间。可通过实验确定折点加氯量。

用含氯消毒剂进行消毒的主要缺点是残余的氯会以游离氯或有机氯的形式给受纳水体带来毒性。尽管氯在排水点下游会快速扩散，但必要时仍需对出水进行脱氯操作以保护受纳水体。常用的脱氯处理方式主要有添加气态二氧化硫和亚硫酸氢钠溶液。

2. 紫外线消毒

紫外线消毒是一种电磁辐射消毒方式，其机理主要是紫外线穿透致病微生物的细胞壁从而结构性地破坏 DNA 以及组织细胞的繁殖功能。紫外线的频谱在 $40 \sim 400nm$ 之间，$200 \sim 300nm$ 之间有消毒能力，$260nm$ 处消毒能力最强。紫外线消毒的主要形式是用紫外灯照射污水，一般采用低压低强度的紫外灯，例如低压汞弧灯，其释放的能量中大约 90% 在 $254nm$ 左右。由于紫外线消毒不是化学消毒法，所以不会改变污水的物理、化学性质。

3.8.2　适用条件和优缺点

经验表明，污水消毒效果最好、最适用的方式是氯消毒，其价格也较低。但是氯消毒方式并不能适用于所有溢流污染的控制，主要是不适合处理悬浮物浓度很高或含氨浓度很高的溢流污水。

氯消毒在溢流污染控制中存在的困难主要有：溢流具有间歇性，流速通常变化很大，溢流污水的温度和细菌组成变化也很大，因而很难规定氯的添加量；溢流污水的悬浮固体浓度较高，影响氯消毒效果；溢流污水排放口通常设在水体旁，可能位置较为偏远，人工操作不便，因此往往需要采用自动消毒系统。另外，氯消毒还会带来健康与安全隐患，尤其是消毒过程中持久性含氯化合物等消毒副产物的生成，也正是这个原因促使人们采用其他消毒剂来处理溢流污水，包括紫外线、过氧乙酸和电子束等。

紫外消毒已经广泛应用于污水处理厂，但是作为单独使用的溢流消毒设施还存在一定的限制。主要的限制因素是建设运行成本、占地和能耗。根据国外案例，由于雨天流量大、合流污水透光度低的问题，采用紫外消毒的地方往往消毒设施的规模都比较大。美国佐治亚州的哥伦比亚市利用紫外消毒方式来处理部分溢流污水，主要是在低流量的时候用，而高流量时则需要同时使用化学消毒剂。紫外线的处理效率也会受到水中悬浮物质浓度的影响，因而不适合处理 TSS 高的污水。

3.8.3 设计要点

1. 基本考虑

溢流污水消毒系统在设计时必须考虑应对污染负荷和流量的波动。溢流污水具有间歇排放、历时短、流量不稳定的特点，因为来自排水管网的细菌、有机物负荷变化很大。初期雨水中悬浮固体和细菌浓度通常很高，随着降雨的持续，污染物浓度会逐渐减小。污染物浓度还会受到流域特点、排水管网的动力学特征、之前旱季状况和降雨强度的影响。消毒系统应能响应当地的污染负荷变化规律，同时能够应对初始冲刷时的高污染物量。溢流污水的消毒有时还需要考虑去除固体物质来保证消毒效率。此外，受纳水体特征也可能影响消毒系统的设计。例如，受纳水体中如存在敏感的水生物种，可能会限制消毒剂的用量。

2. 氯消毒的设计

采用氯消毒时，设计者需要确定具体的消毒工艺。通常，氯消毒工艺包括快速工艺和延时工艺。实际常采用折点加氯的快速工艺。为了设计折点加氯系统，需要确定氯与污水的接触时间。对于快速消毒系统，因为其接触时间很短，氯溶液与污水的混合就变得非常重要。反应器尽可能设置为推流状态，并且保证氯溶液与污水的充分混合。混合可通过机械方式（搅拌器、泵等）或借助雨水的能量梯度（如跌水）实现。

消毒时可以采用不同形态的氯，应从安全性、稳定性、可用性、脱臭能力、腐蚀性、溶解性、对系统启动和流速变化做出响应的能力等多个方面出发予以选择。实际中常用的有液氯和次氯酸钠。在溢流污水消毒中，气态氯的使用不如液氯常见。雨天处理最好使用液氯，因为它更好操作。通常液氯需取自就地建设的储存池，避免远距离输送液氯带来的潜在安全问题。考虑到氯的化学降解，就地储存的容量要有一定富余，而进料设备的大小应该能够保证峰值流量时所需剂量得以存放。使用气态氯时，由于氯气具有一定的危险性，因而其储存的地方应该尽量避免闲人进入，同时对气体运输予以监控。次氯酸钠又称漂白剂，是使用最多的溢流污水消毒剂，可由氢氧化钠和氯气生成，也可由浓盐水电解生成。次氯酸钠操作起来比氯气更安全，可在现场制备、储存，也可购买其液体成品。次氯酸钠溶液通常包含 5% 有效氯，储存在抗腐蚀的容器中，温度在 30 摄氏度以下，当见光、温度升高或浓缩时液体会失效，且浓度越高越容易失效。次氯酸钙也是一种氯消毒剂，液体或固体形式的次氯酸钙都能提供氯。次氯酸钙不稳定，容易分解，需储存在干燥、抗腐蚀的容器中。但次氯酸钙会结晶，从而堵塞管道、泵以及阀门。

氯消毒过程的控制很复杂。由于溢流污水性质多变，其流量的测量对于确定加氯速度非常重要。基于流量的氯浓度恒定控制系统要比基于反馈的控制系统更加简单、可靠，但是基于流量的系统在安装后需要进行调试以确定合适的剂量和流量关系。为保护水生鱼类，最好对排入水体的余氯总量予以控制。

在设计氯消毒设施时还应考虑以下方面：储存氯的设施应在其底部进行通风，设施附近要安装氯气泄露检查设备，还要安装紧急洗气系统以便中和泄露的氯，液氯储存池和加氯器应该与其他设施分开放置；氯储存池要避免阳光直射。

3. 紫外消毒的设计

设计紫外消毒系统时必须考虑以下因素：流速、悬浮固体浓度、紫外光吸收系数、大肠杆菌去除率、灯的数量、灯的输出功率等。所需的紫外线剂量与紫外线辐射频率、强度、灯的数量、灯的构型、污水与灯的距离、水的流态、暴露时间和污水的吸收系数等多个因素有关。

采用紫外线对溢流污水进行消毒时，需要合适的紫外线强度，并保证与污水有足够的接触时间，从而使得病毒失活。可以使用分光光度计来确保合适的光强。实际会有很多因素限制光强，例如悬浮固体会吸收和分散紫外线，使细菌不能被紫外线照射。实验表明减少 TSS 浓度可以有效地提高消毒效果。因此，在消毒前常对悬浮固体物质进行过滤。

紫外消毒有两种通用的设计，非接触式和接触式。非接触设计是指将紫外灯悬挂在污水的上方；而接触反应设计则是指将紫外灯封装在石英套筒内或不锈钢外壳中，让其长期浸没在水中。其中接触反应设计又有两种主要类型：明渠系统和暗渠系统。对于明渠系统，将紫外灯以水平或垂直的方式浸入水中，灯的摆放要与水平流成直角。对于暗渠系统，消毒是在密封、加压的空间内进行，应该注意通风或进行冷却以保证散热。

渠中的水位应该保持恒定，水位的波动过大会带来一些问题。水位过低将造成上排紫外灯的暴露；水位过高时，大量水流又会超出紫外灯的照射范围，无法实现全面消毒。可在紫外灯下游安装自动控制阀来控制水位。堰也可用于控制紫外反应池中的水位，具有成本低、可靠、可预测、无移动部件等优点。或者在上游安装自动调节闸门来控制水位，费用也不高，维护容易，但比安装控制阀或堰需要更多水头。

设计时还应对灯的数量和渠道数量予以优化，以减少水头损失。

3.8.4　运行维护要点

1. 氯消毒设施的运行维护

合流制管网溢流污水的氯消毒设施，其维护通常与一般的间歇操作设施维护类似。在每次降雨后，要对设施进行检查并且重新加入化学药剂。消毒设施的维护工作主要包括：对所有管道和配件上的铜管进行定期检查，管路如有腐蚀现象，必须进行更换；对管道和容器进行检查看是否变潮或发生金属变色，它们均为泄漏的初期表征；每年或每使用 200 吨氯之后需要检查蒸发器是否有污泥积累，蒸发器的管道和连接处需每 6 个月检查一次；每 6 个月更换氯气过滤器；氯减压阀应该用异丙醇或三氯乙烯进行清洗，弹簧阀每 2~5 个月应该进行更换；每 6 个月对喷射器进行清洗；对增压泵进行定期维护。

为了避免造成人体健康危害，对于氯消毒设备应该配套提供：足量通风、安全措施、洗眼水管和淋浴、应急呼吸防护、应急包、应急预案工作人员的电话和信息、工作人员的安全操作培训。

2. 紫外消毒设施的运行维护

紫外线消毒设备的维护包括场地维护和部件清洗检修。暴露于污水的紫外线设备表面仍会有细菌生长。紫外灯周围的石英管若有细菌生长，会减少紫外辐射透过量，从而影响消毒效果。紫外线消毒系统内有透射仪，能测量进入污水的紫外线，当透射仪显示很低的水平时须对灯泡表面进行化学或物理清洗。

清洗灯泡的方法包括机械擦拭、浸渍处理、拆卸组件清理等。清洗灯泡的物质可采用柠檬酸、稀盐酸、磷酸、瓷器清洗剂、石灰、洗涤剂、硫酸等。采用化学物质清洗可能无法将灯罩恢复到原来的穿透水平，且恢复能力会随清洗次数的增加而下降。清洗的时间间隔取决于石英管的紫外线输出量降低速率。该速率随场地不同，也与污水的化学性质有关。

一个紫外灯的正常寿命应该在 14000h 左右。运行管理方案中应明确所有灯的输出功率、使用方法和使用寿命。紫外灯的外罩应每 10 年更换一次。整个紫外消毒系统周围应建有旁路以方便维修。

关于紫外消毒系统对人体健康的影响数据较少，但皮肤中度暴露于紫外线下会引起红斑，过度暴露会引起出血和水泡。眼部暴露于紫外线会引起结膜炎、视网膜病变和白内障等疾病。可采取以下方法减少紫外线暴露：明渠灯应放置在金属外壳内；紫外灯应该设置为连锁系统，配备能同时控制所有灯的开关；当紫外灯没有完全浸没于水中时，应关闭紫外灯；在紫外灯周围活动时应佩戴眼罩和面罩；张贴公告告知紫外设备可能带来的风险。

3.8.5 效果与成本

在溢流污水消毒系统中，氯的消毒效果与其杀死细菌、病毒和其他病原微生物的能力有关。在 TSS 浓度较低的污水中，氯可以快速杀死病原微生物。当 TSS 浓度较高时，消毒初期氯能杀死绝大多数单个的或小簇的细菌；但附着在固体物质内的细菌不会受到影响，这部分细菌的数量由 SS 浓度和固体颗粒的粒径决定，要想去除则需提高接触时间或增加消毒剂用量，因此需要更大的处理容器。

除 TSS 浓度外，氯剂量、接触时间、水流特性和混合情况等都会影响氯消毒的效果。消毒效果通常可用指示生物（主要是粪大肠菌群和大肠杆菌）的浓度变化来表征。可以利用数学公式来预测指示生物的浓度,如 Collins 模型、Collins-Selleck 修正模型等[102]。

采用紫外线消毒方式,紫外线剂量与总大肠杆菌、粪大肠菌群去除率之间存在剂量—效应关系,污水水质决定了所需的紫外线剂量。根据 Loge 等人提出的紫外消毒前后大肠菌群浓度变化与紫外线剂量、悬浮固体浓度之间的经验公式[103],一般当紫外线剂量为 $30mw\text{-}s/cm^2$、穿透率为 65％、悬浮固体浓度为 30mg/L 时,粪大肠菌群浓度大致降低为原来的 1％。

对溢流污水进行氯消毒,其成本与需消毒的水量、流速波动情况、区域敏感性等因素有关,具体主要包括设计成本、基本建设成本、化学药剂成本和运行维护成本。而紫外消毒设施的基本建设成本与设计峰值流量有关,运行维护成本则主要包括电力消耗、紫外灯更换与清洗等。

3.9　预防和应对溢流污染的管网维护技术

排水管网担负着收集输送城市生活污水和工业生产废水、及时排除城区雨水的任务,是城市最重要的基础设施之一。目前,我国城市排水管网设施老化、长期压力过大、运行管理水平偏低的现象突出,加剧了排水管网坍塌、污水发生溢流和城市内涝的风险。因此,采用先进合理的技术和方法对排水管网开展维护与管理,是保证排水管网正常运行、尽量规避污水溢流、减轻城市径流污染危害的重要基础。

排水管网的运行维护与管理工作主要包括设施的监测、检查、维护、清淤、排障等。通过排水管网在线监测可以及时掌握排水管网的运行状态和负荷情况。采用先进的管道检测技术可以及时发现管道中存在的问题。对排水管网开展定期养护,并针对排水管网运行过程中的常见故障,如管道堵塞、裂缝或腐蚀等及时进行修复,可以使排水管道保持良好的水力功能和结构状况。

3.9.1　溢流污染控制对管网维护的要求

1. 溢流污染防治与管网维护的关系

管网发生溢流的很多原因都可以归结为维护问题。根据美国的一项相关调查,管网堵塞是溢流的主要原因。重力流系统中,管网塌陷造成的堵塞,会导致污水倒流进而从检查井、泵站处甚至地下室溢出;如果是压力管道被堵塞,污水则会喷射而出。除了结构性塌陷外,还有很多东西都会造成管道堵塞。例如,污水管网中过量的油脂堆积也会造成污水倒流和溢流。植物根系也可能侵入到管道中形成堵塞。重力流管线的沉降下陷也会促使残渣的累积,最后造成堵塞。压力管道中过量气体的存在实际上也是一种堵塞,可能引发溢流。

污水从其本质上来说具有腐蚀性,因此管网运行维护工作的环境恶劣。污水管线的内侧和外侧都有可能遭受腐蚀影响。污水还能腐蚀阀门、通风口等附属设施。如果管道的腐蚀程度不断加剧而未加以及时干预,迟早会导致发生塌陷,进而造成污水溢流。为此,根据管材的不同，监测管道腐蚀的进程，采取一定的减缓措施，并在其失效之前先行予以处理，是运行维护人员的重要工作。

与水泵、应急电源等设施相关联的机械和电气设备，如果维护不当或者功能发生故障，导致设施在需要时无法正常工作，也可能引发管网的溢流。对这些机械电气设备的维护也是减少溢流的关键工作内容之一。

综上所述，为了保证排水管网正常运行，减少溢流污染，必须定期开展管道的维护和管理工作，对于已发生故障的管道需要及时予以修复。具体而言，针对排水管道中常见的问题，例如污染物沉积淤塞管道，由于过高的水力负荷、地基不均匀沉陷或污水的侵蚀作用造成的管道损坏、裂缝或腐蚀等，根据维护管理工作开展的方式、内容和计划安排的不同，可以分为预防性维护、修复性维护和应急性维护。

2. 预防性维护

预防性维护是指，污水管网系统的运行人员主动、提前对管道开展检查、清洗和日常维护工作，从而避免或者尽量减少系统出现问题。

为了提高管网维护工作的效率，可根据管道中沉积污物可能性的大小，划分成若干片区分别进行管网养护登记，以便对其中水力条件较差、管道中沉积物较多、易于淤塞的管道区段给予重点养护。

在预防性维护工作过程中，如果发现了需要加以修复的管网问题，就上升为修复性维护。例如，定期检视管道内部有没有油脂、沙子或其他沉积物的堆积，如果有必要就予以清洗，可以大大减少由上述原因所造成的溢流。预防性维护工作的对象主要涵盖合流制管道、污水管道、检查井、泵站、压力管等。

（1）重力流合流制管道

对于重力流合流制管道，其日常的预防性维护工作的目标是维持管道的完整性，保证其向污水处理厂输水能力的最大化。具体的预防性维护工作主要包括管道的定期检查，并且在有必要时对管道进行清洗以去除固体沉淀物质和其他堆积物。管道内部检查的技术发展很快，CCTV、雷达、声纳，还有其他一些声学原理的设备都已有实际应用。对于管径较小的管道，可以采用CCTV技术对管道予以检查。对于大管径的情况，通常可以采用目测的方法。如果进入管道存在危险，例如存在有毒气体、缺氧环境等，就得选择其他方法。有些技术应用时需要管道排空，有些则不需要中断管道的服务就可使用。具体的管道检查技术和设备类型及其优缺点、适用条件等，详见后续章节。

合流制管网系统中往往还有溢流控制设施，几次降雨过后，这些设施也会积累不少污物和残渣。对这些设施也要定期进行检查。

在开展维护工作时，要特别关注管网中的"热点区域"，即已知的会反复出现问题的区域。之所以成为"热点区域"，有多种原因，常见的有逆坡、旱天流速偏低造成易发生沉积、有企业排污、发生过油脂堆积、出现过植物根系入侵、经常满流带压运行，等等。列出这些区域，及时给予关注，例如每周、每月定期检查或者在降雨前进行检查，可以大大减少污水倒流、溢流、内涝等问题的发生。

通过对管网设施的日常检查，能够查找出潜在的需要立刻予以关注的局部性问题。与此同时，在日常检查工作中如果遇到其他一些指示性的现象，也应引起重视。例如，管道附近的地面发生沉降，可能意味着存在土壤冲蚀问题，日后难免造成管道的部分或整体坍塌。再比如，某个区域关于路面积水或地下室淹水的投诉不断，可能是因为管道发生了堵塞，或者由于强降雨造成污水支管跟污水干管之间断开了连接。还有，如果发现处理设施持续遭遇高的固体负荷（尤其是负荷主要由无机成分构成的情况），则可能意味着有固体物质通过管道裂缝或者因管道连接处出现开口而进入到系统内。

（2）分流制污水管道

从溢流污染控制的角度看，对分流制污水管道进行入流入渗检查是非常必要的。烟气测试是常用的入流入渗甄别手段。如果地下水位处在管道之下的话，该方法还可以用于探查管道的渗漏点。开展烟气测试时，首先需要隔断相应管道与系统之间的联系，然后将化学烟气通入管道，再用风机给管道加压，看烟气是否会从潜在的缝隙处泻出，以此判断哪里可能存在入渗入流。烟气测试有一定的局限性，不能在雨天或者雪天开展，管道上的覆土出现冰冻时也不宜使用，满流管道也不适用。开展烟气测试，如果出现阳性结果，那么可以揪出入渗入流点；但如果是阴性结果，并不能真正完全排除入渗入流源的存在。

（3）检查井

检查井也是入流入渗的源头之一。发生内涝时，径流可能会进入检查井。入渗入流也可能发生在检查井的四周和底部。为此，对检查井进行检查和维护也非常重要。对检查井开展检查最为简单易行的一种方法就是在相机上绑上一根长杆，然后伸入井内进行拍照。

（4）泵站

泵站是任何一个管网系统都不可缺少的部分，也必须通过加强维护来避免发生溢流。水泵、电机、变频装置、阀门、电气系统、发电机等都必须保持良好状态。腐蚀是泵站运行中首要防范的问题，否则会很快影响到泵站中铁、铜、铝等金属制的部件。再一项工作内容有时候容易被忽视，那就是集水井的维护。应定期清理去除集水井中的砂砾和油脂，以保证水泵的正常抽水。泵站供电如果出现问题也会很快导致溢流发生，因此维护好应急发电机或者备用水泵非常重要。

对水泵进行日常保养，其工作内容主要包括对轴承进行定期润滑；对轴封处实行定期清理，尽量保持无积水无污垢；定期检查电机、泵及管道连接螺栓处是否松动；定期清扫水泵机组外表，保持无灰尘、油垢和锈迹，铭牌也应完整、清晰等。

泵站进水与出水设施的维护内容包括对闸（阀）门、格栅、沉砂池、集水池、出水井等设施开展检查和维护。以格栅维护为例，格栅的日常养护工作包括对格栅上的污物及时清除，保持格栅清洁；定期检查格栅，防止格栅出现松动、变形和脱落等情况；如是钢制的格栅还应定期做防腐处理；而格栅除污机和电控箱则需要经常清扫保持清洁，对轴承、齿轮、液压箱、钢丝绳、传动机构等部位要定期润滑，对齿耙、刮板、机座、传动机构紧固件等部位要定期检查，防止出现松动，且这些部位还应按照规定进行整修。

泵站辅助设施包括起重设备、电动葫芦、通风机、备用水泵机组等设施。也应对这些辅助设施进行定期保养和检修，保证其正常运行和使用。例如把备用水泵机组安置于干燥和通风的环境中，并定期对水泵性能、电动机绝缘情况等进行检查。再比如对电动葫芦的日常养护，应着重检查电控箱及手动控制器、钢丝绳索具、升降限位、升降行走机构运动是否灵活稳定，以及断电制动是否完好或可靠等。

（5）电气设备和仪表

对电气设备的维护工作主要包括：在电气设备运行时应每班进行巡视，填写巡视记录并予以存档，特殊情况时要酌情增加巡视的次数；至少每半年检查和清扫一次电气设备，根据环境恶劣程度适当增加清扫次数；当电气设备出现跳闸等问题时，在未查明原因前，不得重新合闸运行。同时对电力电缆、变压器等也应进行定期巡视和检查。

仪表的日常检查工作内容主要包括：定期清理检测仪表的传感器表面，每月不少于一次清洗传感器；定期检查仪表安装是否牢固；接线是否可靠；供电和过电压保护设备是否良好。对于检测仪表应定期予以校验，保证数据的准确性，如热工类的在线检测仪表应至少每半年进行一次零点和量程调整；流量计至少每 1～3 年标定一次；在线水质分析仪表至少每一年调整一次零点和量程。

对于自动控制及监视系统（计算机、触摸屏、显示屏、打印机、操作台等）也应定期进行检查和维护，维护周期一般为一年左右。

（6）其他设施

对消防设施器材、电气安全用具、防毒防爆用具等应进行定期检查和维护，防止损坏或丢失。例如，消火栓、水枪及水龙带应每年试压一次，绝缘手套、绝缘靴等每半年试验一次，一旦发现有损坏或故障情况，应及时更换或维修。

对于巡查车、CCTV 检测车、吸污车等大型设备也应定期进行保养和维护，并请相关厂家来进行检修。

3. 修复性维护

修复性维护是指在出现问题之前，按照既定计划，对系统进行修补或者对系统的一部分予以更换。上述所说的问题通常是在开展预防性维护的工作时发现的，例如检查或清洗的过程中。相应的维护工作也往往应列为资产管理计划的部分内容。从性质上讲，这类维护工作也属于是主动的、超前的。国际经验表明，修复性维护工作非常必要，不少地方为了节约成本压缩了修复性维护的预算，结果常常得在应急状态下开展修理工作，反而大大增加成本，还引起公众的不满。

对重力流管道的修复性维护，一般要涉及到整个管段的置换，或者采用各种方法开展原位修复。具体修复技术的类型及其优缺点、适用条件见后续章节。

如果管道接头处有开口，会导致附近甚至较远处的土壤出现空隙。进行维护时，不仅要做好接头的封堵，还同时必须对空隙进行填充。如果管道上出现了多条平行的裂纹，意味着管道下方的土壤中已经存在较大空隙，此时应立刻开展修复性维护，要在管道失效之前及时地填塞空隙、修补裂纹。

在流速较低的管道中，有机固体物质的沉降分解会释放出硫化氢气体，进而与氧气反应后转化成腐蚀性极强的硫酸。如果混凝土管道或者检查井没有做防腐处理或者铺设衬层，腐蚀性物质会导致水泥的软化，如遇到高水量冲刷条件就会变成水泥浆流出管道，造成管壁变薄。如果观察到这种现象，需要对相应管道进行灌浆喷砂处理以恢复其结构完整性，并且在管壁上涂覆防腐衬层。

工业企业违规排放也是影响管道结构或水力完整性的原因之一。一旦排放的工业废水具有腐蚀性，不仅会像硫化氢那样造成管壁变薄，如果腐蚀性物质比水的比重大，随着水流的前行，还会损毁管道内底。有时候，工业废水的排放还会加剧固体物质的沉淀堆积，影响水力过流能力。如果在日常检查中观察到以上现象，修复性维护的工作内容除了修补管道外，还要对相应汇水区内的工业源开展调查，尽快遏止其违规排放。

4. 应急性维护

降雨过程中，超量的入渗入流和溢流是发生紧急事故的元凶。应急性维护就是要保证管网出现问题后能快速得以处理，并且将事故对环境的影响降到最低。

当事故刚发生时，可能只是个比较小的问题，要抓住时机做出快速反应和处理以避免问题扩大化。例如，也许先临时在地上挖个集水坑，将管道中溢出的水流汇集起来，再用地坑泵送入到下游管道，这样就能暂时解决问题，然后再开展正式的修补工作。再比如，压力管破裂时，简单地先用木塞子可能就能暂时控制住水流的喷射，然后再对裂口进行合理处置。

有些情况下，在事故处理完之前，需要采取污水转输措施。例如，可以临时把管道中的水抽入到集水坑、集水井、检查井里，然后再提升到其他区域或者污水处理厂。如果可能的话，用临时性的管道实现转输，并且让其跨越过要实施修补维护工作的区域。

在事故应急工作中，还必须牢记的一点是，要尽快获得事故区域其他地下基础设施的位置信息，并予以正确标记。一定要避免在修补污水管道时对地下的天然气管线、电话线、网络光纤等其他公共设施造成损坏。

应急过程中，如果能拿到一个反映当前流量和运行状态的管网模型作为工具，将极其有利于工作的开展。

3.9.2　管道检查技术与设备

城市排水管网系统是一个复杂、庞大的网络体系，由于管道老化、长期压力过大等原因，地下排水管道破裂时有发生，对排水管道进行定期检测和病害评估是避免其发生事故的有效措施。对排水管道进行检查的主要目的是考察排水管道的健康状况，检查的对象应包括污水、雨水、雨污合流管道以及附属设施。

目前国际上常用的排水管道检查方法可分为三类，即实地勘测、管道内检测和管道外检测。实地勘测方法主要用于对管道的尺寸、位置和材料进行测绘，可以借助于声波定位器或地面定位系统来进行。管道内检测主要用于调查管道的内部缺陷状况以确定是否应对管道进行修补以及如何进行修补。管道外检测则主要是指对管道裂缝和周边土壤空隙进行检测。以下对相应检测技术予以介绍。

1. 管道内检测技术

根据应用目的和内容的不同,管道内检测可分为排水管道功能性检测和排水管道结构性检测[104]。排水管道功能性检测的目的主要是考察管道的畅通情况和排水能力,一般是通过检测管道的有效过水断面,并将管道实际过流量与设计流量予以比较评估来完成检测任务。排水管道结构性检测的任务是检查管道的结构完整性和连接状况,在此基础上判断管道是否会给地下水资源和其他市政设施带来负面影响。对于功能性检测中发现的问题,一般可通过对管道加强养护予以解决;对于结构性检测中发现的问题,一般需要通过修复的手段予以解决[104]。

传统的管道检测方法,例如目测法、量泥斗检测、反光镜检查、潜水员下管道检查等方法,虽然简单,但有很多局限性,渐渐无法适应现代化排水管网管理的要求[105]。而借助于仪器的管道检测技术发展非常迅速,例如管道闭路电视检测技术、声纳法和潜望镜技术等日益得到普及。随着检测要求的提高,未来的发展趋势是多种检测技术联合使用。目前,可用于排水管道内检测的技术主要包括以下 7 种[104],[105],[106]。

(1)管道闭路电视检测技术

管道闭路电视检测,简称 CCTV,是目前最为普及、应用经验积累也最为丰富的检测技术之一。CCTV 的基本设备包括摄像头、灯光、电线、录影设备、监视器、电源控制设备、承载摄影机的支架、爬行器及长度测量仪等。采用 CCTV 设备对管道进行检测时,检测车携带摄像设备进入排水管道,操作人员在地面远程控

图 3-11 CCTV 检测车示例

制检测车的行走并同时进行管道内的录像拍摄。图 3-11 给出了 CCTV 检测车的一个示例。CCTV 设备运行过程中,通过闭路电视录像的形式将影像数据传输至控制电脑。在数据分析的基础上,相关技术人员就可以对管道内部状况做出判断和评价。CCTV 设备既可用于新建排水管道,也可针对使用中的排水管道开展内部检测,对管道缺陷作出判断,并作为管道修复的依据。

CCTV 技术是目前最成熟的管道内检测技术之一,但该技术仍存在一些不足。例如,为了清楚地了解管道内壁的情况,在检测前需要对管道内壁进行预清洗;该技术不能发现图像方式无法辨识的异常;同时,检测时需临时降低管道中的水位,如果对高水位运行的排水管道实施检测就需要做临时性的调水、封堵等辅助性工作。总体而言,该技术更适合于雨水管道的旱季检测或新建排水管网的竣工验收检测。

(2)管道内窥声纳检测技术

管道内窥声纳检测的原理是将装置安装在浮子、牵引车或水下遥控装置上,声纳设备以水为介质在管道中不断发送超声波信号扫描管道内壁,通过对扫描结果的分析处理来获知管道内的过水状况。根据管道不同类型表面反射回来的信号差异,检测装置还可以生成

液面下的管道表面轮廓图，从图上可区分出管道内壁上的坑、穴、裂痕、裂缝等损伤以及淤泥、植物和砖块等杂质。在此基础上，还可通过处理声纳提供的图像进一步估算出管道中沉积物的量。

声纳检测技术可以在管道不断流的条件下开展检测，具有灵敏度高、穿透力强、探伤灵活、效率高、成本低等优点。而其不足之处在于，声纳法分辨能力有限，无法得知管壁厚度及周围土壤的性质，不易发现轻微缺陷；仅能检测液面以下的管道状况，不能完全反映管道的结构问题。因此，声纳检测技术主要用于了解管道内部的过流情况，进而评判管道是否存在功能性问题及其严重程度。此技术适用于大管径、超负荷的污水管，通常被用于检测塑料管的变形情况和混凝土管的腐蚀和变形程度。

结合声纳检测技术与管道闭路电视检测技术的优势，二者可以联合使用。前者用于获得液面以下的管道内壁情况，同时利用后者对液面以上的管道进行录像分析，从而获得管道内部的完整图像。

（3）管道潜望镜检测技术

潜望镜属于便携式视频检测系统，具有操作简便、快捷的优点。操作人员可以将摄像头控制盒挎在腰带上，利用摄像头操作杆（一般为可延长的）将摄像头送至检查井内的管道口，从而获取管道内部的图像。该设备最适合于对检查井开展检测，也可用于检测检查井附近的管道，适用的管径范围通常为 150～2000mm。

（4）聚焦电极渗漏定位仪检测技术

聚焦电极渗漏定位仪在工作时，需让其探头从待检测的排水管道内部穿过。当管道受损时，在地面设置的表面电极和探头上的无线电聚焦电极之间能够形成电流，通过对电流信号的记录分析，探测出管道受损的位置、范围甚至微小的异常现象。在此基础上可按照损伤程度的不同对管道进行等级划分，不同等级选择采用不同的管道修复方案。聚焦电极渗漏定位仪在检测管道时无需事先清洗管道或控制水流，具有效率高、成本低的优势，适用于混凝土管、钢筋混凝土管、衬塑钢管或塑料管等的渗漏检测。

（5）管道机器人检测技术

管道机器人检测系统能自动定位、记录并跟踪缺陷信号位置，探测管壁的厚度、管道内的障碍物和管壁的渗漏裂缝等，在此基础上自动判断排水管损坏的类型、位置和程度。由于可在检测站中控制和监视机器人的移动和传感功能，对于用传统方法无法有效检测的管道（如有电缆和管壁障碍、有泥土覆盖的管道等），其优越性十分明显。

利用管道机器人进行检测具有其独特的优势，而且还可以跟其他检测技术联合使用。例如 1996 年由澳大利亚研究机构完成的管道检测快速评估技术（PIRAT）利用配备的微型推进器协助机器人自动推进，利用激光扫描仪扫描水位较低的管道，并利用声纳扫描仪扫描满流的管道。通过分析多个管道截面的反射激光和回声，可以产生表征排水管道内部特征的三维图像，形成完整的管道缺陷情况报告，并评估管道的缺陷等级。

（6）管道扫描与评价技术

管道扫描与评价技术，简称 SSET，是日本研发的一项管道检测技术，它利用扫描仪与回转仪来获取详细的数字图像，具有扫描仪与回转仪的双重优势。SSET 能够提供排水管道的几何尺寸数据，完成管道水平和垂直偏差的测量，给出结构缺陷的位置和范围，并可以依据这些检测信息对管道完整性开展分析评估。相比于 CCTV 技术，SSET 的主要优势在于数据质量更高和评估过程更快，其主要缺点则是检测费用过高（目前大约是 CCTV 的 1.5～2.0 倍）。

（7）多重传感器检测技术

多重传感器，简称 SAM，是德国研发的一项管道检测新技术，它包括一套 CCTV 系统和各种传感器。多重传感器可检查管道的渗漏、腐蚀等问题，同时检测管径、管道周围土质等参数。其主要构造包括：光学三角测量系统，用于在检测过程中记录管道形状（管径、偏差等）；微波传感器，用于检测管道周围的土壤状况，其中新研发的后向散射原理的管壁扫描传感器，可沿管道轴向旋转并可扫描整个管道表面；声学系统，通过探测机械声波的发散引起的振动和其他现象来探测管壁裂缝和判断管道接口的状况。

2012 年颁布实施的《城镇排水管道检测与评估技术规程（CJJ 181—2012）》[107]，对如何在排水管道中应用电视检测、声纳检测、管道潜望镜检测技术开展检测和缺陷评估，给出了较为详细、规范的技术指导，可供参考。

2. 管道外检测技术

排水管道的裂缝可能会引起渗漏，进而导致周边土壤的流失，最终将由于失去土壤支撑而导致管道坍塌或断裂。其中，土壤流失量受很多因素影响，例如管道裂缝的大小、管道接口的尺寸、土壤性质和地下水位等。因此，对管道裂缝以及周边土壤空隙进行检测非常重要，而管道外检测正是针对管道裂缝和周边土壤空隙进行的专门检测。管道外检测方法主要包括以下 5 类[104]、[105]、[106]。

（1）透地雷达法

透地雷达法的检测原理是仪器发射天线向地下发射的高频电磁脉冲在传播过程中遇到地层的变化界面会产生反射波，反射波传播回地表后被接收天线所接收，经过对波形数据的分析处理可得到目标体的位置分布、埋深等信息。透地雷达能探查地面下非连续空隙的位置，可用来检测管材、管壁厚度、管道渗漏并检查管道与周围土壤之间是否有淘空现象以及周围其他管线的情况，且能够对混凝土管的埋深以及管道下的土壤环境进行检测，如可测量土壤的空隙深度和尺寸、土壤饱和水的渗出范围等。

该技术具有明确的适用范围，例如能够应用于砖砌管渠、小管径排水管道的检测，而不能检测高电导率土壤和黏土中的管渠和管道。其缺点就是输出图像过于复杂，需要有很丰富的实际经验才能对其加以判断。

（2）红外温度记录仪法

红外温度记录仪的工作原理是利用排水管道渗漏点与周边土壤之间存在温度差的现象进行测量。该法可探测管壁表面和周围土壤层中的空隙和渗漏情况，但不能查明空隙尺寸。适用于检测排空的大口径混凝土管道和砖砌管道。但其主要缺点是检测过分依赖于单一传感器来评价管道状况，检测结果的可靠程度往往依赖于检测人员的实践经验。

（3）撞击回声法

撞击回声法的检测装置主要包括受控的撞击源（重锤或其他重物）和若干地下传音器。其检测原理是控制撞击源撞击管壁产生应力波，由地下传音器可探测到应力波在管道内部裂痕处和外表面产生的反射波，通过分析不同频率的反射波，最终得出排水管道结构以及外部土壤环境的相关信息。利用撞击回声法进行检测具有不损伤管道结构的优点，通常适用于直径较大并已排空的砖砌或混凝土排水管的检测。

（4）微变形法

微变形法的检测原理是在管道内表面施加压力使其发生轻微的形变，再直接探测管壁厚度等管道结构特征。该方法主要适用于测定管道的整体结构和力学性质，通常不用于管道损坏细部的检测和评估。

（5）表面波频谱分析法

表面波频谱分析法利用表面波进行非插入式分析，可以对管壁表面的粗糙度进行测量，且最大程度地减少了干扰噪声的影响，具有很高的精度。能够同时检测管壁和土壤的情况，并能够方便地区分管壁和土壤引起的问题，主要用于大口径管道的检测。该法具有无破损、现场测试简单经济、检测结果内容全面可靠等特点。

3.9.3　管道清通技术与设备

排水管道必须定期进行清洗，以防止管内沉积物过多，影响管道的输水能力。当管道淤泥沉积物过多甚至造成堵塞时，简单的清洗工作已不能解决问题，则必须使用疏通掏挖来清除管道积泥堵塞物。常用的排水管道清洗疏通一般有以下几种：水力清通法、绞车疏通法、通沟机清淤法。《城镇排水管渠与泵站维护技术规程》（CJJ 68—2007）[108]规定了管道清淤的检查分级和推荐的疏通方法，可供参考。以下对几种方法加以介绍[109],[110]。

1. 水力清通法

水力清通法是指借助水头冲击力来推动管道内淤积物而达到清洗管道的目的。水力清通可以利用管渠内污水、自来水或附近河湖水进行冲洗，可分为自冲法和机械水冲法。这类方法操作简便、功效较高，目前已得到广泛采用。

（1）自冲法

自冲法，又称人工闭水法，是指采取堵截、提升等方法提高管渠上游污水的水头后，通过瞬间释放让大量水流以较大流速冲洗中下游管道，从而快速去除沉积物。自冲法要求管道内有充足的水量，或在较短时间内有足够的蓄水能力，且适宜于埋置较深的排水管疏通。操作时，常在管道内放入能挡水的清淤装置，如充气球、橡皮气塞、帆板、踏板等。自冲法适合于坡度良好的中小管径（如 200～600mm）管道。

（2）机械水冲法

机械水冲法的操作过程如下：利用管道清淤车（高压水冲车）等携带的机械装置产生高压射流，借助水冲作用使上游管道内的沉积物松动，成为可移动的悬浮物质，经水流挟带输送到下游管道所修建的沉泥井中，最后利用真空吸泥车将沉泥井内的集泥吸出外运。

管道清淤车装备主要包括大型水罐、机动卷管器、高压水泵、射水喷头等，它利用泵将车上水罐内的水通过软管及喷嘴冲洗管内沉积物，同时推动喷嘴前进，冲松的泥浆随水流冲至另一井内，再采用吸污车吸走。

此法操作简便、效率高、不污染路面，适合于多种口径的管道；但井距较长时，疏通清淤效果较差。另外，由于冲洗用到净水，所以成本比较高。为了降低成本，现在的清淤车大多备有污水净化装置，以便充分利用管道中的污水进行作业。

2. 绞车疏通法

绞车疏通法的操作过程是这样的：在需要疏通的管道上下游紧邻的两个检查井旁各配备一辆绞车，利用竹片或穿绳器将一辆绞车的钢丝绳牵引到另一绞车处，并在钢丝绳上连接通管工具，通过绞车交替运行使通管工具在管道中上下行、松动和推移淤泥，实现管道的清扫。通管工具的种类繁多，有松土器、弹簧刀、锚式清通工具、刮泥工具等几大类，可根据管渠中的沉积物类型、堵塞状况进行挑选。绞车又分手动绞车和机械绞车两种。

这是一种老式的清通方法，适用于各种直径的排水管道，特别适宜于淤积严重、淤泥粘结密实的管道清淤工作，当水力清通效果不好时，采用这种方法效果很好。但这种方法的缺点是，从一个井口向另一个井口送竹片需要人工下井完成，如井下工作条件恶劣、工作环境不佳，会给工人带来极大不便，甚至可能引发事故，因此要特别注意安全。

3. 通沟机清淤法

疏通管渠的通沟机类型主要包括气动式通沟机和钻杆式通沟机。气动式通沟机借助压缩空气把清泥器从一个检查井送到另一个检查井，然后用绞车通过该机尾部的钢丝绳向后拉，清泥器的翼片即行张开，把管内淤泥刮到检查井底部。钻杆式通沟机是通过汽油机或汽车引擎带动机头旋转，把带有钻头的钻杆通过机头中心由检查井通入管道内，机头带动钻杆转动，使钻头向前钻进，同时将管内的淤积物清扫到另一个检查井中。

该法适用于管壁规则光滑，污物不多的状况。

3.9.4　管道非开挖修复技术

管道修复是指在管道检测的基础上，对出现裂缝、变形、腐蚀、错口、脱节、破损、渗漏、异管穿入等问题的管道进行处理和修复。排水管道修复方法主要分为明开挖法和非开挖法。明开挖法是指将排水管道损坏处的路面挖开后进行管道维修。该法技术简单，易于操作，适用于管道埋置较浅、损坏较严重的情况。但缺点是施工工期长，且施工期间需考虑导流，对环境、卫生及交通影响较大。非开挖技术是指不需要开挖路面便可对管道进行检查、维修的施工方法。其优点是：施工工期短，对环境卫生、交通及邻近建筑物影响较小；可以实现对管道早期质量缺陷的及时维修，能提高管道运行质量，延长使用寿命。

非开挖维修方法又可分为局部维修法和整体维修法。局部维修是指对管道渗透点和接口管道错缝等处进行维修，主要有嵌补法、注浆法、灌胶修补套管法和局部树脂固化法等（有时几种方法可同时使用）。整体维修是对连续的一段管道或检查井到检查井之间的一段管道进行维修，有时也被称为管段维修，主要有翻转内衬法、螺旋缠绕法、穿插内衬法，等等。管段整体维修较为复杂、费用高、工期长、实际操作难度大，多用于城市管网的改造。在管道养护中应及早发现局部质量问题，并及时采用局部维修法予以修复，尽量避免采用整体维修。

表 3-7 给出了不同状况下排水管网系统的修复建议，供参考。

排水管网不同结构状况下的修复建议 表 3-7

结构状况	没有或仅有少量管道损坏，结构状况总体较好	有较多管道损坏，结构状况总体一般	大部分管道已损坏，结构状况总体较差
管道修复建议	局部修复或不修复	局部修复或缺陷管道整体修复	整段紧急修复或翻新

下面列出 4 种典型的局部修复技术[111]：

（1）嵌补法：又称补丁法，是指使用钢套环、PVC 套环或软衬管来修复管道的小孔或裂隙。

（2）注浆法：注浆法是指采用注浆的方法在管道外侧形成隔水帷幕，即土体注浆；或在裂缝或接口部位直接注浆来阻止管道渗漏，即裂缝注浆。

（3）灌胶修补套管法：灌胶修补套管具有不锈钢芯结构，其外周浸满了环氧树脂或聚氨酯树脂。利用树脂在一定的温度和压力条件下的固化或发泡反应，形成管外介质＋旧管道＋不锈钢芯筒的胶结复合结构实现管道修复。适合于解决不均匀沉降引起的管口接头松脱和漏水。

（4）机器人修复技术：是一种使用遥控的修复装置（机器人）来完成诸如切割管道凸出物（包括树根）、打开支管口、向裂隙注浆等工作的方法。机器人修复是非开挖管线修复技术中最新的方法之一，主要应用于重力流管道系统，常见的有磨削机器人和充填机器人。

以下列出 8 种典型的整体修复技术[111]：

（1）翻转内衬法：将无纺毡布（或尼龙粗纺布）与聚乙烯（或聚氯乙烯、聚氨酯薄膜）复合成薄膜状片材后向外缝制成软管，排出软管内空气并加入树脂，然后利用水或气将软管反转进入待修复管道内，软管经过一定时间或温度固化成刚性内衬管，从而达到堵漏、提压、减阻的管道修复目的。

（2）缩径内衬法：通过机械作用使塑料管道的断面产生变形，如缩小直径或改变形状，然后将新管送入旧管内，最后通过加热、加压或靠自然作用使其恢复到原来的形状和尺寸，从而与旧管形成紧密配合的方法。

（3）螺旋缠绕法：在旧管道内部利用缠绕机让带状材料（例如聚氯乙烯带状型材）通过压制卡口不断前进，经螺旋缠绕后形成一条固定口径、连续无缝的新管道，新管道通过扩张贴紧旧管壁后固定。管道可在通水情况下作业，水深 30％时通常可正常作业。

（4）折叠变形法：该法使用可变形的 PE 或 PVC 作为管道材料，施工前将其加热并折叠成 U 形、C 形甚至工字形，插入时从一个检查井下人，从另一个检查井用卷扬机等设备拉出，就位后利用加热或加压使其恢复原来的管道形状，从而与旧管道构成紧密配合的复合管道。

（5）穿插内衬法：又称传统内衬法，是指在旧管道中拖入新管，然后在新旧管中间注浆稳固的方法。这种方法在国内外使用都较早，且是目前仍在应用的一种既方便又经济的管道修复方法。

（6）原位固化法：又称软衬法，是在现有的旧管道内壁上衬一层热固性树脂，通过循环热水、热蒸汽或紫外线等方式使其固化，形成与旧管紧密配合的薄衬管。

（7）喷涂法：通过在管道内部喷涂一层薄膜而对旧管道内部进行修复的方法。可分为水泥砂浆喷涂和有机化学喷涂，喷涂材料主要有水泥砂浆、环氧树脂及聚酯树脂。由于喷涂层较薄，通常只用于防腐处理。

（8）碎（裂）管衬装修复技术：该工艺采用气压、液压或是静拉力来破碎现存的旧管道，并将旧管道碎屑挤入周围的土层中，同时拉入新管道。该方法适用于原有管道为易脆管材（如灰口铸铁管），且管道老化严重的情况。

2014 年颁布实施的《城镇排水管道非开挖修复更新工程技术规程（CJJ/T 210—2014）》[112] 中，给出了穿插法、原位固化法、碎（裂）管法、折叠内衬法、缩径内衬法、螺旋缠绕法等非开挖管道修复技术的适用范围、适用条件、设计计算方法、施工操作等相关内容，可供参考。

3.10 排水管网的数字化管理技术

随着经济快速发展和城市建设突飞猛进，城市管理日趋复杂，对城市排水管网设施管理水平的要求也越来越高，而针对降雨径流污染的各种管路控制措施的合理设计和高效运行必须依托于良好的排水管网管理基础。为了能够最大限度地发挥排水管网的输送能力、延长管道的使用寿命、提高排水管网的养护效率，构建排水管网的数字化管理模式，不断提高排水系统管理的信息化水平，成为未来的发展方向。为了建立起排水管网的数字化管理新模式，排水管网数字化管理系统的开发建设是核心任务。发达国家和地区在这方面起步较早，美国、西欧、日本等国的很多城市都已经建立了详细的排水管网信息管理系统。而我国排水数字化信息管理技术的研究、开发、应用开展较晚，直至 20 世纪 90 年代初期，一些经济条件好的城市才逐渐开始着手构建排水管网信息系统。

排水管网数字化管理系统综合运用计算机技术、GIS 技术、数据库技术、图像处理技术、网络通信以及多媒体技术，以城市地形图为背景，以城市排水管网空间数据和属性数据为核心，并集成专业模型的功能，从而在现有排水管理机构及其日常业务基础上，实现排水业务的自动办公和科学决策分析，并通过系统接口实现与排水相关所有部门间的数据共享与交换。建立起该系统的好处在于，能够充分利用管网的在线监测和检查数据，并进行动态分析和模拟；还可以建立以排水管网的周期性调查、评估、维护和清淤为主的科学养护体系，制定科学合理的管网养护和修复计划，从而为排水管网运营控制提供科学的参考意见。

排水管网数字化管理系统是一个集大型数据库、复杂专业模型和先进的软硬件系统为一体的综合体，其建设的主要内容包括：综合数据库的建设，排水管网模型的构建，应用软件的开发和相关硬件平台的搭建。

3.10.1　排水管网数字化管理模式的总体构架

排水管网数字化运行管理与维护模式的总体设计如图 3-12 所示，覆盖了对运营区管网进行数字化管理的整个流程，可支持管网的运行管理和决策评估两大类应用需求。首先，在数据标准化处理基础上为管理对象构建现势综合管理数据库，实现管网结构数据和运行维护数据的实时更新，为管网运行管理和决策评估提供数据支撑；同时，运行管理和决策评估过程中产生的数据也会实时更新到综合数据库，以作为下一次决策的依据。综合数据库支撑下的管网运行管理，主要包括日常巡查、设备维护、管网养护和应急管理等内容，是管网日常运行维护的重要内容和基本需求环节。而决策评估则包括现状评估、升级改造和规划决策等内容，在运行管理过程中利用综合数据库中的信息实现技术分析，形成评估结论、事故预警、改造建议等，辅助管理者科学决策，为管网维护实现有效管理提供

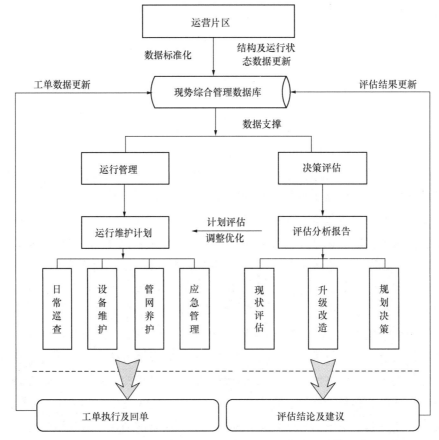

图 3-12　排水管网数字化运营管理与维护模式的总体设计

重要手段和方法。

3.10.2　综合数据库设计与建设

排水管网系统数据繁多、拓扑连接复杂、类型冗余、动态变化特征明显且不确定性高，因此保持管网数据的准确性、有效性与现势性难度较大。针对数字化管理需求，排水管网综合数据库必须完整、准确地反映管网的现状，因此需要建立动态、可维护的数据库结构，对排水管网涉及的海量数据予以存储，对管网历史数据进行有效统一的管理，并形成高效率、低冗余的动态存储机制。为此，综合数据库在设计开发中应遵循标准化、完备性、可靠性、兼容性、可扩充性和安全性等原则。

为提高数据的检索、更新效率，在综合数据库中，需要根据对象的所属种类将数据划分到不同的子数据库中。从总体结构上可将排水管网综合数据库分为四部分：管网数据库、工程图档数据库、基础地形数据库以及运营管理数据库。各个数据库部分在物理部署上虽分开，但在逻辑上却是紧密相关的。图 3-13 所示即为排水管网综合数据库的总体结构设计示例。

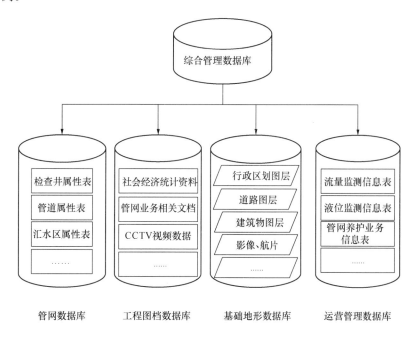

图 3-13　综合管理数据库的结构

管网数据库统一存储排水管网中各种管网设施要素，包括检查井、排水口、分流井、管道、泵站以及排水流域中的各个汇水区空间及属性信息。空间信息应根据要素进行分层的图层方式组织管理。属性信息则根据需求及业务分为管网资产信息、管网几何属性、管网规划数据、管网模拟参数以及其他管网相关数据等。

工程图档数据库是数据库技术和多媒体技术相结合的产物。在排水管网的日常运行维护管理过程中会涉及到大量的文本、图形、图像、声音等多媒体数据，这些数据与数字、字符等格式化数据不同，需要专门的数据库管理系统进行存储。

基础地形数据库将地形中的各类要素包括水系、境界、交通、居住地、植被等按照一定的规则分层，然后按照标准分类编码，并对各要素的空间位置、属性信息及相互间空间关系等数据进行采集、编辑、处理而形成的基础地理信息数据加以存储管理。

运营管理数据库主要包括管网监测数据和管网管理数据两类。管网监测数据主要包括通过在线采集与监测装置获取的有关管网、污水处理厂、泵站等设施的水位、流量、水质、运行状态等信息。管网管理数据则是指排水运营管理业务过程中产生的相关数据，包括管网巡查数据、管网养护数据、户线接入数据以及管网检修数据等。

数据库是城市排水管网数字化管理系统的重要基础，其数据质量直接影响整个系统分析的准确性，其数据结构是否合理影响到整个系统运行维护和信息更新的效率。因此，数据库的建设应严格按照数据入库、数据检查以及数据更新等步骤进行。

3.10.3　排水管网模型的构建

排水管网模型是对实际排水管网系统的合理抽象。通过排水管网模型，能在各种计算情景下，根据城市的降雨径流规律和排水管网的汇流规律，模拟城市排水管网系统的运行特征，掌握城市排水管网的运行规律，以便对排水管网的规划、设计和运行管理作出科学的决策[113]。因此，利用 GIS 技术、网络拓扑结构和排水管网监测数据，实现排水管网模型的构建和应用，是管网系统数字化管理的必要途径。

排水管网模型构建过程包括以下三个阶段：模型初步构建、参数识别、模型验证。

模型初步构建阶段的主要任务包括：利用已有排水管网数据信息进行管网概化，对管网节点对应的汇水区（或服务区）予以划分，构建输入节点、排水管线、管网汇水服务区之间的空间网络对应关系，并制备模型模拟所需的相关输入数据文件，以便进行模型参数的识别与验证。

模型的参数识别是模型应用的前提和基础。从参数取值特征来看，模型参数可分为确定性参数和不确定性参数两类。在排水管网模型建立的过程中，部分参数值并不能直接通过实测获得，而需要通过经验方法或者简化的计算方法获得。在初步构建排水管网模型并对获得的监测数据进行整理与分析后，可通过研究区域的大量相关数据，结合经验设定参数的合理取值范围及其概率分布特征，进而对模型中的不确定性参数予以识别。参数识别过程中，要比较模型计算出的预测值与实际测量值之间的差异，并通过调整不确定性参数的取值来缩小两者之间的差距。目前，模型参数的识别方法可以分为两大类，即基于最优化思想的参数识别方法和基于不确定性分析的参数识别方法。传统的参数识别主要基于优化思想，致力于寻求一组参数使得模型的模拟值尽可能地接近真实值；但优选的方法通常受数据、算法以及其他一些主观因素的影响较大。针对传统参数识别的缺陷，基于不确定分析的参数识别理念应运而生，即认为通过一定的概率统计方法获得的多组可信参数具有更强的现实意义。基于不确定性分析的参数识别方法使用参数的后验分布来代替单一的优化参数，进而可以对模型模拟结果的不确定性做出估计，能够在一定程度上提高模型应用的可靠性，降低决策风险。

参数识别阶段完成以后，模型在投入实际应用之前还需进行验证。验证是用参数识别过程中没有使用过的数据来进一步检验模型的结果。通过反复的动态模拟计算和历史事件的充分验证，最终完成模型的建立和校准。该过程是一个不断反馈调整的过程，直接影响到模型的准确性和可靠性。

3.10.4　软件系统与硬件支撑平台设计

在排水管网综合数据库合理构建和动态维护的基础上，结合 GIS、数据库技术、模型模拟，可以开发数字化管理的专业软件系统，其主要组成包括：操作系统、数据库平台软件、GIS 软件。

软件系统的体系结构按照网络连接模式的不同可分为三类，分别是客户机/服务器（Client/Server，简称 C/S）模式，该模式具有强大的交互式地图操作、模型动态计算和复杂的逻辑分析功能，支持管网数据的编辑、更新、维护和模型模拟分析等；浏览器/服务器（Browser/Server，简称 B/S）模式，适用于大量用户使用和共享的情形；移动设备/服务器（Mobile/Server，简称 M/S）模式，该模式在管网巡查养护和应急管理等过程中具有十分明显的优势，可实现现场查询排水管网信息以及工作人员之间的快速互动和便捷交流。为支持排水管网系统管理业务的深入与拓展，提高管理效率及水平，可采用 C/S、B/S 和 M/S 相结合的混合模式进行设计与开发。

硬件支撑平台是整个排水管网数字化管理系统运行的硬件条件。硬件支撑平台在功能上可分为管网在线监测平台、信息网络平台、数据存储平台、监控中心和大屏幕展示平台等，涉及到监测、通信、网络、安全等多方面的内容。

管网在线监测平台应能够对管网系统内的流量、水位及水质等状态进行在线监测，对管网泵站设备运行状况进行动态监控；能实现监测数据的显示、存储、统计和打印，对各类监测数据的异常情况进行报警；能将现场数据进行处理后及时传输到监控中心，为监控中心提供翔实的在线监测数据，并可根据监控中心的各种控制指令，对整个排水管网系统进行在线管理与远程调度；能为排水管网系统的综合规划和管理提供各种统计数据。

信息网络平台应能够为与之连通的各种支撑平台、应用系统提供网络支持，能够基于该平台实现数据、语音、视频、图像等各种多媒体应用的综合传输，从而满足网络信息发布、跨部门协作等多种应用的需要。整个系统的网络环境又分为内网和外网两部分，内外网之间逻辑相连。内网指排水管网管理及业务部门内部的局域网，用于各科室内部和各科室之间的网络联接；外网指 Internet，用于针对公众的信息发布。

数据存储平台承担着海量数据的存储、管理和应用工作，需要具备足够空间的数据管理、更新和服务能力，以保证排水管网数字化管理系统的正常运行。

监控中心实现对排水管网、泵站及污水处理厂重要区域或地点的远程监视和控制，实时采集监控对象的视频信息并予以响应处理，对突发事件及时指挥处置。

大屏幕展示平台是实时监控和直观展示监测信息的平台，直接为排水管网管理中心服务。该平台通过大屏幕能够直观显示监测信息、视频会议、应急抢险等情况，实现对城市排水管网全局和管理工作的总体把握。

3.10.5　排水管网的数字化管理功能实例

典型的排水管网数字化管理系统通常应包括以下功能模块：日常巡查、养护管理、设备维护、事故应急管理、决策管理等。要实现排水管网的数字化管理功能，首先需要在分析传统的管网运行维护方式的基础上，识别运行维护的要点和问题，并针对这些问题进行标准化流程的梳理和优化；进而与数字化管理的科学手段相结合，在实现数据统一管理、模型动态模拟和综合评估分析的基础上，服务于管网的精细化管理和有效运行。

1. 排水管网日常巡查模块

排水管理的运行管理人员应定时对排水管渠和设施进行检查和维护，确保排水管网维持良好的水力功能和结构状况。巡查内容主要包括污水冒溢、晴天雨水口积水、井盖或雨水箅缺损、管渠塌陷、违章占压、违章排放、私自接管、雨污混接以及影响管渠排水的工程施工等情况。

管理部门根据基础 GIS 数据、管道属性数据和历史记录等信息，结合管理者的经验制定日常巡查计划，并结合 GPS（全球卫星定位）技术、GSM（全球移动通信）技术和 GIS 技术，利用所装载的定位设备，通过 GPRS 网络在巡查人员和管理总台之间实现巡查信息的双向传递。巡查人员在巡查过程中，将发现到的积水、堵塞、坍塌等故障信息及时上传到监控中心。而监控中心的管理人员可对巡查明细和统计结果进行审查，及时了解巡查现场的详细信息，并审核巡查作业情况，必要时可对现场巡查人员派发紧急任务，现场巡查人员查看任务后可及时进行应急抢修。

日常巡查模块，可实现对巡查计划的编制、查看和审核；提供对巡查工单处理详情、状态、巡查人员等的信息查询功能；还满足对管网要素信息的综合查询需求，如属性查询、空间查询、查询结果地图定位等；巡查人员还可依据 M/S 系统，进行巡查信息上传、数据更新、巡查记录整理等，从而使管理决策者能全面了解巡查现场情况并有效指导现场工作。

2. 排水管网养护管理模块和设备维护模块

排水管理部门需定期对辖区内的管网及其相关设施进行高效、有序、全面的养护管理工作，从而保持排水管道良好的使用功能和结构功能。管网养护主要包括对排水管道、窨井等的疏通、清淤、清捞、洗刷等工作。

利用养护管理模块，管理人员可实现管网养护计划的生成、实施、工单管理和相关统计，并随时了解养护人员所在位置与工作状态，查看养护工作地点周边情况，还可以结合场地特征与操作复杂度将养护工作划分为不同环节，并及时将养护计划进行网上发布。养护人员随之获取管网养护线段、管网设施状态等信息，开展相应的养护工作，保障管网的安全高效运行。养护完成后，养护人员可将养护状态和养护结果进行文字填报与现场拍照，并上传至管理中心，中心系统会自动生成养护明细记录，便于管理人员进行查询统计。养护管理模块可辅助提高管网的养护效率，降低养护成本。

设备维护模块可根据相关的设备维护规定制定相应的设备维护计划。具体的维护计划主要包括维护内容、维护频率、维护单记录内容与维修流程等，并自动生成对应的维护工单。另外，在应急派发、日常巡查、监控异常和管网养护等过程中所发现的问题，也会及时生成相应的设备维护工单，从而进行工单派发、工单处理、回单、工单审核等过程。

设备维护模块以设备的使用、保养、维修、管理为核心，实现对设备维护的全流程化监管，同时还可对设备维护相关信息、日常管理活动记录等实现有效的统计、分析和管理。

3. 排水管网事故应急管理模块

排水管网水力负荷过大、管道堵塞、地下水入渗、地表压力过大及植物根系入侵等因素都会造成管道的变形、穿孔和破裂，从而严重影响排水管网的安全有效运行，造成环境污染甚至危及城市排水安全。

应急管理模块可利用 GIS 空间分析功能和管网模拟功能进行排水管网应急分析，识别管道破裂的风险、了解污水溢出情况，快速制定排水管网应急预案和抢险对策。另外，应急管理模块可在发生意外事故期间，根据各类在线监测数据，及时对警情等意外信息进行反馈和发布；系统可实现对应急警情的快速获取、查看和管理；针对突发事故，系统自动生成相应的应急处理处置方案并下发工单，作业人员获取应急管理工单后，开始实施抢修，在抢修过程中可将抢修信息及时上报到监控中心，以供监控中心实时掌握抢修进度，并进行合理指挥和调度。在抢修完成后，系统还可实现应急工单的回单确认、工单审核和打印等功能，辅助管理人员对整个应急抢修任务进行高效的调度和监管。

4. 排水管网决策管理模块

在排水管网运行管理的过程中，对运行维护计划的合理与否进行判断、对紧急事故快速准确分析与处理、对管网当前运行现状进行综合把握等，都关系着排水管网运行维护的高效性、安全性和有序性。城市排水管网决策管理模块，通过简单的交互手段，集成多种数据资源、分析手段和决策支持模式，实现对管网的现状评估、优化设计，从而提高排水管网运行维护决策的科学性。

城市排水管网系统是一个庞大复杂的网络系统，准确快速地模拟排水管网的运行状态是城市排水系统升级改造、规划设计的前提和关键。利用排水管网的信息化技术，通过对管网运行状况进行静态分析和动态模拟，可以实现对管网系统的仿真，再现过去和当前时期排水管网的运行状况，还可以预测其未来的运行状态。在此基础上，计算分析排水管网各部分的水力负荷，诊断大面积或局部排水管网水力问题的起因，查找超负荷管段，确定排水管网水力缺陷，分析城市积水原因等，从而为规划设计和管理决策提供科学的参考依据。

利用排水管网的数字化管理模式，还能实现设计方案评估和排水设施规模布局的优化。具体可包括：评估汇水区域尤其是新区开发前后的土地利用变化对排水管网设施的影响；对区域性排水管网改造和规划方案、雨水集蓄方案、合流污水溢流控制方案进行评估，分析、比较、优化排水管线、排水泵站、排水构筑物、污水处理厂的规模和管网走向等工程设计方案；针对确定的排水管线平面布置方案，在满足水力负荷的条件下，优化设计尺寸、设计坡度等。

另外，决策管理模块还可自动实现规划方案编辑、优化、比较与合并，以提高工作效率与科学性。

第4章 城市降雨径流污染的末端处理措施

本章节所介绍的末端处理措施，主要是指用在分流制雨水管网末端、雨水径流进入受纳水体之前的径流污染控制措施，或者用在分流制雨水管网末端且本身就是径流最终出路的措施，以及用在合流制系统的污水处理厂中应对雨季污染负荷的措施。

4.1 入 渗 池

4.1.1 基本功能

入渗池（Infiltration Basin）是一种滞留降雨径流，并在一段时间内让其下渗的径流污染控制措施，如图4-1所示。通常选择末端或离线的设计形式。池内无永久性水面，一般需要占用较大的土地面积。由于选址地点、土壤特性、气候条件等原因的不同，入渗池的大小及形状会有所差异。入渗池主要利用现有的土壤条件将滞留的径流下渗到表层土壤以下，在此过程中，径流中的部分悬浮颗粒、有机物和营养物质得到去除。此处介绍的入渗池主要用于处理较大汇水区域（如停车场，住宅小区等）的地表径流。

图 4-1 入渗池示例

入渗池能否较好地削减径流量、去除其中的污染物质、回灌地下水，主要取决于以下三个方面的因素：

（1）土壤的性质。入渗池的设计运行对土壤渗透性能方面的要求较高，为保证足够的下渗速率，土壤中粘土含量不应超过20%～30%，混合的粉土和黏土不应超过40%。

（2）较大的面积。入渗池需要一个较大的面积以维持较浅的滞留水深，这样不仅可以保持系统较好的入渗效果，同时可以利用雨水快速下渗后腾出空间来处理更多的径流。

（3）植被的养护。入渗池内部及其周边区域可以保有一些天然生长或人工种植的植物，一方面减少径流对表层土壤的冲刷，加强对径流中污染物质的去除，另一方面也能增强设施的景观效应。

4.1.2　适用条件和优缺点

入渗池可以滞留和处理一定量的降雨径流，但汇水区域面积不宜大于 $4hm^2$。如果要服务更大的汇水区域，可以考虑使用干式滞留池。入渗池通常用于处理轻度污染的降雨径流，适于设置在住宅区、办公区等场所，不适宜建造在城市中心区或工业区。主要原因是，城市核心区开发程度较高，不透水面积大，土地使用成本高，而入渗池需要较大的面积和较好的土壤下渗能力；工业区的地表径流中有机物、重金属等的含量可能较高，入渗池对这些污染物的处理能力相对较差，会增加污染地下水的风险。

对于干旱或半干旱区域，建议使用入渗措施处理降雨径流，因为在削减径流量、减少地表径流污染的同时，还可以回灌地下水。但是，干旱区域的降雨径流中含有大量泥沙及悬浮颗粒物，因此设计人员应特别注意入渗池出现堵塞的情况，种植耐旱植物可以有效减少侵蚀。

入渗池对场地的土壤渗透性能和地下水位有一定要求：如果渗透系数过小，应当考虑土壤改良或改用其他处理措施；如果地下水位较高，则可以考虑将入渗池改建为雨水湿地或湿式滞留池等具有永久性水面的设施。

总体来看，入渗池这种措施具有如下优点：能够削减地表径流量，起到一定的错峰调蓄作用；对径流中悬浮颗粒物质有较好的去除能力；入渗能力较强，可以有效回灌地下水；在非雨期时，可以作为休闲娱乐场所或紧急避难场所使用，同时也可为鸟类和其他动物提供栖息场地。而其主要的缺点则包括：系统需要较大的占地面积；对溶解性污染物质的去除能力较差；设施对场地土壤的下渗能力要求较高，运行中容易出现堵塞问题，同时存在污染地下水的风险。

4.1.3　设计要点

1. 选址和布局

入渗池的建设地点应相对平坦，坡度宜小于 15%。

要求入渗池的选址与大型建筑、房屋、公路、铁路等基础设施留有一定距离，以减少安全风险。同时，也要远离水井、水窖等设施，避免污染水源。具体的防护距离取决于入渗水量大小、土壤渗透能力、所滞留雨水径流的排空时间等因素。

地下水位不宜过高，入渗池的底部与地下水的季节性最高水位之间应有一定距离，国外的手册指南中一般要求超过 $0.6\sim1.5m$。

入渗池主要通过下渗作用排出径流，在设计条件下所存储的径流不应向受纳水体排放，因此要求土壤有较高的下渗速率。选址时，应开展场地土壤性质的现场测试。由于土壤的不均匀性，应选择多个测点进行测试，并将测得的最小渗透率用于设计。国外手册一般还要求，在设计中考虑渗透性能时，要在场地实测的最小渗透率基础上再乘以 $0.3\sim$

0.5 倍，采用这种安全系数的做法来抵消设施渗透性能在运行过程中的不确定性，例如低温条件下水的粘度增加会导致渗透系数下降，而且随着设施服务时间的增长土壤也会出现渗透率下降的问题。一般地，即使场地实测的渗透系数较高，设计渗透系数取值也不宜超过 $1.2 \sim 1.5 \mathrm{m/d}$；如果实测的渗透系数低于 $1.2 \mathrm{m/d}$，设计渗透系数取值必须考虑实际状况而有所降低，但不应低于 $0.3 \mathrm{m/d}$。

绝大多数情况下，两场降雨之间，入渗池应完全排空，否则长期运行的话，在池底容易出现地下水雍高问题。如果池底下方土壤渗透性能不是很好或者存在不透水层的话，雍高的地下水会渐渐从侧面排出甚至从地表渗出，导致工程失败。为降低这种工程风险，可以考虑建设多个小型入渗池来取代单个大型池体。

2. 预处理单元和出水单元

为了保证入渗池的有效工作和长期服务，建议设置预处理单元来去除粗颗粒沉淀物质。对于悬浮固体含量高的径流，预处理单元的设置是必须的。沉淀前池、植草沟、植被过滤带，或其他类似的能够促进沉淀的措施都可以用做预处理单元。

对于以水质控制为目标的典型入渗池，其出水口就是池底。如果入渗池还提供了削减峰值流量、防止下游发生洪涝的作用，也可以增加出水单元。具体出水单元的形式可以参考干式滞留池出水结构（参见后续章节）的做法。实际上，入渗池从本质上讲就是一个干式滞留池，只不过入渗池是将土壤—空气界面作为设施的出水口，而不像干式滞留池那样用孔口或者堰等方式来出流。

入渗池的组成部分还应当包括紧急溢洪道，保证将多余水量安全排除，避免出现大面积溢流，如图 4-2 所示。

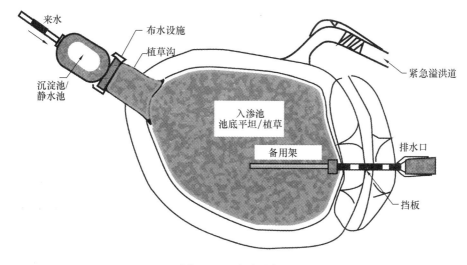

图 4-2 入渗池示意图

3. 池容和尺寸

根据场地条件和设施使用目标的不同，入渗池的设计容量 V_d（$\mathrm{m^3}$）除了包括水质体积 WQV（$\mathrm{m^3}$）（要实现水质净化处理的径流量）外，还可以考虑叠加地下水的回灌量、为保护下游河岸而需削减的洪峰量，等等。对于只用做径流水质控制的入渗池，其设计容量则可以根据水质体积来确定，即有 $V_d = WQV$，此时入渗池的池容大小主要由设计降雨重现期和设施服务的汇水区域面积决定。

由于在密集的降雨过程中，入渗池不可能将快速到来的雨水径流瞬间就转移至土壤的孔隙中，因此设施要想正常运行，就必须用其表面的洼地（如果采用地面入渗池的形式）或者地下水池（如果采用地下入渗池的形式）来暂时存储还没来得及下渗的径流。而这部分存储体积应该等于设计容量，根据这个基本假设就可以进一步设计入渗池的尺寸。

入渗池设计中还有一个很重要的考虑，那就是渗透部位的确定，实践中三种方法并存，即底部入渗、侧面入渗、底部和侧面都可以入渗。随着入渗池占地面积的增加，池侧面的入渗量对总入渗量的贡献越来越不显著，此时设计中可以不考虑池四周的入渗能力从而使设计偏于安全保守。假设只考虑入渗池底部的渗透作用，其面积为 A（m²），那么其计算公式如式（4-1）所示。

$$A = V_d/D_b = V_d/(SF \times k \times t) \tag{4-1}$$

式中　D_b——入渗池的最大水深（m），基于达西定律来确定，一般情况下最大水深应控制在 0.6m 以内；

　　　SF——考虑土壤渗透性能不确定性的安全系数，一般取 0.3～0.5；

　　　k——土壤渗透系数（m/h）；

　　　t——最大允许的积水时间（h），由于滞蓄的雨水径流一般要求在 24～72h 内完成下渗，因为长时间积水会带来公共健康、安全和景观方面的影响，设计中雨水径流的滞留时间常在 40～48h 之间取值。

最终确定入渗池的结构尺寸时，还应该在最大水深基础上再增加 0.3m 以上的池高。在池容确定的情况下，入渗池的几何形状主要取决于选址地点的地形特点。入渗池的底部应尽量平坦，以便滞留水量通过整个池体全面下渗，其长宽比没有特定的要求。出于安全的考虑，入渗池的边坡系数应该在 3～4 之间。为了保持系统运行的稳定性，建议在入渗池的底部铺设一定厚度（15cm 左右）的粗砂或砾石，以增强径流下渗效果。在设计时，还应当考虑到系统运行维护的负担，并预留专用的检修通道。

以下给出一个简单的计算示例。已知汇水区面积 22000m²，设计降雨为 19.6mm，径流系数为 0.3。所在地为砂质壤土，渗透系数 0.6m/d，地下水的季节性高水位距地表 3m，最大允许的积水时间为 48h。首先计算入渗池最大水深 D_b，设安全系数为 0.5，则有：

$$D_b = SF \times k \times t = 0.5 \times 0.6/24 \times 48 = 0.6(\text{m})$$

设计容量　　$V_d = WQV = 0.3 \times 19.6/1000 \times 22000 = 129(\text{m}^3)$

池底面积　　　　$A = V_d/D_b = 129/0.6 = 215(\text{m}^2)$

4. 对植被的要求

入渗池内所有具有渗透功能的表面都应该植草，植物可以起到保持水土、减少侵蚀和去除径流污染物的作用。要种植既不怕淹水而且还能抗旱的品种。健康的植被非常重要，否则表层土壤很快就会发生堵塞。在入渗池的植物选择上，推荐采用深根植物，其生物过程对维持根部区域的孔隙结构很有帮助。草根的深入生长能够重新破开土壤孔隙，还能发挥蒸发蒸腾作用。实践经验表明，人工种植一定密度的深根植物，对提高整个入渗池系统应对不同水量、污染物浓度的径流冲击有明显效果。

4.1.4 运行维护要点

入渗池的维护工作对保证其正常运行十分重要，应当注意的方面及推荐的相应措施主要包括：

（1）在入渗池设施投入运行的第一年期间，应当每月都进行定期检查，并且在每次降雨过后查看设施的运行情况；设施稳定运行一年后，可以改成季度检查，并在每次降雨后对入渗池进行适当的维护管理。入渗池的结构安全性应每年例行检查一次。

（2）当入渗池中沉积物（包括垃圾、杂物等）的累积数量超过一定程度，例如池容的10％左右，就应开展清理工作，以防止堵塞的发生。如果系统运行状态良好，也应在每个季度进行一次例行清理。如果入渗池在晴天无水的情况下还有其他用途，每次降雨过后都应清除池底的沉积物。同时，在雨季开始前和结束后，应开展一次集中清除工作，排除可能的隐患，保证设施的正常运行。上述清除工作，应当在入渗池系统无水干燥的情况下进行。在清除过程中，应注意保护底部的砂石层。清除的沉积物应当妥善处置，避免二次污染。条件允许时，对部分资源进行回收利用。

（3）入渗池内滞留的降雨径流，应保证在一定时间内（一般可按72h要求）实现完全下渗。对于入渗池工作状态的监控，可以通过记录降雨后的径流入渗过程来实现。而判断其是否正常运行则主要有两种做法：第一种途径是在一场大暴雨之后，连续数天观测记录入渗池的水位变化情况，这种监测可以提供很多信息，供管理者分析；另外一种方式则是单次独立记录入渗池中的水位情况，将其与降雨观测数据进行比较。相比于前者，虽然第二种方法的精确度有限，但仍然可以较好地判断系统的运行状态。

（4）入渗池中植草区域的管理十分重要。植被的修剪和收割应当根据当地的实际情况定期开展。其中，在草本植物的生长期，应当每月修剪一次；同时避免木本植物的出现。对于刚刚栽种的植物，应当密切观察其状况直至稳定生长；此后，对于植被健康、栽种密度、植物多样性的常规监测每年应开展两次。如果出现植株枯死、地表裸露的情况，应及时进行补种。当出现植被死亡面积超过总面积50％的情况，要重新种植。对农药和肥料的使用要谨慎。池内植物应当妥善看护，避免滋生蚊虫。

表4-1给出了入渗池日常运行维护所需注意的事项，供参考。

入渗池日常运行维护注意事项　　　　　　　表4-1

维护对象	可能出现的问题	推荐解决方法
整体工程	出现大量漂浮垃圾、枯枝落叶	及时清除
入渗池周边	出现裸土区域和侵蚀现象	整理土层，种植一些植物，施加少量一次性肥料，减少土壤侵蚀

维护对象	可能出现的问题	推荐解决方法
进水结构	进水管堵塞	清除堵塞物，加装筛网或对已有筛网予以维护
	进水管破损	更换进水管
	进水沟渠出现土壤侵蚀现象	加固进水沟渠，对进水沟渠表面做硬化处理，或采取铺设碎石等措施
预处理前池	前池底部淤积的沉淀物质过多	清除过多的沉积物，并妥善处置
	出现侵蚀状况	硬化表面或采取铺设碎石等措施
	杂草丛生	最佳的办法是人工清除，如果使用除草剂，应采用涂抹的方式，避免喷洒
入渗池区域	沉积物在池底大量聚积，实际水深减少为设计深度的75%	清除并妥善处置底部的沉积物，而且要尽快种新的植被
	野草或不利于入渗池正常运行的植株大面积生长	立即去除，如果使用除草剂，应采用涂抹的方式，避免喷洒
	降雨时间过后5d，入渗池内的水位没有明显下降	立刻清除出口的堵塞物；如果是设计的问题，请咨询相关专家

4.1.5　效果与成本

入渗池可以滞留一定量的地表径流，起到错峰调蓄的作用。根据池内贮存的径流量以及停留时间的不同，入渗池对 TSS、TN、TP 的去除率在 50%～90% 之间，去除效果主要取决于土壤性质、径流量大小、植物的养护状态等因素。

入渗池的建设费用取决于尺寸规格、选址现场条件、植物选择等因素。年维护费用一般为建设费用的 5%～10%。

汇总一下入渗池这种措施的技术经济性能和特点，如表 4-2 所示。

入渗池的技术经济性能和特点　　　　　　　　　　　　　　　表 4-2

控制效果：污染物去除效果		可行性分析	
TSS 去除率	75%	占地和土壤条件要求	高
TN 去除率	55%～60%	建设费用	低
TP 去除率	60%～70%	维护负担	高/中
控制效果：水量控制效果		可滞蓄的径流体积	高/中
削减径流峰值	是	选址约束性	中
减少径流总量	是	公众可接受性	高

4.2　干　式　滞　留　池

4.2.1　基本功能

干式滞留池（Dry Detention Basin/Pond），又称为干式滞留塘、干塘，是一种使用广泛的降雨径流控制措施，池内通常有草类覆盖，无永久性水面，只在雨天临时滞留汇水区域内的降雨径流，滞留的径流在降雨结束后一段时间内缓慢排出，如图4-3所示。干式滞留池（图4-4）可以在居住区、工业区或商业区内建造使用，其作用主要是削减峰值，对污染物质的去除能力相对较弱。干式滞留池对污染物的去除主要是依靠沉淀作用，因此溶解性污染物的去除效果差。有植被覆盖的干式滞留池比普通混凝土池在污染物去除方面的效果好一些。

图 4-3　干式滞留池示例

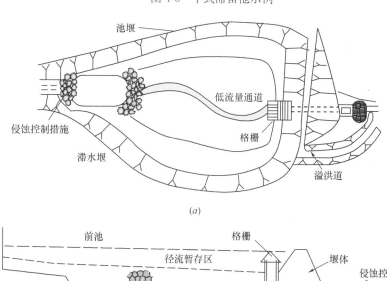

(a)

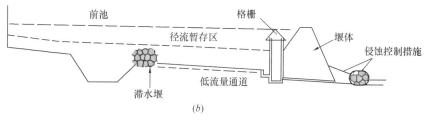

(b)

图 4-4　干式滞留池示意图

(a) 俯视；(b) 剖面

一般而言，干式滞留池的停留时间在 12～48h。当用作径流污染控制措施时，往往要将干式滞留池设计或改良为干式延时滞留池（Dry Extended Detention Pond），通过延长径流在池内的停留时间，强化静置沉淀作用，提高对污染物的去除效果。

4.2.2　适用条件和优缺点

干式滞留池通常是用在土壤基本不透水或者地下条件不允许池深向下延伸（例如有基

岩或者地下水位高）的情况下。但也有文献报道，每年平均有大约 30％左右的径流量，能在滞留池内通过下渗和植物利用等作用得以消纳，从而对径流总量控制有进一步的贡献。

干式滞留池的设计规模可大可小。如果是服务于较大汇水区的大型设施，可以获得较好的规模效应和稳定的雨水径流收集效果，但占地面积可能会成为选择该项措施的主要限制条件。对于城市化区域，也可以用做小型的就地处理设施，这样实施起来比较容易，但要特别注意景观和安全问题。一般情况下，干式滞留池服务的汇水面积在 4～10hm² 之间。

干式滞留池场址处的地下水位与其底部之间应保证一定的距离，美国的规范大多要求至少达到 0.6m 以上的间距。如果无法满足这个条件，应当考虑将干式滞留池改建为雨水湿地或湿式滞留池等有永久性水面的设施。

干式滞留池应尽量设置在汇水区域的下游方向，避免建设在高密度人口区域。在非降雨时期，干式滞留池较为空旷，可以同时作为娱乐或紧急避难场所。

与湿式滞留池相比，干式滞留池有自己的优势，包括池的表面不容易滋生蚊虫、对来水和基流的加热效应低、对不小心进入池体内的人来说更为安全，等等。但是，与湿式滞留池相比，干式滞留池要求进出水之间有足够的高差，如果高差不能得到保证就可能得用更大的占地来补偿。

总体来看，干式滞留池这种措施具有如下优点：针对不同面积的汇水区域，均可有效控制降雨径流的峰值；对径流中悬浮颗粒物质有较好的去除能力；可以有效削减降雨径流的能量，减少对土壤的冲刷和侵蚀；与湿式滞留池或雨水湿地相比，因为没有永久性水面，使用的安全性较高；在非降雨时期，干式滞留池较为空旷，可以作为休闲娱乐场地及紧急避难场所，同时也可为鸟类和其他动物提供栖息场所。而其主要缺点则包括：对漂浮物（如垃圾、枯枝败叶）的清除频率要求高，尤其是在交通发达的地区；对溶解性污染物质的去除能力较差；泥沙、石块等可能会在滞留池底部大量淤积，清除工作较为繁琐；如果维护不良，会影响到滞留池在下次降雨过程中的运行状况；与生物滞留池等其他径流污染控制措施相比，占地面积较大。

4.2.3　设计要点

1. 进水结构和预处理单元

干式滞留池入口处常会接收到高速的径流入流，从而造成侵蚀。对于典型降雨事件而言，随着流速的降低，径流中 50％左右的总沉淀物负荷会沉积在入口区域部分。因此理想的进水结构最好能实现以下多重要求：能将雨水导入滞留池，能防止滞留池底部和边壁的侵蚀，能减少先前沉积下来的固体物质发生再悬浮，尽量不产生利于蚊虫孳生的条件，同时还能促进最重的沉积物堆积在入水口附近。进水结构可以是防冲刷的石堆、底部带有消能装置的溜槽、带挡板的溜槽或者其他各种形式的配水设施。

如果能保证沉淀物质在入流点附近沉降下来并且不易发生再悬浮，这样池体的维护就会集中在入口附近，从而可以延长池体其余部分的服务期，常用的办法是设置沉淀前池来进行预处理。前池可以通过沉淀过程减少进入干式滞留池的污染物，进而降低滞留池运行维护的难度，延长其有效运行时间。增设前池的另一好处是能够让系统进水的能量得到有效释放，防止其将池底沉积物再次冲起。因此，在条件允许的情况下，可以考虑在干式滞留池之前设置前池。当干式滞留池的设计容量大于$100m^3$时，建议在入口处增加一个前池，以加强对悬浮物质的沉淀效果。前池可以采用跌水潭、消力塘等形式。也可以采用湿式的前池，同样能让入水口附近的再悬浮量和侵蚀量得到很好的控制。虽然湿式的前池可能给蚊虫生长创造了有利条件，但因为前池池体通常较小，在实践中是可以接受的。

2. 径流停留时间和池体尺寸

干式滞留池的池容大小与设计降雨重现期和设施服务的汇水区域面积密切相关。根据国外经验，一般情况下，设计时可以选择2~10年一遇的降雨条件。

干式滞留池设计的根本目标就是要让滞留池在径流的水力停留时间内，保证池体向外排水的同时能够实现沉淀的最大化。在设计中，通常设定径流停留时间为24~48h。由于不同区域降雨、土壤等实际情况的不同，滞留时间也可以适当延长。停留时间较长的话，一定程度上能获得更高的悬浮物质去除率。

干式滞留池的池容计算一般可使用水库调洪计算方法。根据设施所在区域的典型设计降雨的时间分布特征，首先把要处理的径流量转化成设计雨量过程，进而用于模拟径流过程。例如美国常用的做法是把要处理的最大径流量重新分布成2h的设计降雨过程。利用水库调洪计算方法，就可以平衡进水流量和出水流量进而获得所需的存储容积，实际上就是求解以下方程，见式（4-2）。

$$V_{max} = \int_0^t (Q_{in} - Q_{out}) \mathrm{d}t \qquad (4-2)$$

式中　V_{max}——最大存储体积（m^3）；

　　　t——从径流汇集开始到实现最大存储的时长（s）；

　　Q_{in}——入流流量（m^3/s）；

　　Q_{out}——出流流量（m^3/s）。

上述方程表明，干式滞留池所提供的存储体积应该是入流和出流的水文过程线之差的时间积分，积分时间是从雨水径流开始汇集的时刻一直到出流超过入流的时刻。一般采用试错法求解该方程。目前也有不少软件工具提供了相应的求解功能。另外值得一提的是，这种计算方法的实现过程，其本质上与"入渗沟"相应章节中所介绍的第一种设计方法是一样的，读者可比较参考。

干式滞留池底部25%的空间用于储存径流中的沉淀物质，因此，存储径流的有效容量只有总容量的75%。如果上游来水中沉淀物质较多，应当考虑其对有效存储能力的影响。

干式滞留池的设计最大水深一般应小于3.0m。只要场地允许，干式滞留池应该尽量考虑采用两阶式构型。其中，低阶区域布设在距离出口较近处，大部分降雨事件中该区域都能被雨水填满。该区域的水深一般在 0.5～1.0m，其容积应该包括前池未能提供的沉淀物质存储容积再加上 15%～25% 的径流量。而高阶区域的水深一般在 0.6～2.0m 之间，容积应足以存储其余的径流量，而且其底部应以大约 2%～3% 的坡度向一条"低流量渠道"倾斜。

低流量渠道是指在干式滞留池底部开挖的一条水道，平时辅助池底保持排干状态，还可用于传输较小水量的降雨径流。低流量渠道的具体设计取决于前池、进水结构和出水结构的类型，以及水流从入口到出口的流通路径。如果采用混凝土渠道的形式，则其坡度应该在 0.4%～1.0% 之间。有些低流量渠道采用蜿蜒曲折的构型，以增加停留时间从而改善初雨中污染物的去除效果，同时在池体排空过程中减少再悬浮现象的发生。对于那些建设目标主要是用于防洪的干式滞留池，这种曲线构型的设计可以提供一定的污染物去除作用，但比较有限。

干式滞留池的长宽比应大于 1.5∶1，推荐值为 3∶1，并且越接近出口结构，宽度应当越大，即池体整个呈楔形。干式滞留池的边坡系数应在 3～4 之间。为了让景观效果更好，可以采取变坡度的做法，例如让池体一侧的坡度比另一侧有所缓和。如果是土质的池子，确定其边坡大小时还要考虑土壤在饱和条件下的稳定性。

正如前文所述，干式滞留池对污染物的去除效果一般不如湿式滞留池和湿地。但是，在设计中还是可以增加一些元素来改善其性能。例如，可以在低阶区域布设一个湿塘，从而将其改造成为干湿混合池的构型。这里所说的湿塘，其规模通常比起普通湿式滞留池中的永久水面要小得多，所以有时也被称为微型池。如果设置了微型池，那么滞留池的池底应该以 2%～3% 的坡度向微型池倾斜。在干式滞留池的低阶区域布置微型湿池的根本目的是"隐藏"累积起来的沉积物，同时减少再悬浮作用。由于微型湿池的存在，干湿混合池也会存在标准湿式滞留池的缺点，例如对雨水径流产生加热效应、可能带来蚊虫问题和安全隐患等，只不过因湿池面积较小因此这些问题发生的可能性也相对低一些而已。

3. 池底植被

干式滞留池上的植被能控制土壤侵蚀并强化对沉积物的截留作用。干式滞留池内可以种植耐淹的本地草种或者水浇草皮，取决于当地的气候条件和景观娱乐需求。由于受沉积物的影响和频繁遭遇淹水可能会给维护草被的健康带来困难，为此对于滞留池底面上的衬层，还可以采用其他做法，例如采用沼泽态的底部、砾石层、泥质层、滨水灌木、裸土层等等。

4. 出水结构

设计时可以考虑配备一个或多个出水口来满足干式滞留池的设计目标。出水能力的设计可以采用以下经验规则：在总停留时间的前 1/3，排出占总量 50% 以内的径流量；其余的径流量则用后 2/3 的停留时间来排空。例如，设计停留时间为 48h 的话，前 16h 排放 50% 的径流量，其余 50% 的径流量在后 32h 内排出。这样的时间分配有利于去除小的悬浮固体。

常用的出水结构类型有：

(1) 单个孔口：最简单的出水口形式就是一根出水管或者一个孔口。由于在干式滞留池的设计中是"鼓励"沉淀物质在池内沉降的，而且城市降雨径流中总是带有相当数量的可沉物质，为此，直径小于300mm的单个孔口出流很容易被堵塞。因此，如果没有其他的措施来防止堵塞和沉积物在出水口附近堆积的问题，采用单个孔口出流方式的话，其直径必须大于300mm。

(2) 干湿混合池的出水：对于两阶式的并且在出水口附近设有微型池的干式滞留池，淹没式的出水口有利于防止漂浮物质阻塞出水口。而且出口处应当维持有较高的水位，以保证径流的出水水质。

(3) T形堰出口：如果300mm大小的出水口不足以降低峰值流量或不能获得所需的停留时间，可以考虑采用T形堰作为出水口。T形堰通过T形开口来控制滞留池的出流。有经验表明，这种结构用在服务面积不大的滞留池上，能有效削减峰值流量且出水口不会发生堵塞。即使沉积物在T形出口的底部有堆积，水流仍然能够从T形开口的上部流出。

(4) 穿孔立管：穿孔立管也是一种可用的出水结构。管上的孔控制着出流大小。天气寒冷时，结冰可能会造成管上的孔堵塞，为此最小的孔径应该是15mm。如果滞留池是两阶设计，可以在微型池中设置带罩的穿孔立管作为出水结构。

(5) 撇水器：这也是一种出水结构的选择，可以提高对沉淀物质、残渣、油脂的捕集效果。

(6) 砂滤单元和生物滞留单元：砂滤池、生物滞留池或者类似的过滤系统也可以用作出水结构。如果过滤系统能维护的很好从而有效解决堵塞问题的话，滞留池就可以在2次降雨之间实现完全排干。过滤用的砂滤料或者生物滞留填料可以装在一个或者多个矩形箱体中，沿着流向或者横向放置在池中。为避免出口的堵塞，加装过滤装置是推荐的做法。

为保证超出设计条件的雨量能安全排出，干式滞留池的设计中应当包括紧急溢洪道。一般地，紧急溢洪道与干式滞留池出水堰顶部之间的距离应大于0.3m，以防止出现大面积溢流。

5. 滞留池护岸

一般情况下，干式滞留池都要配套建设相应的护岸。护岸的适当设计、建造及维护可以提高干式滞留池对径流的滞留和处理能力，延长系统的使用寿命。一般情况下，护岸的坡度应在1：4～1：3之间，顶面的宽度应大于1.2m。护坡上也要植以草皮，但不能有树木生长。

4.2.4 运行维护要点

干式滞留池应定期进行检查和维护，周期一般为每季度一次，特别是对护岸、入口和出口结构的检查。降雨过后24h内应当对滞留池开展检查。滞留池的安全性应每年例行检查一次。

当干式滞留池中的沉淀物质积累到一定程度时，应当及时清理以保证设施的正常运行。如果滞留池在晴天无水的情况下还有其他的用途，每次降雨过后都应清除池底的沉积物。

干式滞留池中栽种植被以后，应定期浇水直到其生长状况良好，一般应持续 6 周左右的时间。日常运行时，禁止对滞留池中的植物施肥，如果出现植株枯死、地表裸露的情况，应及时予以补种。同时，要定期维护护岸顶部和外部斜坡上的草皮，草皮的高度一般可按照夏季为 7.5cm、冬季为 10cm 的要求进行修剪。

表 4-3 列举了干式滞留池日常运行维护注意事项。

干式滞留池日常运行维护注意事项　　　　　　　　　　　　　　表 4-3

维护对象	可能出现的问题	推荐解决方法
整个设施	出现大量漂浮垃圾、枯枝落叶	及时清除
滞留池周边	出现裸土区域和侵蚀现象	修正土层，种植一些植物，施加少量一次性肥料，减少土壤侵蚀
进水结构	进水管堵塞	清除堵塞物，加装或维护筛网
	进水管破损	更换进水管
	进水沟渠出现土壤侵蚀现象	加固进水沟渠，硬化沟渠表面或采取铺设碎石等措施
前池	前池底部淤积的沉淀物质过多	清除过多的沉积物，并妥善处置
	出现侵蚀状况	硬化表面或采取铺设碎石等措施
	杂草丛生	最佳方法是人工清除，如果使用除草剂，应采用涂抹的方式，避免喷洒
滞留池区域	沉积物在池底大量累积，实际水深减少为设计深度的 75%	清除并妥善处置底部的沉积物，而且要尽快在处理区域上种植新植被
	出现野草或不利于滞留池正常运行的植株大面积生长	立即去除，如果使用除草剂，应采用涂抹的方式，避免喷洒
	降雨时间过后 5d，滞留池内的水位没有明显下降	立刻清除出口的堵塞物；如果是设计的问题，请咨询相关专家
滞留池护坡	有高大植物生长，如落叶乔木、常绿乔木等	采用适当的方式移除
	护坡出现裂损，如裂缝、鼠洞等	及时修补
	植被生长状况不佳，或出现不断死亡的情况	及时补种；如果有必要，咨询相关专家
	年度定期检查时发现的一些需要修补的地方	及时修补
出水结构	出水口堵塞	清除堵塞物，加装或维护筛网
	出水结构损坏	及时维修或更换
	紧急溢洪道出现侵蚀或堵塞现象	进行有效加固，清除杂物

4.2.5　效果与成本

干式滞留池主要通过静止沉淀的方式达到净化径流水质的目的。根据设计池容以及径流停留时间的不同，干式滞留池对 TSS 的去除率约为 50% 左右，而对 TN、TP 的去除率约为 10%。干式延时滞留池对 TSS 的去除率可以达到 60% 左右。干式延时滞留池跟入渗池、湿式滞留池等不同措施对污染物质去除能力的对比如表 4-4 所示[27],[114]。

干式延时滞留池、湿式滞留池和入渗池对污染物的去除能力比较　　　表 4-4

措施	TSS(%)	N(%)	P(%)	铅(%)	锌(%)	BOD(%)
干式延时滞留池	50～80	0(溶解态) 10～30(总)	0(溶解态) 10～50(总)	35～80	35～70	20～40
入渗池	60～98	60～98(总)	60～98(总)	60～98	60～98	N/A
湿式滞留池	70～85	50～70(溶解态) 30～40(总)	50～70(溶解态) 50～65(总)	25～85	25～85	20～40

干式滞留池的建设成本与其规模、选址、场地特点、土方开挖量，以及植被种类等有关。年运行维护费用一般为建设费用的 3%～5%。

汇总一下干式滞留池这种措施的技术经济性能和特点，如表 4-5 所示。

干式滞留池的技术经济性能和特点　　　表 4-5

控制效果—污染物去除效果		可行性分析	
TSS 去除率	50%～60%	占地和土壤条件要求	中
TN 去除率	10%～30%	建设费用	低
TP 去除率	10%～20%	维护负担	中/低
控制效果—水量控制效果		可滞蓄的径流体积	高/中
削减径流峰值	是	选址约束性	中
减少径流总量	是	公众可接受性	中

4.3　湿式滞留池

4.3.1　基本功能

湿式滞留池（Wet Detention Basin/Pond），有时也被称为湿式滞留塘、湿塘，采用人工湖或者塘的建设形式，可以滞留降雨径流，拥有永久性水面，且在其周边沿岸种有水生植物的径流控制措施，具有削减径流峰值和净化径流水质的作用，如图 4-5、图 4-6 和图 4-7 所示。在降雨前的干旱期，湿式滞留池中的水主要用于维持池中动植物的生存和生长需要；降雨后，池内的大部分体积用于贮存降雨径流，削减径流峰值，而且可能还有部分雨水会从池面蒸发和向池底下渗从而起到一定的径流总量消纳作用。

与干式滞留池类似，湿式滞留池通过沉降、吸附、絮凝、分解等过程去除径流中的多种污

图 4-5　湿式滞留池及其永久性水面示例

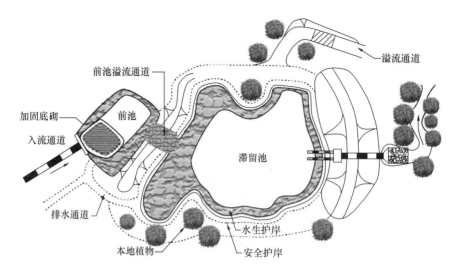

图 4-6　湿式滞留池平面示意图

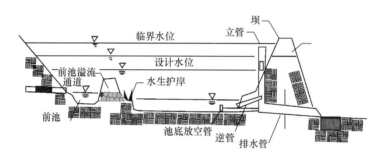

图 4-7　湿式滞留池剖面示意图

染物质。但与干式滞留池不同的是，由于系统中存在水生植物及大量微生物，因此可以更好地去除径流中溶解态的有机物和营养物质。湿式滞留池中，最基本的物理过程是沉淀。池中的生物过程则包括了有机物分解、硝化、反硝化和病原菌死亡等。另外，污染物的沉降和吸附不仅发生在水相，而且可以发生在池底的土壤中。较为重要的污染物去除反应有溶解磷与铁、铝、锰化合物之间的反应和溶解态金属离子与硫化物、有机物之间的反应。很多去除过程都会受到溶解氧浓度的影响。如果池内发生热分层现象，土壤表面薄薄的一层好氧层可能出现厌氧状态。而湿式滞留池出季节性干涸或者两次降雨事件之间径流量不足且蒸发下渗厉害造成池体干涸等情况下，本来是厌氧状态的深层土壤也可能变得好氧。除了生物过程外，有些类型的有机物，例如石油类化合物、杀虫剂、个人护理品等还可能在池中发生光降解反应。湿式滞留池中还可能生存有高等级的生物体，例如阿米巴虫、轮虫等，能够吞噬病原菌。

4.3.2　适用条件和优缺点

设计良好的湿式滞留池往往可以提高社区的环境和谐性，甚至能达到地产升值的效果。与很多其他的径流污染控制措施相比，湿式滞留池的景观效果是非常有吸引力的地方，因为沉淀物质积存在前池和永久性水塘（永久储水区）里面而不会影响感官。但与此同时，与其他径流控制措施相比，湿式滞留池的使用限制条件也比较多。

首先，湿式滞留池要保证全年（或者大部分月份）能维持其永久水面，也就意味着需要一定的干期基流来维持其正常运行，因此不仅要求有足够的汇水面积保证入流，同时还对建设地点的土壤特性有一定要求。一般来说，对于建设在湿润地区的湿式滞留池，如果汇水面积足够大或者地下水位比较高，那么常年保有永久性水面相对容易。如果是建设在干旱地区，尤其是土壤渗透性好的地方，永久水面就比较难以维持，旱季水面下降过于厉害，甚至常常出现季节性干涸。为此，如果湿式滞留池的设计目标中并不包括补充地下水，那么从维持正常运行和尽量减小池容的角度出发，高渗透性的土壤上不宜建设湿式滞留池。高渗透性土壤条件下最好用入渗池来替代湿式滞留池。

其次，由于需要较大的存储体积和较长的停留时间来实现延时滞留、径流净化，因此湿式滞留池一般需要较大的占地面积，不适合建设在人口和建筑密度高或土地资源紧张的区域。

还有，湿式滞留池内的永久性水塘长期受太阳辐射而温度较高，对所处理的雨水径流会产生加热效应。如果下游的受纳水体对温度升高较为敏感，例如存在鱼类产卵和孵化区，那么就不适宜在上游采用湿式滞留池这种措施。

另外，基流的水质情况也值得关注。湿式滞留池的基流来源包括天然泉水、地下水，以及汇水区的部分旱季径流（比如庭院和景观地块上的浇灌用水产生的径流）等。在有些地区，进入滞留池的基流中可能带有比典型降雨径流浓度还要高的营养物质和其他组分，容易导致池内发生藻华。由于还要处理基流中带来的污染负荷，滞留池的实际出水水质可能不如设计时预期的好。而与之相反的另一种情况是，旱季基流浓度较低，可能会吸收或溶出已经被池体土壤拦截的污染物。

总体来讲，湿式滞留池具有如下优点：具有减少径流量、削减径流峰值和回补地下水的作用；对悬浮颗粒物、重金属、氮、磷、病原体等去除率较高；与干式滞留池相比，由于系统中存在水生植物和大量微生物，可以更好地去除径流中的溶解态有机物和营养物质；可以为水生植物、鸟类等提供相应的生境。而其主要缺点则包括：只有满足严格的水平衡要求，系统才能够长时间稳定运行；需要定时清除湿式滞留池中的垃圾、枯枝败叶等杂物，从而维持滞留池的良好运行状态并避免出现二次污染；湿式滞留池占地面积较大，不适合建设在人口和建筑高密度区域或者用地紧张的区域；对所处理的雨水径流存在加热效应；如果维护不当，会导致外来入侵性植物物种的大量繁殖，不仅影响滞留池的正常运行，而且恢复工作强度大、成本高。

4.3.3 设计要点

1. 一般要求

湿式滞留池要有可靠的水源，水量大小既要保证全年都能拥有永久性水塘以满足植物生长需求，同时还能抵消蒸发和下渗的损失。为此，湿式滞留池服务的汇水区面积要足够大，这样才能提供充足的基流，避免池内水力停留时间过长或者旱季水位过度下降。要确定最小汇水区面积，必须收集和利用当地的径流量、蒸发量、渗透量和基流等数据开展水量平衡计算，确保滞留池在旱季也是满的。另一方面，还需要搞清楚最大允许的汇水区面积，作为设计时的限制条件，主要是避免下游受纳水体受到湿式滞留池排水的过度冲击。美国一些城市的雨水管理规划中则根据经验提出，湿式滞留池服务的最大汇水区面积应控制在 $40 \sim 120 hm^2$，服务区内不透水面积比例越高，建议的最大汇水区面积越小。

如果遇到土壤渗透率过高而入渗池又不适合建设的情况，那么应当对场地的土壤渗透性予以修正后再建设湿式滞留池，例如在池的底部铺设 0.3m 厚的压实粘土层。在有些案例中，为了保证充足的水源，池底添加了防渗衬层，但这种做法不仅增加了建设和运行成本，而且带来了其他的环境问题，值得商榷。

如果湿式滞留池的周边还存在湿地或其他水域，应适当增加防护性的工程措施，避免相互干扰。

湿式滞留池可以是在线的，也可以采用离线的方式建设运行。但是不得在天然河道上在线使用，也要避免建设在自然湿地之中。如果用做离线处理设施，则要有相应的溢流结构。

进入湿式滞留池的沉淀物质负荷要有所限制，为此一般应设置预处理设施。

2. 预处理单元

为了降低湿式滞留池的清理频率，有必要设置预处理单元以拦截粗颗粒的沉淀物质，具体形式可以是在入水口附近建设前置沉淀池或者让来水先经过植草沟等设施。

前池可以看做是湿式滞留池的重要组成部分，其主要通过沉淀过程去除径流中的固体颗粒物，出水进入滞留池。前池的入口深度应比出口深，这样的设计可以减弱来水对系统的冲击，同时增强对悬浮颗粒物的沉淀能力。

一般情况下，前池的设计容量应为整个湿式滞留池系统处理径流量的 $10\% \sim 25\%$。如果存在多个前池，则其容积之和应占系统总容量的 20% 左右。

3. 池容

湿式滞留池中，径流带来的大部分悬浮颗粒物沉淀至滞留池的底部，吸附在颗粒物上的重金属和有机物等也一并得到去除；径流中溶解态的有机物及 N、P 等营养物质则是通过池中植物、微生物的吸收得以部分去除。根据湿式滞留池中去除污染物的机理，其设计原则可以分为两大类：一类针对悬浮固体的沉淀，另一类则针对溶解性污染物的处理。两类方法因原理不同，所得出的湿式滞留池容积计算结果存在较大差异。常用的做法是分别采用这两类原则进行计算，然后选择其中容积较大的一个作为设计结果。以下分别介绍这两类方法。

首先讨论针对湿式滞留池中固体物质沉淀过程的池容设计。由于湿式滞留池在两次降雨事件之间的固体物质去除效率很大程度上取决于永久性水塘体积（即永久性水面以下的容量）与平均径流量的比值，为此池容的具体设计方法又可分为两种。一种可以称为永久性水塘设计，即给出永久性水塘的容积，该容积最小可以是等于场次降雨对应的平均径流量，最大则可以达到2~3倍的场次降雨平均径流量。具体取决于当地的气候条件、降雨强度和其他方面的场地特征。另一种方法则要求将池容区分为永久性水面以下的"死"池容（即永久性水塘的体积）和永久性水面以上的"活"池容。湿式滞留池永久性水面以上的容积主要用于存储降雨产生的地表径流，这个在永久性水塘上方增加的滞留雨水的区域，就是所谓的"活"水塘，其体积即为"活"池容，这部分存储容量可以用于应对极端降雨事件，设计中通过调节"活"水塘的出水来实现污染物去除的最大化。设计中，永久性水面以下的容积，即"死"池容，其大小一般被固定设计为等于场次降雨的平均径流量。而活水塘存储能力的确定，取决于允许径流滞蓄的时间，一般要求在降雨后24~96h内，最好是40~48内利用相应的出水结构能将这部分体积排空，做好迎接下一场降雨的准备。由此可见，永久性水面以上的"活"水塘，其存储容量和出水结构的设计，完全可以采用干式滞留池的设计方法（具体可参考相关章节的内容）。比较上述两种从污染物沉淀出发的设计方法，第一种的基础是固体物质沉淀理论，但这种方法设计出的设施尺寸有时候可能会偏大；而第二种方法设计出的滞留池总池容与第一种基本相当，但是由于分成"死"池容和"活"池容两部分来考虑，可以让池底的占地略小。究竟选择哪种设计方法，取决于水质保护的目标要求。如果采用体积较大的滞留池可以提高细颗粒和粘土颗粒的沉降效果，虽然这部分固体物质占颗粒物总质量的比例较低，但在污染负荷的毒性贡献中却不容忽视。

对于溶解性污染物的去除，目前的实践中主要是针对溶解性磷的去除，其设计方法虽然有多种不同的变形，但都假设湿式滞留池中磷的反应过程可以用评估预测湖泊营养状况（富营养化）的经验模型来模拟。采用这些方法时，首先要设定磷的目标去除率，然后根据水力停留时间（即池的体积除以年径流量）与永久性水塘体积之间的经验公式，就可以确定湿式滞留池的大小。现场实测数据已经验证，一般设定2~3周的水力停留时间和1~2m的平均水深，就可以保证达到磷的最大去除率（约为50%）。水力停留时间如果超过2~3周的话，有可能出现池内水体的热分层和底部厌氧现象，从而会带来底部沉积层向水相释放营养物质的风险。如果采用2~3周的水力停留时间，计算得到的永久性水塘体积一般是场次平均径流量的4~6倍。显然这比仅考虑固体物质沉淀时设计得到的容量要大，因此大多数情况下会直接使用这种方法设计的结果。

值得一提的是，有研究人员拿上述基于磷去除效果设计出的大容量滞留池与永久性水塘体积仅达到场次平均径流量1~4倍的小容量滞留池做了比较。实际运行数据表明，虽然前者确实在一定程度上保证了较低的磷浓度，但却未能让TSS和其他组分的去除得到显著提高。因此从提高湿式滞留池整体成本有效性的角度出发，也可以采纳小容积的设计计算结果，同时考虑辅以其他的磷控制措施。

4. 水深和形状设计

湿式滞留池的水深是一个较为重要的设计参数。如果水深过浅，沉淀下来的污染物质可能会被再次冲起，而且也不利于藻华的控制；如果积水太深，则容易出现热分层现象或厌氧环境，底层沉淀的污染物可能再次被释放出来。一般情况下，湿式滞留池的平均水深应在 1～3m 之间。如果滞留池的表面积超过 8000m²，2m 的平均水深就能够预防风力造成的沉淀物质再悬浮。如能保证池内的最大水深不超过 3～4m 的话，一般就能够防止热分层现象的出现。对于池中部的水面开阔区域，最低水深则要保证阳光无法穿透，其目的主要是限制近岸植物在这个区域的生长，因此一般水深应维持在 2.0～2.5m。出于安全考虑，最大设计水深以上还应保有至少 0.3m 的自由池岸（超高）。

湿式滞留池中的永久性水位高度与建设地点的季节性地下水位高度之间的差距应保持在 ±15cm 之间，差值越小越好（如图 4-8 所示）。如果建设地点的地下水位较低，则可以考虑将措施改建为干式滞留池。

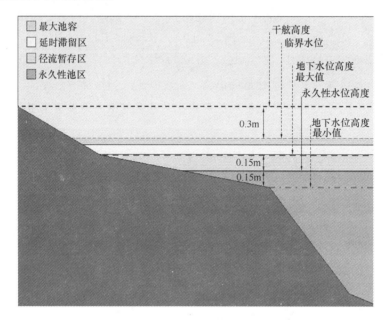

图 4-8　湿式滞留池剖面设计示意图

较大的长宽比有利于防止池内发生短流，还可以强化沉淀作用，并且有助于预防永久性水塘里出现竖向分层。永久性水塘的长宽比推荐值为 3:1，最小也要达到 1.5:1。如果长宽比无法满足上述要求，则需要在池中增加折流板或者加些小岛，延长径流在池中的停留时间。折流板和小岛的高度应比水面略高。永久性水塘的形状应该从入水口开始逐渐变大，然后再慢慢向出水口方向收缩，如图 4-9 所示。形状设计方面还应当尽量降低死角面积的比例，出口处的水面应较宽，以降低水位的波动性，保证出水水质。形状设计上还可以尽量模拟天然水体的特点，例如池岸采用波浪式造型而不是直线型。

5. 边坡和滨水植物区

湿式滞留池的边坡系数一般应取 3～4，主要是为了方便维护，也减少公众不小心滑入水中的风险。

另外，典型的湿式滞留池设计中，会在永久性水塘周围设置一圈滨水植物区，或称为水生植物带、湿地植物带，以提供水生生境，一方面改善污染物去除效果，同时减少浮游植物成片聚集，还可以防止侵蚀，并起到一定的人群安全隔离作用。滨水植物区的宽度应

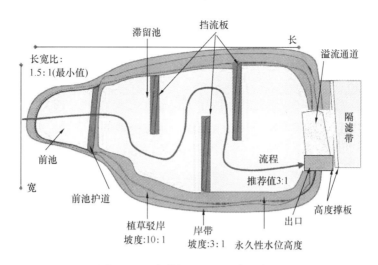

图 4-9 湿式滞留池平面设计示意图

大于 3.0m，水深在 15～30cm 之间，其内沿（靠近湿式滞留池的一侧）最好不低于水面 15cm，外沿（远离湿式滞留池的一侧）要高于水面 15cm 左右。植物带所占水面面积应达到湿式滞留池永久性水面面积的 25%～50%。这样的设计可以为植物和微生物提供生境，可以减少池壁的侵蚀，同时加强对溶解态 N、P 污染物的吸收和降解作用。滨水植物区内应保持一定的植物多样性，例如其包含的植物种类不宜低于 3 种，每 10m² 的范围内最好能有 25 株以上的植物。在较为寒冷的地区，植物在冬季枯萎凋落后，贮存在茎叶中的磷会重新释放，因此，建议在湿式滞留池中种植阔叶植物，以方便其收集，减少腐烂变质。

如果设施所在区域规划种植大型乔木或灌木，不得将其种在湿式滞留池中，主要是为了避免乔木或灌木的生长破坏池体的稳固性。乔木或灌木应尽量种植在湿式滞留池外部的南、东和西方向上，一方面可以为滞留池提供绿荫，减少日光照射，降低水华和厌氧条件出现的可能性；同时也可增强滞留池的景观效应。

6. 出水结构

出水结构的设计应该保证永久性水面以上存蓄的雨水径流能在设计的滞蓄时间内（一般在 24～96h 内）排出湿式滞留池。相关研究表明，超过 5d 的滞留对污染物的进一步去除并没有明显的效果，反而会对植物的正常生长产生影响。湿式滞留池的典型出水结构为带罩或者带格栅的立管，加罩或者加格栅的目的都是为了防堵塞，但不能影响水力过流能力。还可以采用多级孔口的形式出流，低位孔口设在永久性水面以上，用于排放滞蓄的雨水；高位孔口位于低位孔口之上，用于应对强降雨条件下的高峰值径流。如果滞留池服务的汇水区面积较大，还需要配备防涡旋的装置。

除正常出流外，湿式滞留池还应设置紧急溢流通道，防止滞留池在遭遇超出设计条件的降雨情况下出现大面积的漫流。

4.3.4 运行维护要点

主要的运行维护原则和措施有：

（1）应当定时检查湿式滞留池的运行状况，尤其是水体的浊度和藻类的生长情况。

（2）应定期监测滞留池底的沉积物积累情况。如果需要，可以集中清理前池和滞留池中的沉积物质。

（3）湿式滞留池中植物的生长状况对运行效果的影响十分显著，因此要了解其生长习性，尤其是在幼苗阶段，可以通过适时调整水位等方式满足其生长需求。植物种植初期可使用少量肥料，生长状况稳定后则停止使用。滞留池中的植物应当重点维护，定期修割。

（4）条件允许的情况下，可以在池中定期补充一定量的食蚊鱼，采用自然生态的方式控制蚊、蠓等的滋生。

表 4-6 列举了湿式滞留池日常运行维护的注意事项。

湿式滞留池日常运行维护注意事项　　　　　　　　　　　　　　　　表 4-6

维护对象	可能出现的问题	推荐解决方法
整个设施	出现大量漂浮垃圾、枯枝落叶	及时清除
滞留池周边	出现裸土区域和侵蚀现象	修正土层，种植一些植物，施加少量一次性肥料，减少土壤侵蚀
	植被生长过矮或过高	适当浇水或及时修剪
进水结构	进水管堵塞	清除堵塞物，加装或维护筛网
	进水管破损	更换进水管
	进水沟渠出现土壤侵蚀现象	加固进水沟渠，对沟渠表面予以硬化或采取铺设碎石等措施
前池	底部淤积的沉淀物质过多	清除过多的沉积物，并妥善处置
	出现侵蚀状况	硬化表面或采取铺设碎石等措施
	杂草丛生	最佳的方法是人工清除，如果使用除草剂，应采用涂抹的方式，避免喷洒
滞留区域	滞留池底部沉淀物质淤积严重，淤积深度大于设计深度	清除过多的沉积物，并妥善处置
	藻类的覆盖率超过50%	通过合理的方式抑制藻类的过度生长
	香蒲、芦苇或其他植物的比例超过植株总数的50%	及时修剪，如果使用除草剂，应采用涂抹的方式，避免喷洒
	植物出现生病、死亡现象	从土壤、径流、传染等角度积极寻找病因。移除死亡植株，并进行补种，施加少量一次性肥料
	植物生长过于茂盛	适当修剪
护坡	有高大植物生长，如落叶乔木、常绿乔木等	采用适当的方式移除
	护坡出现裂损，如裂缝、鼠洞等	及时修补
出水结构	出水口堵塞	清除堵塞物，加装或维护筛网
	出水结构损坏	及时维修或更换
	紧急溢洪道出现侵蚀或堵塞现象	进行有效加固，清除杂物

4.3.5　效果与成本

湿式滞留池运行效果的好坏与其结构设计、径流污染物浓度、场地土壤特性、种植植物类型和搭配等多种因素有关。通常，湿式滞留池对 TSS、TN 和 TP 的去除率可以达到

85%、25%和40%左右。

湿式滞留池的建设成本主要包括土工工程、植物种植等，年运行维护费用一般为建设费用的2%～10%。

简单汇总一下湿式滞留池这种措施的技术经济性能和特点，如表4-7所示。

湿式滞留池的技术经济性能和特点　　　　　　　　　　　　表 4-7

控制效果：污染物去除效果		可行性分析	
TSS 去除率	85%	占地和土壤条件要求	高/中
TN 去除率	20%～30%	建设费用	中
TP 去除率	35%～45%	维护负担	中
控制效果：水量控制效果		可滞蓄的径流体积	高/中
削减径流峰值	是	选址约束性	中
减少径流总量	否	公众可接受性	中

4.4 雨 水 湿 地

4.4.1 基本功能

雨水湿地（Wetland）是以雨洪调蓄控制和净化降雨径流水质为目的的人工湿地系统，是一种运用较为广泛的径流污染控制工程措施。通常情况下，在雨水湿地中，雨水径流被滞留在地势相对较低的洼地中，为水生动植物的生长提供水环境（如图4-10所示）。

(a)　　　　　　　　　　　　　　　　　(b)

图 4-10　雨水湿地及湿地植物

（图片来源：*Center for Horticultural Research Impact Statements*（a）& *Pamela*（b））

雨水湿地中密集种植的植物增大了水流阻力，可以有效延缓水流、降低洪峰，并能够通过蒸发蒸腾作用在一定程度上减少径流总量。通过物理（沉降、过滤）、物化（吸附、凝絮、分解）和生物（微生物代谢、植物吸收）等过程，雨水湿地可以去除径流中的多种污染物，如悬浮颗粒物、营养物质（氮和磷）、重金属、有毒有机污染物、石油类化合物等，对大肠杆菌等病原微生物也有一定的去除效果。与湿式滞留池、生物滞留池等措施相比，雨水湿地对 TSS、NO_3-N、TP 以及部分重金属的去除率相对较高。

按雨水在湿地床中流动方式的不同（从土壤、填料或基质上方还是下方流过）和是否具有可见水面，湿地可分为表流湿地和潜流湿地两类。与表流湿地相比，潜流湿地对 TSS 和 COD 有较高的去除率，并且避免了开放性水面存在的蚊虫多、有安全隐患等问题。但是，潜流湿地处理能力一般较小，对含氮污染物的去除率不高。因此，城市降雨径流控制中使用较多的是表流湿地系统，一般又可以分为延时滞留雨水湿地和微型湿地两种：

（1）延时滞留雨水湿地是雨水湿地中较为常见的一种，它的设计与湿式滞留池的设计较为相似。在延时滞留湿地中，永久性水面以上的存储空间用于临时储存雨水径流。延时滞留雨水湿地与湿式滞留池最大的区别在于，湿地系统的永久性水面较浅，而且永久性水域一般由多个区域组成且每一个区域的深度有所不同。因此，此类雨水湿地通常情况下需要较大的占地面积。

（2）微型湿地是针对汇水面积在 $4\sim10hm^2$ 的小型雨水湿地系统。通常与植草沟或植被过滤带等降雨径流控制工程措施相连接。由于水力容量有限，微型湿地通常采用离线形式建设运行，而且需要加装溢流装置。

4.4.2　适用条件和优缺点

选用雨水湿地这种措施，更多情况下是用它来去除溶解性污染物的。从这一特点出发，雨水湿地其实可以被看做是湿式滞留池的一种变形，它们的很多水质过程与处理机理是一样的。而且雨水湿地在景观效果和提供动植物生境方面，比湿式滞留池更有优势。由于雨水湿地一般比较浅，对周边活动的人群来说，其安全性高于湿式滞留池。但是如果处理相同的水量，雨水湿地需要的空间比湿式滞留池更大。不过总的来说，雨水湿地设计和建设的限制条件与湿式滞留池非常相似，包括对基流的要求、占地面积、蚊虫问题、加热效应、对土壤渗透能力的限制等方面。

雨水湿地需要一定的雨季入流和干期基流来维持其正常运行，因此，雨水湿地应该有足够的汇水区，最小汇水面积应该在 $4\sim10hm^2$ 之间。此外，雨水湿地对建设地点的土壤特性有一定要求，对于土壤渗透率过高的区域，如果采用雨水湿地则应进行土壤渗透性的修正。

由于雨水湿地和自然湿地在生物功能和多样性上存在的差异，因此应当尽量避免将雨水湿地设置于自然湿地之中。尽管雨水湿地可以为动植物提供生境和城市景观效应，但其主要的作用仍是控制径流污染。

总体来看，雨水湿地作为一种径流污染控制措施，具有如下主要优点：对悬浮颗粒物、重金属、氮、磷、病原体等去除效率较高；土壤条件适宜的情况下，具有减少径流总量、削减径流峰值和补充地下水的作用；可以为不同的喜水植物、水生动物、鸟类提供生境；如果位于城市中，则可以开发为湿地公园，成为市民休闲娱乐的场所，具有良好的生态和景观效应；设计灵活，使用方便。而其主要缺点则包括：对漂浮物（如垃圾，枯枝败叶等）的清除频率要求较高，尤其是交通发达的地区；只有满足严格的水平衡要求，湿地才能稳定地长时间运行；湿地植物维护频率要求较高，特别是对湿地植物的修剪、收割和补种；与其他控制径流污染的工程措施相比，占地面积较大；如果湿地维护不当，会导致外来入侵性植物物种的大量繁殖；湿地植物枯萎后，残枝败叶若不及时加以收集处理，会造成二次污染。

4.4.3 设计要点

1. 典型组成

雨水湿地系统通常应具有比较天然的形状，而且系统中要包括多种要素，例如水池、水湾、岛、半岛等，以便能够提供多样化的生境从而提高湿地的功能性。典型的表流湿地就像是一个基本全被生根植物覆盖的浅水沼泽地，其水深一般为0～0.6m，前后可能分别设置有较深的前池和后池。通常情况下，雨水湿地系统由5个部分组成，如图4-11所示。

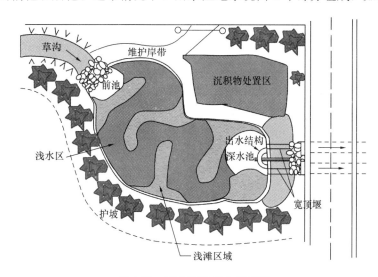

图 4-11 雨水湿地概念示意图

（1）进水结构

进水结构是径流进入雨水湿地的入口，可以采用植草沟、管道、分流设施、坡面漫流等多种形式。

（2）深水池

深水池也被称为池区。该区域的底部应最少比旱季水位线低15cm。如果不能满足这个要求，雨水湿地往往难以维持永久性水面。深水池又可以分为有前池的深水池和无前池的深水池两类。

前池是湿地的预处理单元。在雨水湿地的前端，一般需要设置一个前池或者其他预处理设施，以确保湿地的正常运行和径流处理效果。有前池的深水池体系中，前池主要用于沉淀径流中的大颗粒固体物质，其出水进入雨水湿地。前池的入口处比出口处要深，这样的设计可以减弱来水对系统的冲击，同时增强对悬浮颗粒物的沉淀能力。

不带有前池的深水池通常情况下水位较高，没有挺水植物生长，多为漂浮植物和水生动物，如食蚊鱼、柳条鱼等。

如果深水池与湿地的出口结构毗邻，则应定时对其予以清理，以避免堵塞出口。

（3）浅水区

浅水区也被称为延时滞留区或低平沼泽区，其水位高度就代表着湿地系统永久性水面的高度。浅水区应长时间处于满水状态，为湿地系统的入口和出口提供恒定的水力连接。该区域有挺水植物生长。

深水池和浅水区共同构成了湿地系统的永久性水塘。

（4）浅滩区域

浅滩区域也被称为高沼泽区域，位于湿地的永久性水面以上，其最大水深决定了湿地系统可以容纳滞蓄径流的最大能力。降雨过后会有部分径流贮存在该区域，当贮存水量逐渐褪去，悬浮固体被沉淀下来，而径流中的一些病原微生物也会随着其他物质一起沉淀，并在阳光照射下得以去除。

（5）出水结构

出水结构通常采用低流量和高流量两个出口的成组设计方式。高流量出口应位于浅滩区域的适当高度处，为溢流出口，可以采用溢流堰、泄洪口等形式，用于下泄超过湿地系统最大处理量的雨水径流。低流量出口，应位于浅水区顶端，用于排放浅滩区域中经过处理后的雨水径流。常见的低流量出口形式是用一根倾斜的细管与出水口相连，最小管径一般按照在 2～5d 内能将永久性水面以上存蓄的水量排放完毕来确定。双出口的使用可以达到平衡处理水量和维持湿地正常运行的目的。一般在出水结构前应加装格栅，用于拦截水生植物、落叶、垃圾等漂浮物，以免堵塞出口。

2. 尺寸设计

根据类型的不同，延时滞留湿地的最小汇水面积为 8～9hm² 左右；微型湿地则需根据实际情况进行设计，一般汇水面积在 4～10hm² 之间。

雨水湿地系统的设计计算主要涉及到各区域容积、水深和表面积的确定，如图 4-12所示。雨水湿地的总容积是指系统内可以容纳水量的体积，由两部分共同组成，包括永久

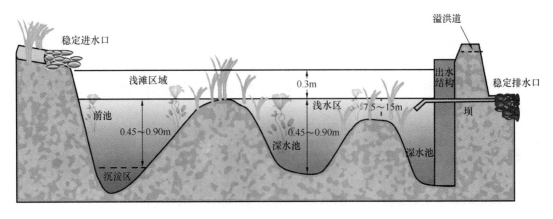

图 4-12　雨水湿地设计示意图

性水面以下的体积和永久性水面以上的体积。前者大小取决于维持系统正常运行的最小水量，是系统内深水池和浅水区所存储水量的总和。后者是浅滩区域最大水深和湿地表面积的乘积，与设计处理径流量的大小密切相关。

前文中介绍的分别利用悬浮物质沉淀原理和溶解性磷去除原理来设计湿式滞留池的两类方法，对于湿地容积大小的计算是通用的。除此之外，还可以采用第三类设计原则，即想办法将湿地出现干涸现象的风险降到最低，最简单的经验做法就是要求永久性水面以下的容积至少达到湿地在干旱期蒸发蒸腾水量的 2 倍。在实际设计过程中，典型的设计策略就是逐一用以上多种设计原则和方法计算得到永久性水塘的体积，最后选择数值最大的结果。

对于降雨期较长但强度不太大的地区，设计时可以通过加大浅滩区域的植物密度同时对出流量予以限制的做法，来保证径流经过湿地时水流足够迟缓，那么这种情况下一般令永久性水域的容积等于平均降雨径流量的大小就可以了。迟缓的水流可能会造成降雨过程中湿地水位的抬升，降雨结束后水位才缓慢（超过 12~24h）下落。这样能尽量减少水流干扰从而污染物得以沉淀。如果湿地设计时要采用大范围开阔水面的做法或者允许径流以较快的速度通过湿地，那么永久性水塘的容积一般得要大于 3 倍的平均径流量。

在设计降雨条件下，径流造成的水位升高不得超过 0.6m，这一要求主要是为了降低对湿地中草本植物的影响。这一限值基本决定了湿地的表面积大小。

湿地系统总表面积的计算方法如式（4-3）所示：

$$T_{SA} = Q_{volume}/D_{plants} \tag{4-3}$$

式中　T_{SA}——湿地的总表面积（m^2）；

Q_{Volume}——系统提供的永久性水面以上的存储容量（m^3），可以采用干式滞留池的容积设计方法通过试算来确定，有时候为了简化计算也可以直接用湿地需要处理的径流量来替代；

D_{plants}——浅滩区域的水深（m）。

湿地中各区域的深度取值与设计处理径流量、系统表面积、植物种类与数量、土壤渗透率等因素有关。一般情况下，浅滩区域的水深可控制在 0.15~0.3m 左右，最深不得超过 0.6m。深水池的深度取值一般在 0.6~1.2m 之间。浅水区的水深建议选在 0.15~0.3m 之间，并且 1/3~1/2 浅水区的水深应在 0.15m 左右。

湿地系统的总表面积中，包含了深水池的面积、浅水区的面积以及浅滩区域的面积。各部分的面积可以采用如下方法确定：湿地系统中的深水池可以有多个，单个面积一般应大于 0.45m^2，在有前池的情况下深水池总面积可取 T_{SA} 的 5%~10%，在无前池的情况下深水池总面积一般取 T_{SA} 的 10%；浅水区的面积一般取 T_{SA} 的 40%；浅滩区域环绕在湿地的周边，其宽度应达到 1.2m 左右，面积一般取 T_{SA} 的 30%~40%。总的来说，整个湿地面积中，前池和开阔性水面的面积应占到 30%~50%，而种有水生植物的面积则占 50%~70%。

湿地系统的长宽比应在 2:1 以上。如果不能达到此要求，可在湿地内部通过人为设置迂回曲折的径流路线以增加雨水在湿地内的停留时间，减缓流速，增强处理效果。

湿地的边坡系数不宜低于 4，平缓的边坡利于减少侵蚀和方便维护。

3. 土壤特性

设计雨水湿地时，应首先对建设地点的下垫土层进行渗透性能测试。对于砂质黏壤土、黏质土壤、粉质黏土或黏土，可以直接进行雨水湿地的施工建设；而对于砂土、砂质壤土、粉质壤土或壤土，则需要铺设黏土或人工填料之后才能建设雨水湿地系统。

一般情况下，雨水湿地的建设都是通过开挖表层土的方式进行，因此，湿地表面的土壤中缺少有机物和营养物质，在下垫土层施工完成之后，应在其表层铺撒至少 10cm 左右的表层原壤土或有机土壤。

4. 湿地植物的选择

雨水湿地去除径流污染物主要依靠系统中大面积种植的挺水植物。虽然不同植物去除污染物的能力有所差别，但相比之下，植物种植密度和生长状况对系统运行效果的影响更为明显。

在选择湿地植物时，应优先考虑那些生长速度快，易大面积种植，叶片量适中，已被证明有污染物去除效果，能抵抗和适应连续性或间歇性来水的冲击，对水位、盐度、温度和 pH 波动的耐受性高，对严寒或干燥气候有一定适应能力的植物。同时，尽量考虑种植本地植物。另外，多年生和一年生的植物都要有。

在一个湿地系统中，植物的种类应保持在 10 种以上，其中 5 种以上应为挺水植物，单种植物的比例应小于 30%，以保持系统的植物多样性。为了减少通过蒸发蒸腾而散失的水量，在种植湿地植物时，应尽量减少在阳光直射的区域种植。

4.4.4　运行维护要点

雨水湿地系统的运行维护工作主要是针对所种植的各类植物。在植物幼苗阶段，可以通过适时调整湿地水位等方式促进其生长。两个生长周期过后，如果植物在湿地上的覆盖面积比例不足 70%，就应当考虑补种。

湿地中应同时有多种植物搭配生长，如果出现外来植物入侵问题或只存在单一植物的情况，就应当采取一定的措施维护湿地系统的植物多样性。

可以通过观察植物的生长状况来推测湿地系统的运行状态。例如，沉水植物（如眼子菜）的生长需要阳光，如果湿地中这些植物的量减少或消失，意味着水体的浊度过高。

与其他措施不同，雨水湿地系统底泥中的营养物质可以促进植物生长，应有选择性地进行清除，例如主要清除前池中的沉积物。雨水湿地日常运行维护的其他方面如表 4-8 所示。

雨水湿地日常运行维护注意事项　　　　　　　　　　　　　　　　　　　表 4-8

维护对象	可能出现的问题	推荐解决方法
设施整体	出现大量漂浮垃圾、枯枝落叶	及时清除
湿地周边	出现裸土区域和侵蚀现象	修正土层，种植一些植物，施加少量一次性肥料，减少土壤侵蚀
	植被生长过矮或过高	适当浇水或及时修剪

维护对象	可能出现的问题	推荐解决方法
进水结构	进水管堵塞	清除堵塞物，加装或维护筛网
	进水管破损	更换进水管
	进水沟渠出现土壤侵蚀现象	加固进水沟渠，硬化沟渠表面或采取铺设碎石等措施
前池	前池底部淤积的沉淀物质过多	清除过多的沉积物，并妥善处置
	出现侵蚀状况	硬化表面或采取铺设碎石等措施
	杂草丛生	最佳的办法是人工清除，如果使用除草剂，应采用涂抹的方式，避免喷洒
深水池、浅水区及浅滩区域	藻类在深水池和浅水区的覆盖率超过50%	通过合理的方式抑制藻类的过度生长
	香蒲、芦苇或其他植物在深水池和浅水区的比例超过50%	及时修剪；如果使用除草剂，应采用涂抹的方式，避免喷洒
	降雨时间过后5天，浅滩区域水位没有明显下降	立刻清除出口的堵塞物
	湿地植物出现生病、死亡现象	从土壤、径流、传染等方面积极寻找病因。移除死亡植株，并进行补种，施加少量一次性肥料
	湿地植物生长过于茂盛	适当修剪
	深水池底部沉淀物质淤积严重，水深减少为设计深度的75%	清除过多的沉淀物，并予以妥善处置
湿地护坡	有高大植物生长，如落叶乔木、常绿乔木等	采用适当的方式移除
	护坡出现裂损，如裂缝、鼠洞等	及时修补
出水结构	出水口堵塞	清除堵塞物，加装或维护筛网
	出水结构损坏	及时维修或更换

4.4.5 效果与成本

雨水湿地具有削减径流量、降低径流峰值的作用，对各类污染物包括粪大肠杆菌均有一定的去除效果。其中，对TSS、TN和TP的去除率可以达到85%、40%和35%。

雨水湿地的建设成本主要和其结构、配置、选址、场地条件等因素有关，资金主要花费在土工费用和植物购买种植上。年运行维护费用一般为建设成本的2%～5%左右。

汇总一下雨水湿地的技术经济性能和特点，如表4-9所示。

雨水湿地的技术经济性能和特点　　　　　　表4-9

控制效果——污染物去除效果		可行性分析	
TSS去除率	85%	占地和土壤条件要求	高
TN去除率	35%～45%	建设费用	中
TP去除率	30%～40%	维护负担	中
控制效果——水量控制效果		可滞蓄的径流体积	高/中
削减径流峰值	是	选址约束性	中
减少径流总量	是	公众可接受性	高/中

4.5　滨　水　缓　冲　区

4.5.1　基本功能

　　滨水缓冲区又称为林木缓冲区（riparian/forested buffer），是位于汇水区与城市水体之间的植被区域，一般沿河流两岸或者湖泊、湿地周边建设。作为雨水径流管理措施使用时，在降雨径流进入水体之前可以通过入渗、吸附、过滤等作用去除部分污染物质，减小径流污染对城市水环境的影响。滨水缓冲区常设于汇水区的下游，形状以条、带状居多，如图 4-13 所示。

图 4-13　滨水缓冲区示例

　　目前，文献资料中可以找到很多与滨水缓冲区具有相同或相似内涵的术语，如滨水缓冲带、植被缓冲带、缓冲带、过滤带、河岸植被带等。就目前的实践应用而言，水体附近的植被缓冲区有三种不同的类型：水污染危害隔离区、天然植被缓冲区、工程化缓冲区。对于水污染危害隔离区，设置此类区域的目的是用于隔离水体（例如排水沟、已污染的河道）可能带来的水污染危害，其目的并不是为了在降雨过程中去除径流污染物。天然植被缓冲区是一类天然形成的植被区，常常用来对不同类型的用地进行物理分隔或者改善景观。而工程化的缓冲区则是经过专门的工程设计后建设而成，在降雨径流进入河流、湖泊或湿地之前对其进行处理，削减径流污染负荷。而本节所讨论的滨水缓冲区主要就是指这类工程化的缓冲区。

　　滨水缓冲区能实现对径流污染的控制，首先是因为它在显著降低径流流速的同时，还能促进其不断下渗。这种作用不仅可以减少径流对土壤的冲刷和侵蚀，而且能使径流中的颗粒物逐步沉淀。与此同时，滨水缓冲区还能利用土壤、植物根系和微生物的吸附、降解等过程去除径流中的污染物。滨水缓冲区去除污染物的效果随其结构要素，包括植物的组成和配置、缓冲区的形状和大小（长、宽）等因素的变化而明显不同。一般情况下，滨水缓冲区的面积大小、植被种类及粗糙程度是影响其径流污染控制效果的重要因素。

4.5.2　适用条件和优缺点

　　滨水缓冲区一般建设在城市水系（河道、湖泊）的周围，作为降雨径流进入水体前的处理净化措施。迄今为止，关于工程化的林木缓冲区能去除多少径流污染物的研究并不是很多，该技术措施的成熟度也不算高。在美国环保局关于雨水径流污染控制措施的分类中，滨水/林木缓冲区属于"创新性"的措施。

具体来说，能够促进缓冲区对污染物去除效果的因素主要有：相对平坦的缓冲区更能有效去除降雨径流中的沉淀物质、营养物质和细菌微生物，坡度低于 5% 最佳；径流在汇水区的流行长度最好低于 45m，不宜超过 90m；地下水水位高，与地表的距离近；设置了水位摊平器或者拦砂坝，保证与径流的接触时间不低于 5min；土壤具有渗透性，但又不能是砂质土，而且不能是压实的土壤；缓冲区植被处于生长期时，比非生长期的去污效果好；缓冲区宽度足够大；降雨强度低；径流进入缓冲区时的流速最好低于 0.45m/s，不能超过 1.5m/s；所种植树木的根系深；所种植的草被不仅覆盖严密，且高度适宜，如 15cm 左右。

4.5.3 设计要点

滨水缓冲区的设计任务主要是确定其宽度和植被类型及其组合方式。设计中需要考虑的影响因素包括：汇水区大小、降雨特征、地形地貌、土壤特性等。

1. 面积与带宽

根据美国的经验，汇水区面积和缓冲区面积的比率应该在 50：1～70：1 之间。但由于不同地区的土地利用情况、降雨特征等因素的不同，滨水缓冲区的面积也可根据实际情况确定。但总体而言，汇水区面积和缓冲区面积的比率越小越好。

滨水缓冲区的宽度设计也是影响径流污染物去除的一个重要因素，其数值选取应随着缓冲区坡度的增大而增加。一般来说，河流两岸建设的滨水缓冲区，其宽度至少要达到 30m 才能给河流提供足够的保护作用。

2. 三区构型

为河流构建滨水缓冲区时，最常使用的有效技术是一种三区构型的体系，即缓冲区由内区、中区和外区构成，每个区在功能、宽度、用途以及植被的种植目标等方面均存在差异。内区是距离河流最近的区域，主要是为了保护水体物理和生态结构的完整性，宽度至少在 7.5m 以上，再加上部分湿地和相应生境。内区植被的建设目标是最终形成成熟的树林。这一区域的用途很有限，主要是进行洪水的控制，其间仅允许设置步行道。中区将内区跟城市建设开发区域隔开，一般情况下其宽度在 15～30m 之间，具体宽度设计取决于河流的保护等级、地形坡度等条件。这个区域的植被建设目标是最终形成需要人工管理的树林。中区的用途一般是定位于一些娱乐活动，还可以布置特定类型的雨水管理和径流污染控制设施，并允许设置自行车道。外区是整个缓冲区当中最先接触到径流的区域，其功能是在减缓径流流速、对径流进行过滤的同时预防土壤的侵蚀。外区的宽度最少得有 7.5m，构建植被的目标是最终能形成保证树下草皮正常生长的林木区。外区的用途基本不受什么限制，可以有草坪、花园等，可以在该区域堆肥，还能布设绝大多数类型的雨水管理和径流污染控制设施。

为了获得最佳的径流处理效果，在滨水缓冲区的设计中，建议在构造林木带时要同时配以径流消减区和植草过滤带（植草型的植被过滤带，参见前文相关章节）。雨水首先通过一片径流消减区，然后过渡到植草过滤带，最后才进入到林木缓冲区。在低强度降雨事件中，雨水消减区用来截留和存储雨水；而遇到较大的降雨，径流将通过旁路直接进入沟渠中。雨水消减区截留下来的径流接下来被分散开来，然后送入植草过滤带，因为过滤带要求处理的径流必须处于层流状态。最后植草过滤带再将径流排入林木缓冲区，如果层流的径流能在林木缓冲区中得到完全下渗，则整个缓冲区就能实现径流向受纳水体的零排放。

3. 植被配置

根据三区系统的特点，滨水缓冲区的植物配置可以使用乔木、灌木和草本植物的组合

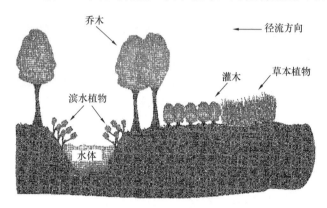

图 4-14　滨水缓冲区植物配置示意图

方式，其综合效果较为理想，如图 4-14 所示。内区紧邻河流或湖泊，主要作用为控制洪水、保持水土，植被主要为生长周期较短的高大乔木。中区是作为内区和外区之间的过渡区域，这一区域除了乔木外，可以主要引入灌木，以便有效降低径流流速、去除污染物。外区是滨水缓冲区最先接触径流的区域，也是最重要的区域，对污染物的去除起着决定性的作用，植被类型中必须包含大量草本植物。

三个区域的植物应尽量选择适宜的本地物种。

4.5.4　运行维护要点

滨水缓冲区建好后，内、中、外三个不同区域的边界必须予以明确区分和标识，特别是要向公众说明各区允许和禁止的活动类型。

滨水缓冲区需要一定程度的管理和维护，以保证其径流污染控制的功能。维护措施包括：对草皮进行适当的修剪，以促进营养吸收和系统运转；对乔木进行间伐，增强缓冲区内的阳光照射，促进林下灌木和草本植物的生长。而相应的径流消减区和植草过滤带也要予以合理维护。

4.5.5　效果与成本

滨水缓冲区具有良好的生态环境效益，对降雨径流中的污染物去除效果良好，可以作为城市滨水生态区域建设的重要内容之一。有研究表明，植被类型以当地硬木树林为主，宽度在 20~40m 之间的缓冲区，实现了 23% 的总磷去除效果；另一项林木缓冲区的案例中，总磷的去除率在 30%~42%，总氮的去除率则达到了 85%。除了污染物去除的功能外，滨水缓冲区还可以为鸟类、昆虫等提供栖息地，保持水土，减少侵蚀，同时增加城市绿地面积，丰富生物多样性。

由于滨水缓冲区的建设需要大量的乔木、灌木和草皮，植株的购买和种植会在建设成本中占据一定的比例。此外，防治大面积病虫害、植被修剪等日常维护也需要一定资金支持。

4.6　雨污合流体系中污水处理厂的雨季应对措施

4.6.1　污水处理厂就地调蓄与雨天专用系统

污水处理厂就地调蓄是指在污水处理厂前设置存储设施用于削减雨天的峰值流量，改善污水处理厂的雨季运行。把管网系统雨天输送来的超出污水处理厂处理能力的多余水量先存储起来，等降雨影响过后再送入后续处理单元，总体上能够提高污水处理厂的运行能力，且成本比在管网中进行离线调蓄要低很多。污水处理厂就地调蓄的常用形式是采用水量均衡池（又称水量调节池、水量缓冲池等）。也可以根据实际条件对废弃的构筑物做些改造后用于流量调节。

除就地调蓄外，污水处理厂还可设置专用的雨天处理系统，应对超出处理能力的雨季来水和峰值流量[115]。此类专用系统通常采用强化物化处理过程，属于一级强化处理工艺，即用物化法（混凝沉淀、过滤等）来强化预处理和一级处理的效果。要注意的是相应的污泥处理处置能力也要一并予以配置。

国外已经实现商业化的一级强化处理工艺有 Actiflo 工艺、Densadeg 4D 工艺、Lemalla Plate 工艺等，在国内也有所应用。

Actiflo 工艺，即微砂加重絮凝高效沉淀工艺，该技术最初是用在给水处理当中，近些年经进一步发展后也大量用于雨水径流处理和 CSO 处理，主要用于去除水中的悬浮物、浊度以及颗粒态有机物。该工艺通过投加微砂，使污染物在高分子絮凝剂的作用下与微砂聚合成大颗粒的易于沉淀的絮体，从而加快了污染物在沉淀池中的沉淀速度；同时结合斜管（板）沉淀的原理，减少了沉淀池的面积及沉淀时间[116],[117]。Actiflo 高效沉淀池具有水力负荷高、占地面积小、对 SS 去除率高等优点。但该工艺的缺点是能耗相对较大，污泥产量大，大量化学污泥处理处置也是一个棘手的问题。

DensaDeg4D 工艺是一种专门用于处理 CSO 和雨水径流的澄清池，基本原理与 DensaDeg 工艺（是高密度澄清沉淀池系统）类似，跟 Actiflo 工艺的本质区别是污泥回流、无需投加砂。该工艺主要通过以下功能达到净化水质的目的：去除砂砾、去除油脂、一体化的絮凝单元加斜管沉淀、污泥稠化及浓缩。其工作流程如下：已投加混凝剂的原水首先进入预混凝池，通过空气搅拌使无机电解质与水中颗粒充分接触反应，水中的粗大砂砾直接沉降在池底排出；预混凝后的出水进入絮凝池后与回流污泥以及投加的高聚物絮凝剂在机械搅拌下充分混合，形成密实的絮体；充分混凝后的水体最后进入斜管澄清池，在预沉区大部分絮体与水分离，剩余部分通过斜管沉淀池被除去[117]。漂浮在水体表层的油脂通过刮油器收集而达到除油的目的；沉积在澄清池底的污泥部分回流，剩余部分则稠化浓缩。

Lemalla Plate 工艺的特点是三段絮凝加斜板沉淀，混凝剂和絮凝剂同时加入第一段反应池内，三段絮凝的过程中能量梯度不断下降，以利于絮体的形成，最后进入沉淀单元，沉淀单元内有斜板来强化沉淀过程[117]。该池还有污泥浓缩功能，浓缩的污泥被抽出后进行下一步处理。

4.6.2　污水处理厂整体优化和工艺单元改进

1. 污水处理厂扩容与挖潜

所谓扩容是指，通过扩大污水处理厂的处理能力，实现服务区内雨污水的全部处理。应允许污水处理厂在旱天和雨天分别执行不同的排放标准。

挖潜，即挖掘污水处理厂的潜力空间，是指利用尚未满负荷运作的污水处理厂，或充分利用污水处理厂的缓冲容量来处理雨天峰值流量。

2. 流量分配与控制

污水处理工艺中通常包括一系列处理单元，因而运行中必须控制好流量，防止流量的不均匀分布影响水力负荷，对处理效果产生负面影响。而在降雨时，污水处理厂内极易出现流量不均匀的状况，因此，应通过在现有构筑物上安装控制堰和阀等设施设备来实现流量的控制与调节，以保证流量的均匀分配。

另外，侧流的调整控制也很重要。侧流是指在处理过程中产生的液体或污泥，可与污水分开处理，也可回流到特定处理单元进行专门处理。在雨季洪峰发生时，应考虑减少或停止侧流的回流。

3. 初沉池改进

雨天时，由于水量大，初沉池易发生短流现象，从而影响出水水质。为了防止短路流的发生，可以考虑在初沉池内设置挡板。挡板的形状、大小可根据实际情况灵活选择，材质包括木头、玻璃纤维、塑料和金属等。在矩形的初沉池中，通常使用垂直于壁面的薄质挡板并让其横跨整个初沉池。在圆形的初沉池中，挡板可与壁面呈 45°～60°角，或垂直于池壁，如图 4-15 所示。

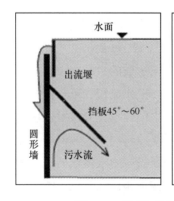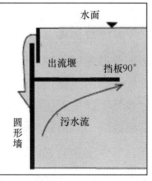

图 4-15　圆形初沉池的挡板放置方式

此外，加长初沉池的堰板，也可以缓解雨季对初沉池的冲击。矩形的初沉池中可以添置侧堰槽。圆形初沉池中，若周边只有一个出水堰，通常不需增加堰的长度；若有内外2个出水堰，则可通过取消外堰和内堰的V形缺口以避免颗粒物从初沉池中流出。

4. 活性污泥工艺调整

保持活性污泥系统中充足的生物量能够一定程度上减少雨季洪峰对污水处理厂的冲击。因此在雨季中，可以通过控制活性污泥工艺中的生物量来确保系统的处理效果。生物量控制的主要方法有调节排泥速率、调节回流比等。

此外，在雨季采用多点进水也能够有效地缓解其对生物处理的冲击。多点进水模式是在不同点将污水引入曝气池中，通过让有机负荷均匀地分布在曝气池内，使曝气池更好地应对液压增大的变化。该方法通常需要曝气池内设置3条或3条以上的平行廊道。

5. 生物膜工艺调整

对于采用生物滤池工艺的污水处理厂，雨季洪峰的到来可能会使生物滤池的布水器转速加快，影响处理效果。为此，可安装喷嘴使布水器的转速恢复正常。对于串联使用的生物滤池，应当在各单元间安装连接管道和泵，在雨季时将各单元切换成平行运行的模式，通过降低水力负荷来增强生物处理能力。

如果采用的是生物转盘工艺，那么在应对雨季洪峰时，则可通过调整转盘转速来增加处理峰值水量的能力。

6. 化学消毒过程优化

由于雨季流量增大，如果此时还遵循旱季的消毒接触时间与剂量，将导致出水与消毒剂接触时间不足，使得出水消毒效果不好。因此，需要通过延长接触时间或增加消毒剂剂量来保证出水水质。

7. 污水处理厂运行实时控制

基于实时信息的自动控制系统能够提高污水处理厂应对雨季冲击的能力。根据来自排水系统的实时监控信息，可以在过量的雨污水进入污水处理厂之前，对各处理单元的运行工况进行调整，从而优化污水处理厂的雨季运行。

第5章 城市降雨径流污染控制方案的设计理念与方法

20世纪60年代以来，城市化进程不断加快，随着建成区不渗透面积的增加，控制城市降雨径流污染越来越受到人们的重视。排水系统是城市基础设施的重要组成部分，承担防汛安全和水污染治理等多重功能。而管网系统雨天排放及溢流问题已经成为制约我国城镇乃至流域水环境质量改善的主要因素之一。科学合理地编制和落实城市降雨径流污染控制技术方案，必将成为城市水污染控制的重要工作内容之一。在规划设计城市径流污染控制系统的过程中，需要遵循源头削减、管网调控和末端处理的全过程原则，并且与排水系统的合理设计和高效稳定运行相结合，最终实现城市降雨径流污染控制技术的优化组合。与此同时，城市作为流域中的重要节点，其水污染控制与流域保护密切相关。从这个角度看，城市降雨径流污染控制工作还要站在流域水环境管理的高度来看待。本文也因此提出了基于流域的城市降雨径流污染控制理念。

5.1 基于流域的城市径流污染控制理念

基于流域的理念是指，要以流域管理为基本出发点来评估水污染控制的需求，来协调受纳水体对应的流域内各类污染源控制目标之间的关系，包括雨水径流污染、溢流污染和其他形式的点源、非点源污染。由于造成流域污染和生态破坏的原因是多种多样的，对受纳水体的环境保护来说，以流域为单元，实施综合性的流域水污染控制规划与管理策略是必由之路。而随着城市生活污水和工业废水等典型的点源治理已见成效，城市的合流制管网溢流、雨水径流则成为流域污染源中的重要组成部分。采取基于流域的控制方法的好处有：可以考虑到所有对流域污染或生态损害中的重要因素并予以优先控制；污染负荷削减与受纳水体质量和生态改善之间的联系更为紧密；污染源控制更为灵活；更为成本有效；有助于在末端治理的同时实现源头预防；在资源配置和责任划分上更为公平。

不仅如此，由于城市径流污染也有不同性质的污染来源，需要不同的控制措施，进而可将径流污染控制方案划分为雨水控制方案和溢流控制方案。前者重点针对未被管网收集而直接进入受纳水体的雨水径流、进入管网之前的雨水径流以及进入分流制雨水管网后被排出的雨水径流；后者则重点针对因雨水径流进入合流制管道造成的溢流污水，即CSO。二者的控制，既相对独立又互相关联。而采用基于流域的方法来制定径流污染控制方案的最大优势则在于，可以因地制宜地调整对不同类型污染来源的控制程度，例如根据CSO和非CSO污染源对水体水质影响的相对贡献，分别确定CSO控制目标和雨水径流控制目标。对有些受纳水体而言，CSO 对水质不达标的贡献可能比雨水径流或者上游来水要小，这种情况下，大量的溢流污染控制投入可能对水质改善的影响并不显著，控制方案设计的重点则应放在其他污染来源上。

根据基于流域的理念，在开展径流污染控制方案设计之前，首先应开展受纳水体及其所属流域的特征分析，为明确径流污染控制目标奠定基础。对流域特征的分析应包括：明确流域面积及其子流域划分，找出相应的地理环境特点（例如土地利用、地质条件、拓扑关系、湿地等敏感区域）、城市市政数据（例如人口、分区等）、基础设施情况（例如污水系统、雨水系统等）、潜在的污染源信息（例如污水处理厂、填埋场、雨污调蓄池等）。关于受纳水体（河流、湖泊、海湾等）的特征分析则应包括：明确受纳水体的水质保护目标，开展水质现状评价，描述流域中各种污染源（包括 CSO、雨水径流排放、农业负荷、上游来水的输入，以及其他点源等）对水体的影响（包括对水体水质、流量、沉积物和生物群落的影响）。在此基础上，识别出受纳水体的不达标区域（例如不达标的河段），确定造成水质问题的主要原因（污染源）。在对现场数据进行统计分析的基础上，根据不同的水力条件和水质浓度范围估算出污染源排放的流量和负荷。利用受纳水体水质模型，评估各种污染源带来的水质影响。对于每个河段，应针对不同的源，包括 CSO、雨水径流、上游输入，单独予以评估，明确污染源的相对贡献。最后则根据不同污染源的相对贡献，确定其各自的控制目标。对于降雨径流污染控制而言，还需进一步分解为 CSO 控制目标和雨水径流控制目标。如果按照水环境容量总量的管理模式和等比例削减的原则，那么各种污染源的控制目标至少要保证，在其他污染源的排放负荷得以控制和消除的基础上，水体水质能够达标。决策者也可以根据当地现行的流域管理和总量控制模式以及不同的负荷分配原则，确定相应的污染负荷分类控制要求。

在了解受纳水体和所属流域基本特征的基础上，就可以着手设计城市径流污染控制方案，相应的设计工作主要包括以下基本环节：确定径流污染管控目标与范围、历史资料收集整理、补充监测方案制定与实施、汇水区径流与管网模型构建、水污染控制系统特征分析、雨水控制措施初步设计、溢流控制措施初步设计、径流污染控制方案模拟评估与优选等。

5.2 径流污染控制方案设计目标与原则

前文提到，城市降雨径流污染控制技术，如果按照对径流污染的控制机理，可以分为源头、管路以及末端措施；但是如果按照各种措施应用跟城市排水管网的关系来区分的话，则大体可以分为雨水控制措施和溢流控制措施，这也是可以将径流污染控制方案分解为雨水控制方案和溢流控制方案的原因。这里所说的雨水控制措施主要包括各种排水体制都适用的源头措施和适用于分流制雨水管网的措施，而溢流控制措施则主要针对合流制管网的溢流污染。为达到一定的污染控制效果，各类措施一般都会组合使用，从而构成一个完整的城市降雨径流污染控制系统。

　　上述各项措施在实际应用中，除了降雨径流污染削减外，往往还会同时具有其他方面的功效，例如径流总量与峰值流量控制、雨水的资源化利用、城市防洪和内涝控制、节约管网投资、保障管网运行安全，以及改善水循环和城市生态状况等等。这就使得城市降雨径流污染控制系统的设计和运行成为一项复杂的系统工程，可能具有多个方面多个层次的目标，目标之间又存在相互的关联。由此可知，城市降雨径流污染的控制目标与范围往往与径流管理的其他要求难以完全分离，而是需要统筹考虑。另外，对城市降雨径流污染控制工作予以规划和管理，其技术方案的内容还会跟城市所涉及的其他管理要求和计划措施有联系，例如城市基础设施资产管理、城市水污染物排放总量控制计划、城市所属流域的水污染控制规划，等等。考虑到以上实际情况，在针对具体城市制定其径流污染控制技术方案时，一方面要采用基于流域的水污染控制理念，在更宽泛更综合的背景下深刻理解径流污染的管理需求；同时要定义出清晰细致的具体目标和相应的控制指标体系，以便在技术方案中确定各种径流污染控制措施应用的类型、模式、范围和程度。

　　降雨径流污染控制技术方案的编制和实施涉及区域开发建设的很多方面，影响因素众多，因此在技术方案的设计中要遵循以下几项基本原则[28]：

　　（1）尽量保护区域原貌。无论是新区开发还是区域改造，规划各种径流控制措施的场地布局时都要尽可能不去改变区域的原始格局，把对地表覆被、地形变化、水文循环、土壤结构、自然水体等的影响降到最小，使径流汇集和排放方式越趋近于自然越好。

　　（2）尽量限制不透水区域的增加，优先选用源头控制措施。长期研究表明最有效的径流污染控制方法是从根本上减少或消除径流污染的发生，也就是从源头控制径流污染。源头控制一方面是从水质、水量两方面来减少进入管网系统和受纳水体的径流量和污染物总量；另一方面，通过降低进入管网系统的径流总量和峰值流量来减少溢流次数、溢流污水量及其污染负荷。应通过绿色屋顶、透水铺面等措施，尽可能减少不透水屋面和路面占整体区域面积的百分比。还可以利用沿道路、广场、停车场等周边的植被过滤带、植草沟、生物滞留池等措施，打断大片直接相连的不透水区域，削弱下垫面硬化带来的影响。通过源头控制措施，尽可能地降低区域总体径流系数，对降雨径流进行有效控制以减少径流污染的发生。

　　（3）因地制宜，优化组合。不同的降雨径流污染控制措施有不同的结构和效能特点，对场地的适用性和对排水管网的输送存储能力也有不同的要求。在进行布置前，应先对目标区域的特征进行分析评价，识别其有利因素和限制因素。在此基础上结合径流污染控制目标和区域的具体实际情况，选择合适的降雨径流污染控制措施，以便最大程度地优化径流污染控制方案的实施效果。在此过程中，还应特别重视汇水区及其排水管网数值模拟模型的建立和应用，利用模型对备选方案的径流污染控制效果开展模拟和评估，并在一定的成本约束下实现多方案的优选。

　　（4）注重降雨径流污染控制的综合效益。前文曾提到过，各种径流污染控制措施一旦实施，在解决污染问题的同时，往往还能够起到资源利用、防洪减涝、景观美化等作用。降雨径流污染控制方案的编制与实施往往可以实现多方面的综合效益，因此应该通过合理地编制和落实径流污染控制方案,综合运用工程措施与非工程措施,将降雨径流污染控制与城市生态排水、雨水利用、水生态环境建设有机结合在一起,更大程度地实现城市水污染减排的生态效益、经济效益和社会效益[118]、[119]。

5.3 历史资料收集与整理

基础资料的收集与整理是编制城市降雨径流污染控制方案的重要基础工作。能否收集到充足有效的支撑数据和信息,是方案科学合理的前提,更是各种径流控制技术措施实施后能达到预期目标的必要条件。

根据设计目标和区域尺度的不同,所需资料也会有所差别。收集资料的过程主要包括实地调查和测量(详见下一节),但主要的数据来源一般仍以"二手"资料居多。方案编制过程中涉及的主要资料如表 5-1 所示。

编制城市降雨径流污染控制方案所需的历史数据信息资料   表 5-1

资 料 类 型	资 料 内 容
自然地理资料	地形图与平面图
	地物图
	遥感图
	航空影像图
	植被覆盖图
	土地利用资料
社会经济和水资源利用资料	人口数量与分布资料
	居民生活和公共服务用排水资料
	工业行业用排水资料
气象资料	历年降雨和蒸发量资料
	当地气温资料
	当地暴雨强度公式
受纳水体水文资料	河道、湖泊常水位和洪水位、历史洪水资料
	水文站水文资料
	地下水资料
排水系统建设现状与设施运行资料	污水管网、雨水管网、合流管网建设现状
	污水处理厂建设现状
	泵站、截流井、污水处理厂、出水口等关键设施运行数据
相关规划资料	城市/区域总体规划
	国土规划
	水资源规划
	水污染减排和总量控制规划
	供水、排水系统规划

可以建立城市降雨径流污染控制与管理信息系统以便更有效地服务于方案编制工作，系统中应主要包括气象条件、自然水文、地形地貌、土壤与地下水特征、土地利用、雨污水收集排放与处理系统及其他信息。利用所收集整理的资料和数据，可以分析研究区域的基本特征，具体包括以下内容：

（1）气象条件特征

为识别目标区域的气象条件特征，应着重于搜集区域的历年实测降雨降雪资料和当地暴雨强度公式、当地气温资料、风速和蒸发信息等，并进一步开展区域降水分布状况分析、平均降水量及其时间序列分析、降雨异常特征识别、降雨等级划分等工作。

（2）土地利用特征

不同的用地划分决定了下垫面的不同性质，如渗透系数等。现场调研区域主要的用地性质，依照《城市用地分类与规划建设用地标准》[120]对城市用地予以划分和归类，并进行城市用地的汇总统计工作。在开展径流污染控制措施的筛选布置之前，还需了解区域未来规划的建设用地规模、结构、比例分配等。

（3）地形地貌特征

地形地貌资料应涵盖区域的地形图与平面布置图、地物图、遥感图、航空影像图、植被覆盖图，等等。运用相关工具进行坡向、坡度、高程分析，划定区域边界线，划出等高线，进行地貌景观类型的划分与分析。

（4）自然水文特征

河流等水体往往是合流制管网溢流和雨水径流排放的最终出口。应明确区域的河流水系特征和水文特征。河流水系特征主要有河流的流程、流向、流域面积、支流数量及其形态、河网密度、水系归属、河道状况等。河流水文特征有河流水位、径流量大小、径流量季节变化、含砂量、汛期、有无结冰期、水能资源蕴藏量和河流航运价值等。

（5）土壤与地下水特征

土壤特征包括土壤性质分类，污染特征，相关土壤参数如渗透参数、含水层特性、生物降解特性等。

为加强城市地下水的保护，控制地面沉降，应详细了解区域内地下水状况，尤其是地下水位的情况，从而保证径流污染控制设施的合理布局与建设。

（6）区域排水系统特征

整理分析现状资料，绘制管网图。收集管网系统和污水处理系统的监测数据，明确区域内排水系统运行现状及存在问题。

（7）用地约束

由于城市土地资源紧缺，径流污染控制措施的空间需求成为一个重要的考虑因素。一些占用空间较大的措施在城市密度较高、用地紧张的区域（如城市中心区）往往会受到限制，因而这一指标也从一个方面反映了措施在高度城市化区域的适用性。

（8）相关设计标准和规范

主要涵盖国家、地方及相关部门的法律法规、防洪标准、雨水资源利用的法规与标准、排水系统和相关设施的设计规范、水污染减排要求等。

5.4 补充监测方案制定与实施

在收集整理二手数据信息的基础上，必要时还应在现场开展一定的补充监测工作，以保证后续制定方案的科学合理性。常见的补充监测主要集中在场地降雨监测、排水管网监测和土壤渗透性能监测等方面。其中，操作难度大、成本较高的当属排水管网监测，以下做出简单介绍。

5.4.1 排水系统水文水力和水质特征监测

在制定合理可行的监测方案基础上，通过部署一系列适用于排水管网的监测设备，对排水管网开展系统的现场监测，可以及时掌握其运行状态和负荷情况，对径流污染控制措施，尤其是管路措施的设计具有重要意义。

出于控制合流制管网或者分流制污水管网的溢流、开展入渗入流分析以及识别主要的污染贡献源等目的，需要对排水管网的水文水力水质特征开展监测。通过监测要搞清楚的主要是以下问题：汇水区内产生了多少流量（负荷），产流的速度如何，以及上述流量（负荷）在管网系统内是如何传输的？因此，按监测时段的不同，可将排水管网系统的监测分为旱季监测和雨季监测；按监测对象的不同，可分为污水管道监测、雨水管道监测和汇水区监测；按监测方法可分为在线监测和人工监测；按监测内容可分为降雨量监测、管道流量监测、入渗入流量监测、检查井水深监测、泵站监测和水质监测等；按监测方案实施的性质不同，可以分为临时监测和永久监测。

一般地，降雨量、管道流量、检查井水深和泵站监测数据可通过相应的监测设备直接获取。入渗入流量则需要利用旱季和雨季的监测流量通过计算得到。水质监测则包括管道水质监测和汇水区水质监测。由于目前水质在线监测仪器购置价格与使用维护费用较高，而且在排水管网中安装难度较大，所以开展水质监测时，通常使用人工或自动采样器，按照特定的时间间隔或水量条件进行水样的采集，然后送到水质检测部门或实验室进行水质化验分析。

在开展监测之前，必须先制定合理可行的监测方案。监测方案中，测量设备的布设密度和空间分布是首要考虑的因素。设备布设的密度主要由系统结构（例如要求截污管的每个主要输入都要予以计量）、汇水区大小（例如事先指定单位服务面积或管道长度对应的监测设备数）、管辖边界（例如排水系统跨越行政边界处）等因素决定。选择设备放置的具体空间位置时，基本原则是要保证能够对相应的产流量予以直接测量。例如，对溢流排放量进行监测，并不能直接识别出产流量的大小和产流的速度，而是产流特征和系统水力性能的综合反映；因此建议应该在溢流点的上游和分流的地方分别进行流量监测。确定设备的布设点时，还要尽量避免一台测量设备测定的流量包含在另一台设备之内的情况，以免流量汇总计算时出错。

测量时段的确定也是监测方案中的重要内容。对季节性变化响应明显的点位，数据采集的时段长度应能够保证覆盖不同的水力条件。如果是为了开展管网模型率定和验证，监测时长必须要保证能够捕捉到足够的降雨事件，美国的相关指南要求至少是 5～6 次代表性降雨[121]。如果排水系统对降雨的响应受降雨之前汇水区下垫面湿润状况的影响很显著，那么为了满足率定和验证管网水力模型的需求，监测时段应覆盖更多场次的降雨事件，例如整个监测期要达到 2 年[121]。

流量监测计划能否成功实施与监测设备能否合理布点密切相关。选点的难度主要是排水系统的逻辑分区可能无法提供测量设备正常使用所需的水力条件。例如，两根截污干管的连接处基本上可以很方便地把整个汇水区划分为两个大小相近的子片区，但两根干管之间的水力干扰会影响到收集数据的准确性。这是流量监测方案制定中常遇到的问题，在实践中往往得在子汇水区的界定和设备运行条件之间做折中处理。

要获得高质量的数据，布设设备的点位要满足一定的水力学特征。以下因素应当予以考虑：（1）最好满足自由流动条件，有合理的流速，不受湍流或其他干扰流量的影响。流速过高（例如急流条件下），湍流条件，或者过低的流速，都会造成监测结果不准确。有学者建议在选点时应考虑水面线的特征，最好选择将仪器安装在紧跟有急流段的缓流段上，例如在其下游管段比较陡的管段上安装设备一般会取得更好的效果。测量设备的安装还应远离流量过渡区域。还有专家建议流速在 0.6～1.2m/s 的范围内，能取得最好的监测结果。（2）应避免回水状态。回水是由于限制、阻塞水流向下游流动而造成的一种现象，会导致监测点位处的水流倒退和监测管段的水位上升。有些监测仪器能对回水现象做出补偿，但仍然会影响数据的准确性。考察安装现场时，应仔细观察管壁或水力结构的台阶上是不是有残渣累积，来帮助判断此处是否发生过回水或过载问题。（3）监测点位的选择要尽量避开淤泥和残渣易于累积的地方。淤泥和残渣的存在会减小管道断面面积，影响到测量设备的传感器正常工作。尽管很多监测设备带有修正淤泥影响的功能，但是实际情况的变化往往使得相应的修正算法不够准确。（4）监测点位的选择还得考虑设备的安装和维护方便。例如要保证工作人员在各种条件下能通达，不能选择太深的检查井，不宜在油脂或其他有毒危险物质排放（比如临近处有工业企业排污口）的地方等。如果是永久性布设的监测仪器，还要考虑安装点位处的数据通信条件。

除了上述给出的管网监测选点的一般要求外，如果监测的是合流制管网溢流，那么在选点时还要求便于估算溢流量。受到溢流点复杂的水力条件和溢流流量不连续的影响，直接监测溢流量大小比较困难。在实践中，人们常会用堰的方程来计算溢流量大小，但是结果往往存在较大偏差。这主要是因为坝前通常会有显著的行近流速；或者受到下游水力控制的影响，甚至有时候受到构筑物顶部高度的限制导致堰出流实质上变成了孔口出流等。另外一种可用的监测手段则是分别在流量调节器的上游处和其下游连接到污水处理厂处安装流量计，那么溢流量可以用上游流量减去进入污水处理厂的流量来估算获得。与之前利用堰方程来计算溢流量的方法相比，后者可能是更好的选择；但也会受到污水处理厂进水处湍流明显造成流量计测定条件不好的影响，而且流量相减的过程也会给溢流量计算结果带来误差。

监测方案的制定中还要考虑到监测设备的选择，不同的计量装备不仅涉及到成本，而且涉及具体的场地安装问题。在污水管网流量监测工作中，最为基本的一些设备是利用简单的水位测量来实现流量计算，一般都是用于明渠监测的设备，例如各种堰（宽顶堰、锐顶堰、V形堰等）和槽（巴氏槽、Palmer-Bowles水槽）。这类设备的有效运行通常比其他测流装置引起更多的水头损失，因此往往适合于安装在新建构筑物处；将它们布设在现有污水管段中不太现实，成本也高，除非所需要的水头条件能够轻易满足。理论上，利用与水深之间的关系，这些设备能给出水量大小，但是理论公式通常都假设设备上游形成静止的积水区，而在实践中这一假设会受到安装地点和水力条件的影响，不一定能够满足。另外，回流或者高流量条件下，计量槽还可能会被淹没。与此同时，管道流量监测技术近几十年来发展非常迅速，各种类型的管道流量计成为管网测流的重要工具（下一节中还有相关介绍）。其中使用最多的是基于面积—速度法的测量设备，即通过测定管道中的水深来确定过水断面面积，同时利用超声波、雷达、电磁、多普勒等装置测定流速，然后利用二者乘积和连续方程获得流量值。市场上的面积—速度法管道测流装置类型繁多，用到了各种各样的水位和流速测定技术。每种设备受其测试原理的限制，都存在各自的最佳适用条件，对此必须充分了解，然后在综合考虑场地的水力学条件和设备工作要求的前提下选定监测设备。

在有些情况下，监测工作的经费预算有限，不允许使用昂贵的测流设备，此时也可以采用一些较为粗糙的测试方法来估算管网流量。常用的方法之一是在泵站里测定其运行时间，如果泵的流量特征是清楚的，那么利用泵的运行时间乘以平均的抽水速度就可以估算出流量。如果关于泵的流量特征信息不足，还可以通过集水井实验来验证其特征，即测定集水井面积、井内水位下降特定高度所需的时间，进而核算泵的能力。为了提高利用集水井实验测试水泵性能的准确性，还得同时考虑集水井入流的影响，可以先让水泵停止运行，利用集水井水位上升高度和相应时间来估算进水量，然后紧接着再将泵启动开展抽水测试。另一种常用的简单估算方法则要充分利用管网超载的信息，这一信息可作为粗略估算合流制管网流量或溢流的基础，超载状态的指示可以通过在检查井内标记出降雨事件中管网系统达到的最高水位来实现，还有一些实例报道过将乒乓球放在流量调节设施处让其指示管网超载的程度。当然要注意的是，上述这些做法肯定只能获得非常粗糙的估算结果。

5.4.2 常用的排水系统监测设备

常见的管网监测设备包括流量计、液位计和自动采样器等。

在排水管网中安装的监测设备所处的环境相对特殊，容易遇到高温、高压、剧毒、易燃、易爆、易结焦、易结垢、高黏度、强腐蚀性以及仪器安装点附近存在治安问题等情况，故对监测设备的材质及性能有专门要求。

1. 流量计

流量计是指能够显示被测流量和（或）在选定的时间间隔内流体总量的仪表。常用的流量监测设备有容积式流量计、差压式流量计、浮子流量计、涡轮流量计、电磁流量计、流体振动式流量计、靶式流量计、超声波流量计等。近年来，发达国家开始在排水管道的流量监测中应用一种新型的流量计——面积速度型流量计，该种流量计测量时，可与水流直接接触，防水抗油污杂质干扰的能力强，同时可测定形状规则管道中的水位和双向流速，通常有固定式和便携式两种类型[122]。

排水管道内部环境恶劣，水流条件多变，在安装使用管道流量计之前，要从以下几个方面予以适用性评估[122]，包括：量程、精度、对流向变化的适应性、抗杂质干扰的能力、对水流尤其是排水能力的影响、安装难易程度、对外接水源电源和管径等使用环境的要求，以及使用成本等。而在具体流量计的选型方面，则需要充分考虑以下几个方面的性能要求[123]：

（1）测量精度：根据测量需求选择符合精度要求的仪器。

（2）线性及重复性：指传感器在检测同一物理量时每次测量的一致程度，也称为稳定性，需根据实际情况选择。

（3）测量范围：根据测量点的实际流量变化范围进行选择，可通过管道几何参数进行估算或利用便携式流量计的短期测量数据统计分析确定。

（4）显示：一般为液晶显示器，如果已经采用了远程管理模式进行流量计的统一管理，也可以不安装现场显示器。

（5）输出：根据数据的传输要求选择相应输出方式，同时要考虑与无线传输模块的集成，以便于测量数据的远程传输。

（6）外壳：根据监测点的现场工作环境决定外壳类型，通常为工程塑料或金属材料。

（7）工作温度：根据监测点的温度变化情况选定仪器正常工作的温度范围。

（8）适用管径：根据监测点安装管道的管径选择合适的仪器，确保仪器能正常工作。

（9）防护等级：防水、防爆等要求需满足相关标准。

2. 液位计

液位计用于监测密封容器或开口容器中液位的高低。测量时主要根据液压原理或介质在液体中往返一次的时间来计算液位。液压原理是指，根据液体底部传感器所受到液体的压力、受力面积和液体密度来推算液位深度。介质法则是通过测定某种特定介质从液面出发到液体底部所需要的时间，再乘以介质在液体中的传播速度得到液位深度。

常用的液位计有磁浮子液位计、内浮式双腔液位计、投入式液位计、磁致伸缩液位计、微波液位计和超声波液位计等。为排水管道选择适用的超声波液位计时，主要考虑以下 4 个因素[123]：

（1）管道或检查井的深度或高度：此深度或高度即为最大量程。

（2）电源方式：现场可提供的供电方式，如 220V 交流电、12V 或 24V 直流电。

（3）现场环境：充分考虑现场的安装条件与测量对象性质的不同。

（4）输出方式：输出信号为 0～5V 或 4～20mA 工业标准信号，并需要考虑与无线传输模块的集成，以便于测量数据的远程传输。

3. 自动采样器

自动采样器是利用便携式自动取样泵抽取水质监测样本的仪器。自动采样器的功能类型较多。例如，根据采样是否连续，可分为连续自动采样器和非连续自动采样器；根据是否具有流量计量功能，可分为带流量计量功能的自动采样器和不带流量计量功能的自动采样器；根据是否具有分瓶采样功能，则可以分为分瓶自动采样器和混合自动采样器；根据是否能用于固定源的在线水质采样，可将采样器分为在线式和便携式。

利用水质自动采样器的自动化功能，不仅能得到不同时刻的瞬时样品，还可以在同一采样点上以流量、时间、体积为基础，按照已知比例间歇或连续采集样品。

水质自动采样器的性能指标应符合表 5-2 所示的要求，并满足《水质采样技术指导 (GB 12998—1991)》中有关自动采样设备的其他性能要求。

自动采样器的性能要求

表 5-2

性 能 指 标	性 能 要 求
采样量误差	±10%
等比例采样量误差	±15%
系统时钟时间控制误差	$\Delta 1 \leqslant 0.1\%$ 及 $\Delta 12 \leqslant 30s$
机箱内温度控制误差（便携式水质自动采样器除外）	±2℃
采样垂直高度	≥5m
水平采样距离	≥50m
管路系统气密性	≤−0.05MPa
平均无故障连续运行时间（MTBF）	≥1440h/次
绝缘阻抗	>20MΩ

5.5 汇水区径流与管网模型构建

前文已经提到，城市降雨径流污染的发生、发展和环境影响与汇水区及其管网系统的特征密不可分。因此，构建汇水区径流与管网模型，利用模型的模拟预测功能来分析区域内径流污染的负荷大小、空间分布、时变特征及其对受纳水体的影响程度，进而服务于污染控制方案的设计与评估，成为非常基础而且非常关键的一个环节。

5.5.1 建模工具与平台

20 世纪 90 年代以来，随着计算机技术的迅速发展，遥感技术、地理信息系统技术、CAD 方法等相继应用于降雨径流污染研究，与原有的数值模拟模型耦合后产生了更加完善的非点源模型。Source Area Loading & Management Model（SALAMM）、Model for Urban Stormwater Improvement Conceptualisation（MUSIC）、Program for Predicting Polluting Particle Passage through Pits，Puddles，& Ponds（P8）、Storm Water Management Model（SWMM）等便是几种功能较全面，并可结合径流控制措施的应用进行综合模拟的模型。近年来，伴随着城市降雨径流管理理论与方法的快速发展，不少特别针对径流控制措施的模拟、设计、评价软件，甚至决策支持系统也逐渐出现，例如美国 CH2MHILL 公司开发的设计软件 Low Impact Feasibility Evaluation（LIFE）、清华城市规划设计院开发的数字排水平台 Digital Water、美国环境保护局和马里兰州乔治王子郡（Prince George County）联合开发的 BMP Decision Support System（BMPDSS），以及美国环保局在 BMPDSS 基础上通过与 SWMM 整合而推出的城市雨水处理与分析集成系统（System for Urban Stormwater Treatment and Analysis Integration，SUSTAIN）。以 SUSTAIN 为例，系统中集成了多种类型的径流控制措施，能模拟不同用地类型产生和输送径流及相应污染物的过程。最值得一提的是其优化评估模块，能在给定的单目标、多目标和成本限制条件下，选择最优的径流控制措施布局实施方案，给出不同情景下的成本—效益分析结果，因而能更好地帮助决策者实现环境目标并节约整体投资费用[28]。

利用基础资料构建汇水区的径流和管网模拟模型，是后续开展方案设计和评估的关键。目前有多种建模平台和模型工具可以使用，模型的复杂程度、所提供的功能和使用的难易程度均存在一定差异，因此在模型的选取上应考虑：是否具备与模型运行相关的专业技术人员，模型在模拟和设计应用实践中的专业认可度和接受度，模型对汇水区管理各阶段的实用性如何等。

5.5.2　建模的一般过程

前文中曾经简单介绍过排水管网模型构建的相关内容，参见 3.10.3 一节。本节做出进一步说明。汇水区径流与管网模型的构建一般涉及流域边界的确定、汇水子区的划分、管网系统的概化、汇水子区与管网节点的结合、土地利用及地形信息的提取、雨污水输入的制备等诸多方面。以常用的建模平台和工具 SWMM 为例，模型构建的基本流程如图 5-1所示。

为了构建汇水区径流与管网模型，进行城市降雨径流污染总量估算和时空排放特征识别以及后续污染控制方案的模拟评估，首先需要根据城市排水管网数据构建研究区域管网骨架模型，在此基础上进行数值模拟计算。而模型在拓扑结构上，主要由三个部分构成，即排水管网连接关系、污水服务区与管网连接关系、雨水汇水区与管网连接关系。

为了建立排水管网连接关系，需要综合运用区域已有的管网数字化信息、管网实际探测资料、相关管网设计资料以及建设竣工图等多种类型和来源的信息，厘清各管段和设施的基本属性及其上下游关系。在实际建模过程中，可以根据具体的控制目标和需求调整纳入模型的管网的精细化程度（即选取多大管径的管段参与模拟），必要时可忽略一些庭院管网或者次要的市政管网以降低建模工作量，但管线的选取必须保证上下游的连通性和研

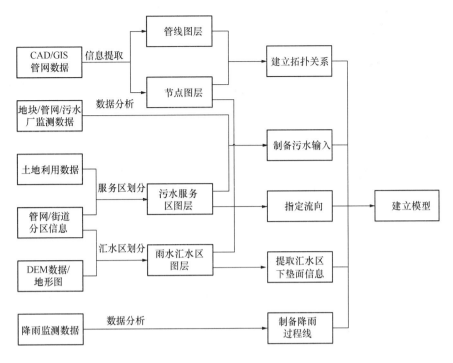

图 5-1 汇水区管网模型构建流程

究区域的覆盖程度。对于管网属性信息的基本需求主要有节点相关信息（包括节点坐标、井底标高、地面标高等）和管线相关信息（包括管线形状、管径、管长、管线上下游节点、管线上下游超高等）。对于其他属性信息，如节点类型、管线类型、管材、所属街道/道路等亦可在建模过程中一并予以梳理。由于施工质量、管网改造等因素，城市排水管网往往会出现一路多管、图实不符、名实不符、错接、混接等现象，因此在进行拓扑关系检查时，很可能会发现根据探测资料和竣工图获得的上述信息与给排水设计规范不符或偏差较大的情况，这就需要研究人员进行现场调查核实，以确保模型搭建过程中管网系统概化的可靠性。

建模最主要的目的是进行雨季模拟，因此首先需要对整个汇水区域进行离散化，即将雨水汇水区划分成若干子汇水区，并且对每个子汇水区的水文特征差异性予以概化。由于模型是在概化后的子汇水区基础上进行模拟计算，因此子汇水区的离散程度将对模型结果产生重要影响。一般来说，子汇水区的划分主要根据数字高程数据（Digital Elevation Model，DEM 数据）或地形数据进行，而划分的大小依模拟精度要求、数据获取情况、管道节点的分布规律而定。在实际模拟过程中，城区（特别是平原地区），需要较新且高精度的 DEM 数据或地形数据才能有效划分子汇水区域，而子汇水区的划分也是一项需要消耗大量人力和时间的工作。由于城市下垫面严重受到人工干预影响，雨水径流流向受道路等约束，因此在划分雨水汇水区时，应充分考虑排水管网规划设计的分区要求以及街道等因素，合理调整子汇水区大小以及子汇水区之间的联通流动关系。同时还需指定各子汇水区的出口节点或其他相邻的下游子汇水区。对于雨水汇水区，需要提取的相关参数包括汇水区面积、特征宽度、平均坡度、不透水率等。

城市污水产生量大，污染物浓度高，是合流制溢流污染负荷的重要贡献来源，因此模拟城市污水的排放输送对于径流污染控制分析也是必需的，尤其是在以合流制管网为主的老旧城区。由于污水排放的复杂性，因此在进行模型概化时，需要根据模拟精度的要求，对污水管网服务区加以划分，并指定各服务区出口与管网节点的对应关系。大的污水服务区的划分主要依据市政排水管网规划设计时的分区情况。在大的污水服务区中，更细致的子片区划分方式则应主要参考街道走向、设计时管径更小的市政管网服务范围等资料。对于无法确定排污去向的地块，如果没有条件开展实际调查，可先采取就近原则排入附近的污水/合流制管网系统，后续在模型率定验证环节再予以进一步核实调整。

模型在投入实际使用之前，还需对其参数进行率定。根据参数的获取手段，可以将模型参数分为可测量参数和不可测量参数。其中，可测量参数指那些可以通过测量手段（包括实地勘测、GIS 解析等）获得的参数；不可测量参数指那些不能或很难通过简单测量直接获得，只能利用实测数据率定得到的参数。正如前面章节所述，对于复杂的环境模型，又可以根据参数的识别过程，将参数分为确定性参数和不确定性参数。对于汇水区径流和管网模型而言，确定性参数通常是几何参数，可直接输入模型使用而不需要率定。例如，汇水区面积，管道长度、管径，管道起点、终点及其埋深等可通过查询管网属性直接获得；节点/检查井的地面高程、汇水区的坡度等信息则可根据 DEM 数据通过 GIS 统计计算获得。而对于那些不确定性参数，可根据经验对其取值范围和分布形式予以设定，然后利用相关观测数据，例如监测获得的管网水文水力和水质数据，通过大规模采样试算和不确定性分析，对其取值特征进行分析识别。前文中也对不同的参数识别方法做过介绍，此处不再赘述。

5.6　城市降雨径流污染特征识别

径流污染特征识别，其主要的工作任务就是在整理历史数据资料、开展补充监测、进行建模分析的基础上，识别和量化降雨径流污染从产生、传输一直到对水体产生危害的现状与过程，从而为筛选优先控制对象、量化分解污染源控制要求以及提出潜在的控制措施提供基础和依据。特别地，了解现有雨污水收集系统的物理特征和水力学特征对于径流污染控制是至关重要的。

5.6.1　城市降雨径流污染现状解析

从污染源的分类来看，一般会把降雨径流污染归为面源，但其实对所有城市而言，只要有合流制管网存在，管网溢流问题就会将所谓的城市面源和点源紧密地关联在一起。所以，对降雨径流污染现状及其现有控制水平开展定量分析，意味着首先必须将城市内的各种水污染源解析清楚。由此可知，降雨径流污染现状解析工作的系统对象如图 5-2 所示。而解析工作的目标就是明确各种源的产排污总量及其时空分布特征，进而服务于后续污

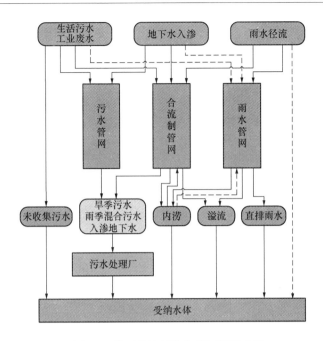

图 5-2 降雨径流污染负荷解析示意图

控制方案的制定。

水污染物从源头产生、汇集后，不论是否进入城市排水系统，是否经过构筑物和处理设施的削减，最终排向了受纳水体。在此过程中，由于城市排水系统的复杂性，不同污染源产生的污水相互混合，并在传输过程中受到系统不同水力条件的影响。这就要求，水污染现状解析不仅要能够在总量上厘清各类源（生活污水、工业废水、雨水径流、入渗地下水等）的贡献，还要能够弄清各类源在空间上的分布差异特征和时间上的动态变化过程；不仅要解析进入城市排水系统的各类源的特征，还要解析其在排水系统中的传输过程以及在整个系统各出口的排污特征（比如污水处理厂收集处理情况、内涝溢流状况、雨水直排情况等）。

因为涉及径流的产生和汇集，受制于资金、人员、设备等各方面约束，实际监测不可能覆盖所有产污单元，所以要开展径流污染负荷解析工作，必须将实际监测和模型模拟结合起来。由此可建立起降雨径流污染现状解析工作的一般步骤如下：参考前文中的污染负荷解析示意图，首先概化识别出水污染物的"产—汇—排"结构；其次利用所建立的汇水区径流和管网模拟模型，结合各类监测数据，包括典型下垫面产流与雨季管网的水量水质监测数据等，对模型进行参数率定与验证；接下来利用率定过的模型对"污染源产污—下垫面产汇流—管网输送—处理排放"的径流污染全过程开展数值模拟；然后对典型水文年条件下的径流污染排放负荷进行估算，识别负荷排放规律；再进一步分析可能的减排潜力，为制定污染控制方案提供支撑。

5.6.2 城市排水系统水力性能评估

除了那些源头的雨水管理措施能够从一定程度上降低合流制管网的雨季溢流量和溢流频率外，还有其他一些与管网系统建设改造和运行密切相关的溢流控制措施是降低径流污染负荷的重要手段，例如管网现有存储能力的最大化、合流污水调蓄设施等。但这类措施的合理布局直接受到排水系统水力性能的制约。由于管网体系结构复杂，管段众多且相互关联，究竟在管网的什么位置来部署这些措施，需要借助排水系统水力性能评估工作来予以解答。排水系统的水力性能评估，是指通过定量分析排水系统的水力特性，对未建造的排水管网开展校核计算或者对已建设的管网进行性能评价与诊断，从而有效地支持溢流控制方案的设计。

水力性能的评估除了可采用排水系统的实时监测数据外，往往还要借助于管网水力模型的应用。排水系统水力性能的评估大致可分为管段评估与管网评估两个层级：管段层级的评估所用管网模型较精细，一般采用场次设计降雨作为输入，评估目标重在识别出同一系统中各管段之间水力性能的相对优劣，可直接支持管道维护和修复的相关决策；管网层级的水力性能评估所用的模型较粗糙，采用场次设计降雨或者当地历史降雨记录作为输入，评估的内容为排水系统整体的水力性能表现，一般用于分析管网在降雨输入变化和自身结构变化条件下的水力性能响应情况，是制定管网溢流污染控制措施和优化改造方案的基础。

1. 管段层级的水力性能评估

管段水力性能的评估可进一步分为基于流速的评估与基于水位的评估。管道中雨污水流速过大会导致管壁侵蚀，流速过小会导致管道淤积。基于流速的评估直接反映出各管段对功能性维护的需求程度，相应的评估指标一般要结合管道内设计流速的上下限来设定，也有人提出通过计算管段最大流量与设计流量的比值来评判管段的性能以及是否需要更换。另外，管道内的液位能反映管道是否出现过载或内涝溢流问题，直接表征与管道传输能力相关的水力性能。因此基于水位的评估指标一般涉及管道充满度、管道过载度以及内涝溢流的严重程度等，分别对应于管段正常运行、超载运行与溢出三种情形。在此基础上还可利用管道实际水力线坡降与管底坡降的比值作为标准来评价管段的水力性能。

管段发生超载甚至出现内涝时，未必完全由自身过流能力不足导致，还可能跟下游管段的雍水有关。识别导致管网超载的关键管道，也是管段层级水力性能评估的任务之一。例如 Bennis 利用恒定流公式推导出了将单根管道的超载水头分解到其他管道的计算方法，从而将最不利时刻任意管段的超载分解为自身的贡献比例与下游管段的贡献比例[124]。该方法可以计算出任意管段对整个管网系统的超载贡献，为判断单一管段水力性能对整个系统的影响提供有力支持；但是这种方法计算量大，且对存在泵站、环路等导致出现回水与双向流的复杂管网的适用性有限。

2. 管网层级的水力性能评估

整个管网的水力性能一般采用内涝和溢流发生的频率、溢出的水量及其时间过程和空间分布来描述。而管网水力性能的动态变化主要受到降雨输入和自身结构的影响。

考察降雨输入变化对于管网整体性能的影响，常用指标是管网的内涝水量、内涝频率、溢流水量、溢流频率等。其中内涝频率与溢流频率对应着国内外排水系统的设计标准，可以作为不同降雨条件下管网水力性能是否达标的指标。评估过程中，如何描述降雨的随机性与不确定性是必须要考虑的重要因素。常见的做法是通过基于历史降雨数据拟合IDF 曲线（Intensity-duration-frequency curves，即降雨强度—历时—频率曲线）与典型降雨雨型，以此生成新的设计降雨作为模型的输入。如 Thorndahl 等人通过分析丹麦Frejlev 小流域历史降雨数据中降雨雨量、降雨时长、降雨峰值雨强之间的统计关系，从而生成符合这些统计特征的随机降雨，获得较为精确的排水系统内涝与溢流模拟效果，更全面地考虑管网系统在多场降雨中的综合水力性能[125]。

排水管网的结构因素主要包含三方面的内容，管网的布局定线、管径大小以及运行过程中冲刷淤积导致的结构改变。这三方面因素都会影响到管网的水力性能。管网的布局定线是指根据管网设计规范确定管道的空间连接方式，一般取决于人均排污量、设计降雨强度、地表坡度等参数。有学者经研究提出，同样的降雨条件下，排水系统对于内涝量削减有利的设计参数往往会带来溢流量削减的负面效应，排水系统的内涝防治与溢流削减性能存在此消彼长的关系[126]。在管网实际运行中，雨污水中杂质的沉积会导致实际的管道截面变小，冲刷腐蚀会导致管壁曼宁系数的变化，这些也会影响管网的水力性能。评估的难点在于如何在空间上确定哪些管道受到了影响，不少专家对此进行了尝试。例如，Bijnen 等人通过管道的实际探测记录与专家咨询相结合的方式，确定了沉积和侵蚀现象明显的管道以及相应的受损程度的概率分布[127]。

5.7　雨水控制措施的初步设计

根据区域特点和径流污染控制的目标要求，参考各种措施所涉及的控制机理、选址适宜性、处理效果，首先通过人为筛选，可以确定适合场地条件的雨水控制措施。接下来确定控制设施类型与设计形式，计算确定设施的空间布局、高程、规模尺寸等，具体方法可参考前面几个章节的介绍。然后对不同措施加以合理组合，从而初步设计出多种雨水控制方案，以供后续模拟评估和优化。

5.7.1　雨水控制措施的机理及其适宜的控制对象

不同的雨水控制措施因其构造、技术特点的不同，有着不同的控制机制。根据国内外对各种措施技术特点的理论研究、实践经验以及专家意见，雨水管理措施的污染控制削减机理主要包括渗透、过滤、存储、净化、沉淀、蒸发等。各种机理的内涵如表 5-3 所示。不同控制机理所适宜去除的污染物也有所不同，见表 5-4。一种雨水控制措施在其作用过程中可能涉及多种水量和水质控制机理，如表 5-5 所示，显然各种措施所适宜削减的污染物类型不尽相同。

雨水管理措施实现水量水质控制的各种微观机理　　　　　　　　　　　表 5-3

控制类型	作用过程类型	微观机理类型	微观机理的定义与内涵	备　注
水量控制	峰值衰减	存储衰减	本质上是通过对雨水径流的存储滞留来获得峰值削减效果。削减过程遵从连续方程，即雨水设施的入流量、出流量和存储量三者之间可达成平衡。设施的出流量跟入流量无关，仅取决于存储量与出流量之间的关系	
		水动力衰减	通过降低水流速度、延长流行时间来削减峰值。宽渠道、缓坡度、高粗糙度的植被等因素都能够造成流速的下降。水动力削减过程中，设施的出流量同时与入流量和存储量二者有关，服从圣维南方程，有时可简化为曼宁公式	
	总量削减	入渗/渗透	指降雨、降雪或者灌溉水进入土壤后，通过雨水在土壤孔隙空间中的存储实现径流总量和流速的降低，所蓄留的水分最终经由蒸散发作用和深层渗漏作用而离开土壤。 入渗作用既能实现水量控制（包括总量削减和峰值削减），同时也是一种污染物控制手段，可以通过减少水量和对污染物的过滤来实现污染物总负荷的降低。 入渗过程中，渗透速度由地表以下土壤中水的运动速度决定，而影响壤中水运动的土壤性质主要是其渗透系数和保水性能。渗透系数大小取决于土壤的几何特征和流体的黏度，是温度的函数，因此温度的季节变化和年际变化会显著影响以入渗为主要机理的雨水管理措施的效果	为了预防地下水污染，渗透设施与地下水之间的土壤层应具备较强的污染物去除能力，在设施底部和地下水位之间还应保持足够的间距。如场地为极易排干的土壤、卡斯特地形或裂隙地质条件，需给予慎重考虑
		分散	工程化的分散作用是指为了减少对场地水文条件的改变而将雨水从不透水表面引向透水区域，例如将雨水分散引入毗邻的湿地、受纳水体的植被缓冲区等。有时也被称为不透水表面的断连，即减小直接相连的不透水区域的面积，这样除了能促进入渗之外，还可以带来降低流速和延长流行时间的效果。 因不透水表面断连带来的水量削减量是透水区域水流路径、不透水面积占比、透水区域入渗性能等因素的函数，通常可用曲线数方法来进行分析计算	商业区内大型停车场和屋顶的断连往往可产生较为显著的总量削减效果，因为这类用地中不透水面积占比一般较高

控制类型	作用过程类型	微观机理类型	微观机理的定义与内涵	备 注
水量控制	总量削减	蒸散/蒸发蒸腾	是指水从水面和土壤表面通过蒸发作用以及植物蒸腾作用（即植物通过叶片释放水蒸气）返回大气。通过特定的雨水管理措施来强化蒸散发作用，可以让返回大气的水量增加从而减少径流总量。蒸散发量是气候条件例如气温、风速、相对湿度、太阳辐射以及蒸散发表面状况、水温、粗糙度、植被覆盖类型和密度、根系深度等因素的函数，具体过程包括降雨经植被叶片截留后被蒸发、水坑洼地临时存储的雨水被蒸发、土壤表面的蒸发、植物的蒸腾	蒸散发量的准确量化比较困难。目前很多研究表明应进一步认识到蒸散发作用在绿色屋顶、生物滞留池、雨水湿地等措施中的积极作用，从而合理降低相应设施的设计规模
		雨水收集与利用	一般是指存储后将雨水用于景观浇灌、冲厕、工业用水甚至经进一步处理后用作饮用水。收集手段丰富，小到单个居民户使用的水桶水箱，大到带有泵站和其他机械电力辅助设备的水池水塘。典型的做法是收集屋顶的雨水。存储方式既可以是地表的也可以是地下的。除了水资源的利用外，雨水收集对于减少径流污染负荷同样有效，主要是避免了雨水与路面和裸地上的污染物发生接触。雨水收集过程对于减少径流量的效果跟用水需求量和用水方式有关，例如降雨刚过一般不需要浇灌，而用于冲厕则往往可以提高雨水收集利用的效益	
水质控制	沉淀	沉淀	沉淀是指在静止条件下依靠重力作用，通过颗粒物的向下运动而实现分离。与雨水处理有关的重力沉淀具体又包括离散式沉淀和絮凝式沉淀。离散式沉淀意味着单个颗粒物自行沉淀，不会与其他颗粒物黏附在一起，砂子和淤泥粗颗粒的沉淀往往属于这一类型。而水中的细小颗粒物则倾向于黏合在一起从而形成絮凝式悬浮物，因此淤泥细颗粒和黏土在静止几个小时后易于发生絮凝作用，在此基础上的沉淀就属于絮凝式沉淀。沉淀速度可用斯托克斯定律进行计算	由于斯托克斯定律默认颗粒物为球形，但事实上雨水中的颗粒物形状各异、密度也不尽相同，所以计算结果的适用性有限
	气浮	气浮	因存在重力差而分离那些密度小于水的物质，例如石油烃类物质和一些较轻的大块固体物质例如纸张、烟蒂、塑料袋等，一般呈漂浮态。斯托克斯定律一样可以使用，但计算出的"沉淀速度"为负值，而且改称为上浮速度	

控制类型	作用过程类型	微观机理类型	微观机理的定义与内涵	备　注
水质控制	层流分离	层流分离	通过构造层流流态的水力条件来促进细颗粒从液体中得以有效分离，避免湍流作用对去除油滴、细小的淤泥和黏土颗粒的负面影响。层流状态一般可由平板或者管来实现，水流流经时趋于平静从而防止设施进水处发生湍流	
	旋转浓缩	旋转浓缩	流体围绕一个共同的中心发生旋转运动能够强化颗粒物的分离，因此又被称为旋流分离。与普通的沉淀过程相比，旋转运动使得在重力基础上增加了惯性力。与此同时，旋转运动能够改善分离效果的另一个原因是可以减少细颗粒的再悬浮作用	
	吸着	吸收和吸附	吸着作用是由介质表面上污染物的范德华力和化学络合作用造成的，可以细分为吸附作用和吸收作用。吸收和吸附的差别在于污染物和介质之间的均一程度。对于吸附，不存在均质性，污染物的附着发生在介质的外表面或其孔隙的内表面，当雨水的化学特性（如 pH、污染物背景浓度、溶解氧浓度、盐度等）发生变化时被吸附的污染物有可能发生解析；对于吸收，污染物则穿透至介质的分子水平，因而污染物与介质在结构上趋于均一，被吸收的污染物不会从介质上释放出来。吸收和吸附作用不会改变介质的化学结构	
	淀析	淀析	是指两种无机可溶的物质相结合形成可沉淀或可过滤的颗粒物后得以去除的过程，可分为自然淀析和化学淀析。前者是自然发生的，不需辅助投入化学物质；后者则需加入某种化学物质以诱导完成。在雨水控制措施中，自然淀析一般发生在渗透设施的土壤、过滤设施的滤料、雨水湿地、滞留池中，例如磷酸钙、磷酸铝等的形成过程。化学淀析的发生主要靠两种手段，一是对过滤介质的表面予以改良，二则是向雨水中添加固态或液态的化学物质，例如铝酸钠常被用来淀析雨水中的磷。当水化学条件发生显著变化时，淀析作用形成的沉淀物质也可能会发生分解，例如常受到影响的是金属硫化物和磷酸铁，前者在好氧条件而后者在缺氧条件下会发生分解	化学淀析作用在雨水处理中的应用存在一定局限，原因包括径流流量和溶解性污染物浓度变化较大，需要对化学污泥予以处置，机械系统运行维护难度大等

续表

控制类型	作用过程类型	微观机理类型	微观机理的定义与内涵	备　　注
水质控制	混凝	凝聚	凝聚过程中，小颗粒聚集成大颗粒从而具有更大的沉淀速度。一般包括两个步骤，失稳和絮凝。不需添加化学物质就自然发生凝聚的称为自然凝聚，反之为化学凝聚。雨水处理中常使用无机盐混凝剂来促进凝聚作用的发生，如硫酸铝、氯化铝、氯化铁、硫酸铁等	
	过滤	物理过滤	是指利用过滤介质（滤料）去除那些依靠张力附着和沉淀在介质表面上和介质内部的颗粒物以及颗粒物上的污染物。比介质开孔小的颗粒物被截留在孔隙中	
	生物过程	植物新陈代谢	通过新陈代谢的方式，植物、藻类和一些细菌把那些对生长有用的污染物从雨水中除去进而形成其生物量。氮和磷是常量营养元素，锌、锰、铁、铜、钼和钴等金属则属于微量营养元素。要注意的是，植被生长过程中对氮、磷和金属的摄取作用，会被植被凋亡和衰败过程中的释放作用所抵消。另外，通过植被的收割可以除去上述营养物质；植被在设施表面所占面积越大，植被收割起到的去除作用越显著	在涉及植物生长的一些雨水管理措施，如湿式滞留池中，金属和其他有毒污染物的存在会导致植物和藻类向对上述物质耐受性强的种群演替
		硝化和反硝化	在有植被的雨水控制系统中，脱氮的功能主要是细菌微生物通过硝化和反硝化过程来实现的。硝化过程包括从氨氮到亚硝氮再到硝氮的转化，涉及两类不同的细菌，亚硝化单胞菌和硝化菌；对于反硝化过程，土壤中主要依靠芽孢杆菌、微球菌、假单胞菌来实现，水环境中则主要依靠假单胞菌、弧菌等菌属。还有一些细菌能够直接将氨氮转化成氮气而不需要硝化的中间步骤。硝化与反硝化过程对溶解氧浓度和温度比较敏感，温度低于15°时反应速度显著降低	
		脱硫	要实现硫化物的减少，需要极端缺氧的条件以及足够的时间保证专门处理硫化物的细菌生长繁殖。因此在湿式滞留池和雨水湿地中往往会有脱硫现象发生，但是在那些仅偶尔发生缺氧现象的设施例如入渗池或砂滤池中发生的几率就小很多	
		有机化合物的降解	各种人工合成的化合物，例如不同类型的杀虫剂，在雨水控制设施中的去除速率差异很大，可以是几天甚至上百年。细菌微生物需要一定的时间来适应这些有机物的存在，因此，如果某种污染物仅仅是偶发性地进入系统，那去除效果可能很有限。但是，这类化合物往往倾向于附着在设施中的有机物质上，因此给后续的逐步降解提供了时间条件。而有些有机物则更容易在缺氧环境下分解	

控制类型	作用过程类型	微观机理类型	微观机理的定义与内涵	备　注
水质控制	生物过程	病原微生物的凋亡	致病菌凋亡的原因主要包括自然死亡和太阳辐射导致的消亡。另外，由于病原微生物有时会附着在颗粒物上，伴随颗粒物的沉淀，也会发生沉淀作用进而数量得以减少。致病性的微生物在水质标准中的数量限值通常是用指示细菌来替代的，例如粪大肠菌。一般认为病原微生物要比指示菌死亡速度快，因此指示菌数量低就意味着病原微生物数量低	有不少研究表明，病原微生物要比指示菌死亡速度快的假设，对于粪大肠菌有时不能成立，所以美国很多州已经改用埃希氏菌作为指示菌
	水温降低	降温	温热的道路铺面和屋顶会给径流加热，地下水流经滞留池等类型的设施时也会出现升温。集中的热排放对于生存有冷水鱼类的受纳水体影响较大，例如鳟鱼和三文鱼等。降低温度可以通过减少热量的富集来实现，或者可以对铺面加热了的径流及时予以冷却。具体有多种手段可以采用，包括在干式滞留池中避免使用低流量渠道，对湿式滞留池和雨水湿地采取遮阳措施，调蓄池尽量使用地下池型来替代地表池型，采用生物滞留池等	
	灭菌消毒	灭菌消毒	虽然致病菌在雨水控制设施中会自然死亡，但灭菌过程则可以直接采用机械方法予以控制，例如采取喷淋操作或者利用水的循环来强化灭菌效果。也有利用臭氧和紫外线照射系统对雨水径流进行处理的情况。还有的灭菌方式是采用特殊的有机化合物，例如有机胺类物质，对滤池滤料表面进行改良，实现接触式消毒杀菌	目前相关的现场研究较为缺乏
	筛除	筛除	筛除是指用具有较大开口的设施，例如格栅、网袋、污物栏、污物架等，通过拦截作用去除大块的污染物，包括垃圾、残渣、很粗颗粒的沉积物以及草木等。几乎所有的雨水控制措施在一定程度上都能够去除大块污染物，例如生物滞留池和雨水湿地中的植被能够捕集塑料袋和其他漂浮物。筛除效果主要依赖于设施的维护，尤其是能否及时清理被拦截的污染物	对大块污染物的大小，目前尚无统一定义。但是对大块污染物的去除日益受到重视，在美国甚至已经加入到污染物的日负荷控制要求中

不同微观机理和过程所适宜控制削减的对象

表5-4

控制类型	微观机理类型	超量的径流	高峰流量	TSS	TDS	TN	NO₂⁻和NO₃⁻	TP	溶解磷	BOD	金属	碳水化合物	病原微生物	垃圾	热量富集
水量控制	峰值衰减		√												
	入渗	√	√												√
	分散	√	√												√
	蒸发蒸腾	√	√												√
	雨水收集利用	√	√												√
水质控制	沉淀			√				√		√	√		√	√	
	气浮			√										√	
	层流分离			√								√			
	旋转浓缩			√	√							√		√	
	吸收吸附			√	√				√		√		√		
	淀析			√	√	√			√		√	√			
	凝聚				√				√	√	√	√			
	物理过滤			√		√	√	√		√	√	√	√	√	
	植物新陈代谢					√	√	√							
	硝化和反硝化					√	√								
	脱硫				√										
	有机化合物的降解									√		√			
	病原微生物的调亡												√		
	水温降低									√			√		√
	灭菌消毒												√		
	筛除									√				√	

199

表 5-5

典型雨水管理措施中涉及到的控制机理类型

控制类型	控制机理	绿色屋顶	雨水罐	透水铺面	植被过滤带	植草沟	入渗沟	砂滤池	生物滞留池	雨水口插件	格栅	网袋	旋流分离器	预处理前池	入渗池	干式滞留池	湿式滞留池	雨水湿地
水量控制	峰值衰减	√		√			√		√				√		√	√	√	√
	总量削减		√	√			√		√						√		√	√
	入渗	√		√	√	√	√		√						√	√		
	分散	√		√	√	√			√									√
	蒸发蒸腾	√																√
	雨水收集利用		√															
水质控制	沉淀	√		√	√		√		√				√	√	√	√	√	√
	气浮							√	√				√	√	√		√	√
	旋转浓缩									√			√					
	吸收吸附	√		√	√		√	√	√								√	√
	淀析			√			√		√									
	凝聚			√														
	物理过滤			√		√		√		√								
	植物新陈代谢	√			√				√									
	硝化和反硝化																√	√
	脱硫																√	
	有机化合物的降解														√		√	√
	病原微生物的凋亡														√		√	√
	水温降低	√		√	√		√		√						√		√	√
	灭菌消毒			√	√		√		√						√		√	√
	筛除										√	√						

5.7.2 典型雨水控制措施的选址适宜性

区域特征是对径流污染控制措施进行规划布局的第一关，也是直接决定这些措施是否适用的首要限制条件。在参照国内外对各种雨水控制管理措施的实践应用经验的基础上，结合各类措施的功能结构和技术经济特征，参考行业专家的意见，首先应针对具体的单项工程措施，分析其适用条件、布局要求和限制性因素。进而依据收集到的各项背景资料，如数字高程图、土地利用类型及其空间分布图、土壤类型数据、地下水水位数据、不透水率数据、道路分布数据等，确定区域内适用的典型雨水管理措施。例如，可参考表 5-6 和表 5-7 中提供的定性判据，根据区域内的土地利用类型找出适合构建相应雨水控制设施的地块。

各种雨水控制措施布设在不同地区的适宜程度 表 5-6

措施类型	开发区	改造区	商业区	住宅区	楼群	公园	广场
绿色屋顶	高	高	高	高	高	低	低
雨水罐	高	高	高	高	高	低	低
透水铺面	高	中	中	高	高	高	低
植草沟	中	中	高	中	低	高	高
入渗沟	中	低	中	低	低	中	中
砂滤池	高	高	高	高	低	高	低
生物滞留池	高	高	高	中	高	高	高
入渗池	中	低	中	低	低	高	中
干/湿式滞留池	高	低	低	中	低	高	高
雨水湿地	高	低	低	高	低	低	低

各种雨水控制措施适宜布设的场地条件 表 5-7

措施类型	适宜的土地利用类型	污染负荷强度	土壤类型	适宜坡度 (%)	汇水区面积 (hm²)	不透水率 (%)	占地面积 (m²)	与地下水位的间距 (m)
绿色屋顶	R、I、M	低	—	<4	—	—	—	—
雨水罐	R、I	低	—	—	—	—	小	—
透水铺面	R、I、S	低	A-B	<1	<1.2	>0	—	>0.6
植草沟	R、I、S、T、G	中	A-D	0.5~5	<2	>0	中	>0.6
入渗沟	R、I、S、T、G	中	A-B	<15	<2	>0	中	>3
砂滤池	R、I、M、T	中	A-D	<10	<40	0~50	小	>1.2
生物滞留池	R、I、S、G	低	A-D	<15	<1	0~80	小	>0.6
入渗池	R、I、S、G	中	A-B	<15	1~4	>0	大	>3
干式滞留池	R、I、S、G	中	A-D	<10	>4	>0	大	>1.2
湿式滞留池	R、I、S、G	中	A-D	<10	>6	>0	大	>1.2
雨水湿地	R、I、G	中	B-D	4~15	>10	>0	大	>0.6

土地利用类型：R，居住区；I，公共设施区；M，工业区；T，对外交通；S，道路广场；G，绿地。土壤类型：A 类，砂土、砂质壤土；B 类，粉质壤土、壤土；C 类，砂质黏壤土；D 类，黏质壤土、砂质黏土、粉质黏土、黏土；A—D 指 A、B、C、D，B—D 指 B、C、D。

5.7.3　典型雨水控制措施的效果比较

不同雨水管理措施对径流污染的控制成效存在差异。对典型雨水控制措施的效果加以定性比较，如表 5-8 所示。

典型雨水控制措施的效果比较　表 5-8

措施类型	径流总量控制	峰值削减	径流污染负荷控制	雨水资源收集利用
绿色屋顶	中	高	高	高
雨水罐	中	低	低	高
透水铺面	高	高	中	低
植草沟	中	中	高	中
入渗沟	中	低	中	低
砂滤池	中	中	高	低
生物滞留池	高	高	高	高
入渗池	中	低	中	低
干/湿式滞留池	高	高	高	高
雨水湿地	高	高	高	中

5.8　溢流控制措施的初步设计

5.8.1　溢流控制技术选择的主要影响因素

筛选具体的溢流控制技术并加以组合形成综合的溢流污染控制方案，需要考虑很多因素，在选择前要对相应的影响因素做出定量评估。一般来说，对溢流污染控制技术的选择有重要影响的因素包括：

（1）合流制系统及其溢流点的空间分布和水力学特性。利用前面章节中提到的管网监测、系统建模和水力性能评估等相关工作的成果，可以获得所需要的信息。

（2）溢流点的个数和大小，它们之间相互的距离，以及将多个溢流点进行合并控制的可行性。这主要影响到溢流控制结构的选择。确定溢流控制结构的模式是为单个溢流控制点选择适宜技术的前提。可参见下一章节中对几种可能的控制结构形式的具体介绍。

（3）单个溢流控制点的规模（流量、峰值流速等）。该因素会影响到具体技术或设施的尺寸大小，进而影响到单位处理成本。前面章节中已经介绍了各种典型措施的设计要点，可供参考。

（4）溢流控制点附近可利用的空间和其他选址方面的约束。在设计溢流污染控制方案时，是否有合适的场地来落实相应的工程技术措施是需要考虑的问题。有的情况下，选址适宜性对溢流控制措施的约束甚至超过了其技术可行性和经济成本可行性。空间大小的限制会影响到技术选择，例如都属于调蓄类技术的地表调蓄和隧道调蓄，前者受地表空间的约束就更为显著。而除了考虑空间的可获得性，其他常见的选址约束因素还有：场地的所有权归属、场地上已有的其他公共设施（包括地表的和地下的）、场地的景观意义、对交通的潜在影响、地下水条件、与行政边界的关系和其他用地问题、公众对构筑物气味问题的担心和可接受程度，等等。

（5）对溢流控制措施所提出的性能要求。由于 CSO 控制与 CSO 对受纳水体水质影响之间的因果关系是比较难定量分析的，因此，对 CSO 控制措施性能的要求往往会采用多种指标来加以规定，不同方式之间存在一定差异。例如，可以指定溢流量收集和/或处理的百分比；可以要求将每年未经处理的溢流次数降低至给定次数；可以指定 CSO 控制措施的污染物去除效率，常常采用一级处理或者相当于一级处理的比例来表征；可以从解决初期累积效应的角度出发，要求收集和/或处理总溢流量的一部分，往往根据溢流中污染负荷的贡献比来决定该比例；有时候甚至结合设施规模的成本有效性，利用拐点法来确定。设计人员具体采用何种性能要求，将影响到措施的选择与组合。

（6）溢流污染控制技术对危害受纳水体水质的特定污染物的去除能力。溢流污染控制的根本目的是促进受纳水体的水质达标。不同的溢流控制措施，其适宜控制的污染物类型有所不同，选择时必须考虑水质改善的具体需求。不同控制技术所适宜的控制对象如表5-9 所示。表 5-10 则列出了一些典型溢流控制措施的效果情况[128]，以供参考。需要说明的是，一方面，目前国内外关于各种控制措施的效果的实测数据非常有限；另一方面，由于 CSO 本身变化波动非常大，在某处适宜的措施未必在其他场地也能够有效。

不同溢流控制措施适宜的控制对象　　　　　　　　　　　　　　表 5-9

水体功能	需控制的污染物类型	适宜的溢流控制技术
人体直接接触的娱乐用水，如游泳	病原体、细菌	消毒、存储调蓄/沉淀、细格栅
保护贝类	病原体、细菌	消毒、存储调蓄/沉淀、细格栅
保护水生生物、鱼类	固体物质、BOD、COD、金属、有毒有机物	存储调蓄/沉淀、细格栅
一般景观	固体物质、漂浮物	格栅、旋流分离器、存储调蓄/沉淀

合流制溢流污染控制技术的性能　　　　　　　　　　　　　　表 5-10

技　术	TSS 削减率	BOD 削减率	备　注
沉淀技术—不加化学药剂	20%～60%	30%	US EPA 数据
沉淀技术—辅以化学药剂	68%	68%	US EPA 数据
调蓄/沉淀技术	46%	28%	1988～1992 年 Cottage Farm 场地设施均值
调蓄/沉淀技术	34%	14%	1988～1992 年 Prison Point 场地设施均值
调蓄/沉淀技术	18%～70%	22%～24%	Chippewa Falls 数据
调蓄/沉淀技术	15%～45%	15%～35%	Columbus 数据
旋流分离器	40%～60%	25%～60%	US EPA 数据
筛除技术—微滤机	50%～95%	10%～50%	US EPA 数据
筛除技术—滚筒筛	30%～55%	10%～40%	US EPA 数据
筛除技术—圆盘筛	10%～45%	5%～20%	US EPA 数据
筛除技术—溜筛	5%～25%	0%～20%	US EPA 数据

5.8.2　溢流控制结构的选择

合流制管网溢流控制方案的设计目标是形成能够服务于特定区域的成本有效的 CSO 控制措施，最终促进受纳水体的水质达标。但是在确定具体的 CSO 控制技术之前，首先要明确的是，在排水系统的特定空间布局、水力学性能和其他约束条件下，应该采用何种模式来组织相应的措施，即每个溢流口处的措施是如何跟其他溢流口处的措施关联在一起的。例如，究竟是单独为每个排水口制定独立的控制措施，还是采取局地合并控制或者全区域合并控制的控制结构。由于在一定程度上可以认为，上述组织关联方式对 CSO 控制效果的影响跟选择哪种具体的控制技术无关；因此，在这一设计阶段，还并不需要指定具体的控制技术，仅需明确措施的类别，如属于存储调蓄、处理或者系统内优化就足够了。

另外，在 CSO 控制方案制定的过程中，可能会混合使用多种方式来组织各项措施。例如，以区域合并控制为主的排水口方案中也可能包含着用于少数几个单一排水口的独立设施来解决区域中偏远子片区的问题。

以下对几种典型的 CSO 控制措施组织方式加以讨论。

（1）单独控制：即 CSO 控制方案中对每个溢流口进行独立控制。这种方法适用于排水口之间相距较远的区域。而对于单个排水口溢流削减的典型措施则包括：在局部范围内实行分流制改造、采用离线调蓄设施以及进行管网末端处理等。

（2）局部合并控制：即把若干个相互距离较近的排水口的溢流污水合并到一起予以调蓄或者处理。合并在一起进行控制的话，能够提高成本有效性，同时减少设施的数量。在排水口之间设置合并用的连通管既可以提供管线内存储调蓄的可能，进而还有望降低控制设施所需的规模。

（3）区域合并控制：对于存在多个排水口而且近地表的空间较为有限的城市，可以考虑在区域层次上进行排水口的合并控制，例如采用隧道调蓄或者其他合适的技术。根据具体的排水口空间分布、地表以下的地质条件等因素，隧道方案中也可能会涉及近地表的合并连通管以及为了解决位置偏远处的溢流口控制问题而建立少量近地表调蓄/处理设施。对于包含有隧道调蓄措施的方案，在设计时则需要考虑隧道的性质和运行方式，一种是基本上只作为存储设施，降雨事件结束后将雨污水提升运输至污水处理厂；另一种则是兼做输送设施，即在降雨过程中要不断将雨季流量运送至污水处理厂。

（4）优先控制影响敏感水域的溢流：在制定溢流控制方案时，对那些向敏感水域排污的溢流口，例如排向饮用水源地及其保护区、直接接触的景观娱乐水域、水生生态保护区等，应优先予以控制。首先要确保不能有溢流量的增加，然后如果条件允许的话，要采取技术经济可行的措施彻底将溢流消除或者将其转移至环境容量更大的水域。

（5）对污水处理厂能力的充分利用和超越排放：在 CSO 控制中，应鼓励尽量利用污水处理厂的处理能力。将污水处理厂的能力用于 CSO 控制，主要表现为以下三种情况。首先是在保证污水处理厂出水达标的前提下，尽量增大进入污水处理厂的流量。其次，在有些情况下，对污水处理厂进行扩容可能比为溢流污水单独设立处理设施要更为成本有效，此时可以考虑把对污水处理厂的一级处理和二级处理段加以扩容作为径流污染控制方案的内容之一。再次，有些污水处理厂存在一级处理段的能力大于二级处理段能力的特殊情况，在旱季运行时如果不超过二级段的负荷就无法充分利用一级工艺的能力。对这种特定情形，可以考虑在一定降雨条件下允许 CSO 只经过一级处理、不经过二级处理而予以排放。也就是说，进入污水处理厂的流量中，如果在一级处理的能力内但超出了二级处理能力的那部分水量，可以跳过二级处理，即采用一种超越排放的方式，部分 CSO 仅保证接受一级沉淀处理。当然，这种做法是否合适，还应根据当地执行的污水处理厂排放标准的具体要求来确定。即便是所执行的标准允许这种超越排放，也要对流量的临界点予以认真核实，以保证超过临界流量后二级处理段确实就会出现技术障碍或者在经济成本方面有不可接受的损失，从而尽可能地利用污水处理厂各级处理段的能力。

5.8.3 溢流控制措施的选择与设计

在溢流控制方案制定的过程中，一旦确定了 CSO 控制目标和控制结构，就可以开始着手筛选具体的溢流控制措施了。溢流控制措施可以是工程技术性的，也可以是非工程性的公众参与类的措施；可以是新建设施，也可以是对已有设施的运行加以优化。前文已经将降雨径流污染控制措施划分为源头削减措施、管路控制措施和末端处理措施，前两类措施中有很多是可以用于减缓和控制 CSO 污染的。其中，源头削减措施可以降低进入合流制管网的径流总量、峰值或负荷从而有助于削减 CSO 的发生量和发生频率；管路控制措施中凡是适用于合流制管网的，都是针对 CSO 控制的，尤其是调蓄技术（包括在线和离线调蓄池、调蓄隧道等）和处理技术（包括以格栅为代表的筛除技术、调蓄沉淀池、旋流分离器、消毒技术等）。由于源头削减措施已经被包含在雨水控制方案中，因此，接下来在溢流控制方案的设计过程中，就不需要再考虑这类措施，而是直接将经过源头削减措施之后的雨水径流作为排水系统的输入，在此基础上开展溢流控制措施的选择和相关设计。

选定所要采用的溢流控制措施后，接下来就是做出初步的规模设计。需要开展以下几个方面的工作：首先，在选定的水力学条件下，对合流制溢流的流速、体积、污染负荷做出预测；然后，根据 CSO 控制目标确定 CSO 总量和污染负荷的削减程度；最后，根据削减要求确定设计标准，并相应计算出控制技术的规模。

前文已经提到过溢流控制技术和设施的选址也是至关重要的。在识别适宜的空间位置时，要考虑的主要因素有：是否有足够的空间（占地面积、容积等）来容纳相应设施；所选场地到 CSO 流量调节器或者溢流口处的距离；设施可能对所选场地造成的环境、社会影响等。条件允许时，对同一设施最好能给出多个场址方案以供评估选择。

在确定溢流控制措施的规模尺寸和位置的基础上，设计方案中还要对各项措施的运行策略加以考虑，以保证溢流控制方案在给定的空间范围和各措施与排水系统的相互关联条件下能够正常运转、发挥作用。对于离线的调蓄/处理设施，基本的操作考虑应包括流量调节器和入流管的位置，是否要对进水或出水用泵加以提升、设施排空路径与排水口、沉积物的处理需求、排空速度与下游污水处理厂之间的协调，等等。对于地下隧道，则要考虑调水构筑物、溢流口合并联通管、下沉井等的位置，是否需要格栅、泵站等。

接下来，方案初步设计的最后一个环节就是成本的估算。根据国外的经验，由于不同场地均有其自身的特点，所以即使采用的是同类技术设施和相似的处理规模，其成本差异也会相当高。影响 CSO 控制设施建设成本的基本参数是设计流量或调蓄容积。对于以流量为设计参数的处理型 CSO 控制措施，建设成本函数与每日处理的流量相关；对于调蓄设施，基本的设计参数为存储体积或者设计降雨大小，建设成本函数与所存储调蓄的水量相关。与建设成本的计算相比，运行维护成本估算难度较大，主要是因为 CSO 控制设施都是间歇运行的。因此，设施的运行维护费用不仅跟设计规模有关，还跟溢流频次有关，而后者则受到排水系统在不同降雨量和降雨雨型条件下性能动态变化的强烈影响。

5.9 径流污染控制方案模拟评估与优化

将雨水控制措施和溢流控制措施相结合，确保选择对有利因素和过程（如水文循环过程、雨水径流下渗过程）能够促进和强化的措施，以及对不利因素和过程（如洪涝和径流污染过程）能够加以限制的措施，进而得到降雨径流污染控制的初步设计方案。在此基础上，还须经反复验证、比较、评估、调整后才能形成最终方案。对方案开展模拟评估的一般过程如图 5-3 所示。该过程主要结合计算机技术，如 GIS 技术、模型模拟等，对初步设计方案在污染控制、洪涝控制、雨水利用、经济成本等方面所能达到的效果进行模拟评估，并对初步设计方案做出进一步细化和优化，最终确定区域中各种设施的空间布局、设计形式、设计规模等，形成符合设计目标的最终方案。

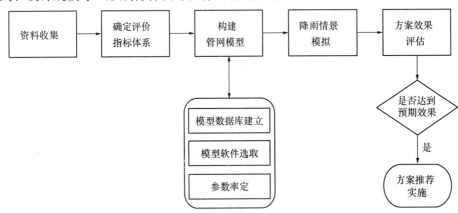

图 5-3 设计方案的评估流程

由于城市降雨径流污染控制方案的效果往往是多重的，对方案进行评估的指标体系也应该是多维的，一般需要综合考虑多方面的控制效果和成本效益来筛选方案。利用模型的模拟计算结果，可以找出径流污染控制效果较好的设计方案，进一步结合成本效益分析即可获得成效最优的推荐方案。

评估过程中可建立成本数据库，将各项工程措施的成本费用进行统一记录。依据方案中各措施的具体尺寸规模和数量，估算整个径流污染控制系统的总造价和后期维护管理费用。在此基础上，根据选择的径流污染控制评估指标，可计算各个方案总成本与各种控制效果的比值，如计算单位径流量控制所需成本、单位污染物削减所需成本等，从而辅助最优方案的选择。

5.10　设　计　案　例

以下以我国北方某城市为例，简要介绍其城市降雨径流控制方案的设计过程。

案例城市（以下简称 A 市）的规划区总面积 2176.7km^2，2014 年市辖区常住人口120 万。A 市中心城区用地规模为 230km^2，是此次方案设计的目标区域。中心城区目前的居住用地、公共设施用地、道路广场用地和绿地分别占城市建设用地的 36.8%、15.8%、12.7% 和 6.9%。1960～2014 年该市平均降水量为 411mm，降雨集中在 6～9 月份，占全年降水量的 78%。流经 A 市主城区的主要河流为 10 余条山洪沟，均为季节性河流，径流与降水具有同步性，平水期和枯水期径流量不足。当前可利用的水资源主要包括本地自产的地表水和地下水以及所属流域分配的过境客水，人均水资源量仅为 405m^3，缺水程度严重，且地下水存在长期超采问题。部分河流存在水质污染问题和不达标现象。根据现有监测数据，春季和夏季径流中污染物的浓度高，秋季径流中污染物的浓度略低。经初步测算，在年平均降雨的条件下，该市地表径流中 COD、氨氮、TN、TP 等主要污染物产生量占规划区域内污染物产生总量（包括工业点源、生活污水和地表径流三者的贡献）的比例约为 5%～10%。规划区现有污水管道 836.4km、雨水管道 863.6km、雨污合流管道 92.0km，以及雨水泵站 11 座、污水处理厂 4 座。其中 2009～2014 年期间建设的雨水管网长度为 244.3km、污水管网为 189.9km、中水管网为 41.2km。现况雨水系统的设计重现期仅为 0.33～1 年，径流系数为 0.5。部分地区雨污混接，造成雨水管道排除能力降低。原来在城区两个公园内规划设计了用于雨水调蓄利用的两座人工湖，由于汇水区内雨污分流不彻底，人工湖与城市排水系统联通管已被废弃，失去了蓄洪防涝功能。目前仅有零星的调蓄坑塘，调蓄水体面积不足，不能适应城市蓄洪防涝要求。除刚才所述的两个公园外，目前没有雨水直接利用设施。主城区已建防洪工程体系不健全，河道过流能力不足，部分河段现状过流能力仅为 100～150m^3/s，远达不到设计过流能力要求。

针对 A 市的基本特点，在设计中必须兼顾城市面临的水资源、水环境和水生态问题，从源头到末端予以全过程控制。考虑到该市严峻的水资源短缺形势，还应当通过设计来促进雨水和污水资源的一体化利用。为此，在削减径流污染负荷的同时，要通过源头、管路和末端设施的协同作用发挥其径流量调蓄控制和水资源综合利用的功能，从而确定设计目标为：充分利用雨水，缓解水资源压力；减少河流污染负荷，改善水环境；提高城市排水防涝能力，保障城区行洪安全。其中，水资源高效利用的目标应给予更高的权重。

根据上述目标，提出在 A 市布置三级循环用水、设置三层保水屏障的设计思路。首先，第一层为源头控制，以"渗"为主，建立就地循环。对于建筑小区，可设置雨水罐或绿色屋顶来收集滞蓄屋顶的雨水，设置透水铺装使道路的雨水下渗，建立下沉式绿地使部分汇水区径流通过绿化用地下渗；小区内收集的雨水可直接作为小区内部的生态用水，下渗的雨水直接补充地下水，超过下渗能力的雨水可以利用小区内的人工水体或调蓄池进行调蓄。对于道路广场和绿地，可采用类似设施实现雨水综合利用。利用源头控制手段进行就地循环，可以合理补给地下水，综合利用雨水，有效地削减污染物负荷。其次，第二层为管路控制，以"蓄"为主，建立区域循环。在区域的尺度上，实现雨水和污水一体化利用，一方面建立调蓄池和雨洪公园，储存并利用雨季的雨水；另一方面将区域内的污水全部收集，并提高污水处理厂的出水标准，建设再生水厂综合利用污水。利用管路控制手段进行区域循环，可以合理调蓄雨水径流，综合利用雨水和污水。再次，第三层为末端控制，以"净"为主，建立流域循环。在流域的尺度上，可以在河边建设湿地，对雨水径流加以净化后补给河道，并利用再生水厂的再生水补给河道。对河道进行防洪改造，并进行生态治理，美化河道景观。利用末端控制手段，可以削减入河的污染物负荷，补给河道水量，建立可持续的水生态系统。

在此基础上，提出具体的方案设计要求和控制指标，如图 5-4 所示。

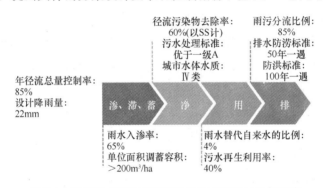

图 5-4　案例城市降雨径流污染控制方案设计目标要求

对各种工程措施用于 A 市的适宜性进行评价，建议使用的设施筛选结果如表 5-11～表 5-13 所示。

A 市源头控制工程技术设施选用一览表　　　　　　　　　　表 5-11

技术类型 （按主要功能）	单项设施	建筑小区	城市道路	绿地与广场
渗	透水砖铺装	■	■	■
	绿色屋顶	■	/	/
	下沉式绿地	■	□	■
滞	生物滞留设施	■	■	■
	植草沟	■	■	■
蓄	雨水罐	■	/	/

注：■——宜选用　□——可选用　/——不宜选用。

A市管路控制工程技术设施选用一览表 表 5-12

技术类型 （按主要功能）	单项设施	绿地与广场	城市水系	排水系统
蓄	湿式滞留池	■	■	／
	调蓄池	■	／	■
	雨洪公园	■	□	／
净	污水处理厂	／	／	■
	再生水厂	／	／	■
排	雨污管网分流改造	／	／	■

注：■——宜选用　□——可选用　／——不宜选用。

A市末端控制工程技术设施选用一览表 表 5-13

技术类型 （按主要功能）	单项设施	绿地与广场	城市水系	排水系统
用	雨水湿地	■	■	／
	再生水回用	■	■	／
净	河道水系生态整治	／	■	／
排	河道水系联通	／	■	／

注：■——宜选用　□——可选用　／——不宜选用。

通过软件模拟分析，对年径流总量控制率进行逐级分解。根据《A市中心城区控制性详细规划》提出的各地块建筑密度和绿地率等规划控制指标，初步提出各地块下沉式绿地率及下沉深度、透水铺装率、调蓄容积等设施规模要求。进而通过对上百万个初始方案的模拟计算，最终获得满足区域径流控制要求的设施布局方案。以规划区中某片区为例，给出设施建设规模要求及部分设施的空间布局，如表 5-14 和图 5-5 所示。

A市某片区各地块径流污染控制设施建设规模 表 5-14

地块编号	用地性质	用地面积（ha）	单项指标			综合指标		总调蓄容积（m³）	设计降雨量（mm）	年径流总量控制率（%）
			下沉式绿地		透水铺装率（%）	单位面积控制容积（m³）	综合径流系数			
			下沉式绿地率（%）	下沉深度（m）						
Y1	A	22.2	28%	0.3	18%	121	0.5	2693	12.13	68
Y2	R	27.6	38%	0.3	39%	167	0.5	4600	16.67	77
Y3	A	7.8	26%	0.3	39%	144	0.5	1125	14.43	73

续表

地块编号	用地性质	用地面积 (ha)	单项指标			综合指标		总调蓄容积 (m³)	设计降雨量 (mm)	年径流总量控制率 (%)
			下沉式绿地		透水铺装率 (%)	单位面积控制容积 (m³)	综合径流系数			
			下沉式绿地率 (%)	下沉深度 (m)						
Y4	G	5.9	35%	0.1	34%	245	0.15	1444	24.48	88
Y5	B	46.5	23%	0.3	23%	118	0.5	5495	11.82	67
Y6	G	17.2	28%	0.1	16%	152	0.15	2623	15.25	75
Y7	A、R	13.7	16%	0.3	32%	106	0.5	1449	10.57	63
Y8	G	19.2	19%	0.1	21%	121	0.15	2331	12.14	68
Y9	B、R	33.9	24%	0.3	19%	116	0.5	3919	11.56	66
Y10	R	50.6	20%	0.3	21%	100	0.5	5036	9.95	61
Y11	A、B	20.8	16%	0.1	19%	98	0.15	2032	9.77	61
Y12	A	21.8	25%	0.3	18%	119	0.5	2604	11.94	67
Y13	B、R	23	27%	0.3	22%	121	0.5	2779	12.08	67
Y14	B	16.9	8%	0.3	26%	81	0.5	1370	8.11	56
Y15	R、A	30.5	28%	0.3	33%	149	0.5	4554	14.93	74
Y16	R	17.9	34%	0.1	25%	157	0.15	2813	15.72	76
Y17	A	14.5	5%	0.3	18%	60	0.5	869	5.99	50
Y18	R	35.1	24%	0.3	21%	103	0.5	3631	10.34	62
Y19	A、R	31.1	28%	0.1	21%	122	0.15	3798	12.21	68
Y20	R	77.8	27%	0.3	15%	124	0.5	9638	12.39	68
Y21	A、G	61.6	33%	0.1	22%	168	0.15	10364	16.83	78
Y22	R	31.1	21%	0.3	22%	111	0.5	3466	11.14	65
Y23	R、B	12.1	19%	0.3	29%	109	0.5	1323	10.93	64
Y24	A	10	36%	0.3	10%	132	0.5	1324	13.24	71
Y25	R	8.2	28%	0.3	16%	115	0.5	946	11.54	66
Y26	R	34.4	25%	0.3	27%	118	0.5	4059	11.80	67
Y27	R	34.1	9%	0.3	15%	54	0.5	1824	5.35	48
Y28	R	11.7	13%	0.3	9%	64	0.5	751	6.42	51
Y29	R	53.8	24%	0.3	17%	108	0.5	5808	10.80	64
W1	A、G	26.4	74%	0.3	69%	440	0.5	11625	44.03	96

地块编号	用地性质	用地面积(ha)	单项指标		透水铺装率(%)	综合指标		总调蓄容积(m³)	设计降雨量(mm)	年径流总量控制率(%)
			下沉式绿地			单位面积控制容积(m³)	综合径流系数			
			下沉式绿地率(%)	下沉深度(m)						
W2	B	18	77%	0.3	78%	448	0.5	8059	44.77	96
W3	B、A	33	77%	0.1	74%	423	0.15	13960	42.30	94
W4	G	13.7	83%	0.3	83%	574	0.5	7869	57.44	99
W5	G、B	27.4	67%	0.3	78%	417	0.5	11433	41.73	94
W6	G	29	85%	0.3	61%	533	0.5	15456	53.30	98
W7	R、B	45.3	77%	0.3	76%	387	0.5	17526	38.69	90
W8	R	38.5	80%	0.3	74%	427	0.5	16435	42.69	94
W9	G	24.2	65%	0.3	87%	512	0.5	12400	51.24	98
W10	R	34.7	74%	0.3	79%	363	0.5	12587	36.27	89
W11	A、B	31.7	71%	0.3	82%	380	0.5	12047	38.00	98
W12	R、A	57.7	78%	0.3	69%	463	0.5	26705	46.28	95
W13	G	13	63%	0.3	63%	442	0.5	5745	44.19	93
W14	G	38.4	69%	0.1	83%	503	0.15	19323	50.32	98
W15	A、R	20.6	79%	0.3	71%	384	0.5	7920	38.45	92
W16	R、B	39.1	79%	0.3	78%	392	0.5	15321	39.19	92
W17	A	28.1	87%	0.3	53%	354	0.5	9945	35.39	89
W18	G	32.3	93%	0.3	52%	548	0.5	17691	54.77	98
W19	G	14.9	72%	0.1	80%	525	0.15	7829	52.54	97
W20	B、A	15.6	78%	0.3	80%	367	0.5	5733	36.75	92
W21	R	26.2	72%	0.3	66%	357	0.5	9361	35.73	97
W22	B、A	25.6	84%	0.3	77%	415	0.5	10624	41.50	93
W23	G、B	15.8	73%	0.3	68%	469	0.5	7405	46.87	94
W24	G	11	93%	0.3	58%	566	0.5	6221	56.55	98
W25	R	25.4	64%	0.3	75%	315	0.5	8003	31.51	89
W26	R	41.8	75%	0.3	77%	359	0.5	15002	35.89	96
W27	G	47.5	86%	0.1	61%	539	0.15	25582	53.86	98
W28	G、B	23.5	78%	0.3	76%	417	0.5	9805	41.72	93
W29	G、R	23.9	69%	0.3	75%	348	0.5	8316	34.80	89

注：A—公共管理与服务用地，B—商业服务业设施用地，G—绿地与广场用地，R—居住用地。

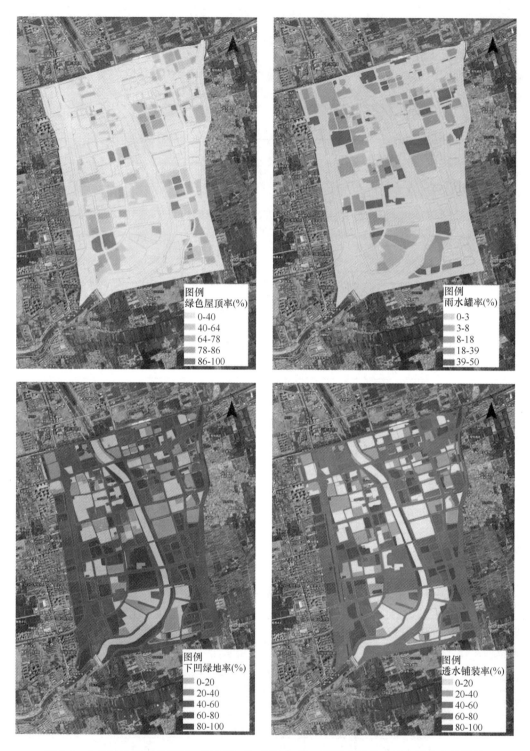

图 5-5　A 市某片区绿色屋顶、雨水罐（1m³/100m²）、下沉式绿地、透水铺装布局设计

参 考 文 献

[1] 尹澄清. 城市面源污染的控制原理和技术[M]. 北京：中国建筑工业出版社，2009.

[2] 倪艳芳. 城市面源污染的特征及其控制的研究进展[J]. 环境科学与管理，2008，33(2)：53-57.

[3] 常静，刘敏，许世远，侯立军等. 上海城市降雨径流污染时空分布与初始冲刷效应[J]. 地理研究，2006，25(6)：994～1002.

[4] 赵剑强，闫敏，刘珊，张志杰. 城市路面径流污染的调查[J]. 中国给水排水，2001，17(1)：33～35.

[5] 黄金良，杜鹏飞，欧志丹，李梅香等. 澳门城市路面地表径流特征分析[J]. 中国环境科学，2006，26(4)：469～473.

[6] 李立青，尹澄清，何庆慈，孔玲莉. 城市降水径流的污染来源与排放特征研究进展[J]. 水科学进展，2006，17(2)：288～294.

[7] 黄莉. 生态滤沟处理城市降雨径流的中试研究[D]. 重庆大学硕士学位论文，2006.

[8] 王兴钦，梁立军. 城市降雨径流污染及最佳治理方案探讨[J]. 环境科学与管理，2007，32(3)：50～53.

[9] Ashantha Goonetilleke, et al. Understanding the role of land use in urban stormwater quality management[J]. Journal of environmental management，2005，74(1)：31～42.

[10] Helsel D., Grizzard T., Randall C., et al. Land use influences on metals in storm drainage[J]. J. Water Pollut Control Fed.，1979，51(4)：709～717.

[11] Wanielista M, Yousel Y. Stormwater management [M]. New York：John Wiley and sons，Inc，1993，579.

[12] Stahre P., Urbonas B. Stormwater detention. Prendice Hall Inc.，Englewood cliffs，New York Jersey，USA，1990.

[13] 王和意，刘敏，刘巧梅，侯立军等. 城市暴雨径流初始冲刷效应和径流污染管理[J]. 水科学进展，2006，17(2)：181～185.

[14] 董欣，杜鹏飞，李志一，喻峥嵘等. 城市降雨屋面、路面径流水文水质特征研究[J]. 环境科学，2008，29(3)：607～612.

[15] 张杏娟，程方，王秀朵. 天津平顶沥青屋面径流雨水污染特征分析[J]. 天津城市建设学院学报，2010，17(3)：212～215.

[16] 曹宏宇，黄申斌，李娟英，何培民. 上海临港新城初期地表径流污染特性与初期效应研究[J]. 水资源与水工程学报，2011，22(6)：66～71.

[17] 魏艳萍，文仕知，谭一凡，史正军. 重型与轻型屋顶绿化对屋面径流的影响[J]. 河北林业科技，2011，(3)：1-2.

[18] 陈伟伟，张会敏，黄福贵，卞艳丽等. 城区屋面雨水径流水文水质特征研究[J]. 水资源与水工程学报，2011，22(3)：86～88.

[19] 林原，袁宏林，陈海清. 西安市屋面、路面雨水水质特征分析[J]. 科技风，2011，(3)128，133.

[20] 沈君. 武汉市屋面雨水水质特性分析[D]. 武汉理工大学硕士学位论文，2009.

[21] 王淑梅，王宝贞，曹向东，金文标等. 对我国城市排水体制的探讨[J]. 中国给水排水，2007，23(12)：16～21.

[22] 高祥. 三峡库区山地小城镇排水体制及排水管渠管理方法的研究[D]. 重庆大学硕士学位论文，2011.

[23] 陈吉宁，董欣. 关于城市排水体制的综述和比较[C]. 全国城镇排水管网及污水处理厂技术改造运营高级研讨会论文集. 中国，杭州，2007：4～12.

[24] 蒋海涛. 城市排水体制的思考[J]. 人民长江，2008，39(23)：17～18.

[25] 麦穗海，黄翔峰，汪正亮，徐青萍等. 合流制排水系统污水溢流污染控制技术进展[J]. 四川环境，2004，23(3)：18～21.

[26] http：//water. epa. gov/scitech/wastetech/guide/questions _ index. cfm.

[27] International stormwater BMP database, www. bmpdatabase. org.

[28] 唐颖. SUSTAIN 支持下的城市降雨径流最佳管理 BMP 规划研究[D]. 清华大学硕士学位论文，2010.

[29] 刘章君，郑志磊，洪兴骏，邹霞等. 城市雨水径流生态处理研究现状与进展[J]. 海河水利，2011，(3)：39～43.

[30] 曹仲宏，刘春光. 城市水环境面源污染及其控制[J]. 城市道桥与防洪，2012，(10)：69～71.

[31] 车伍，欧岚，汪慧贞，李俊奇. 北京城区雨水径流水质及其主要影响因素[J]. 环境污染治理技术与设备，2002，3(1)：33～37.

[32] 王建龙，车伍，易红星. 基于低影响开发的雨水管理模型研究及进展[J]. 中国给水排水，2010，26(18)：50～54.

[33] 李俊奇，向璐璐，毛坤，李宝宏等. 雨水花园蓄渗处置屋面径流案例分析[J]. 中国给水排水，2010，26(10)：129～134.

[34] 陈莹. 西安市路面径流污染特征及控制技术研究[D]. 长安大学博士学位论文，2011.

[35] http：//www. mohurd. gov. cn/zcfg/jsbwj _ 0/jsbwjcsjs/201411/t20141102 _ 219465. html.

[36] 周赛军，任伯帜，邓仁健. 蓄水绿化屋面对雨水径流中污染物的去除效果[J]. 中国给水排水，2010，26(5)：38～41.

[37] 肖海文，翟俊，邓荣森，王涛等. 处理生态住宅区雨水径流的人工湿地运行特性研究[J]. 中国给水排水，2008，24(11)34～38.

[38] 翟俊，肖海文，金龙，李德春等. 交替运行砂滤池处理生态小区雨水的设计[J]. 中国给水排水，2007，23(16)：57～60.

[39] 尹炜，李培军，叶闽，韩小波等. 复合潜流人工湿地处理城市地表径流研究[J]. 中国给水排水，2006，22(1)：5～8.

[40] 章茹，周文斌，金可礼. 深圳茜坑水库生态草沟对非点源污染物去除效率的评价[J]. 南昌大学学报，2009，33(1)：56～60.

[41] 肖海文，翟俊，邓荣森，黄莉. 道路雨水渗滤设施 _ 浅草沟的设计[J]. 给水排水，2007，33(3)：33-36.

[42] 王嵘，李建，万金宝. BMPs 在面源污染控制中的应用[J]. 江西能源，2008，3：44～46.

[43] 杨勇，操家顺. BMPs在苏州城市非点源污染控制中的应用[J]. 水资源保护，2007，23(6)：60 ～62.

[44] 李玲霞，黄显怀，乔建生. 旋流分离工艺对溢流污水处理的效能研究[J]. 工业用水与废水，2012，43(3)：44～47.

[45] 汤艳，黄显怀，刘绍根，蒋士猛. 初期雨水旋流分离的优化设计与试验研究[J]. 给水排水，2011，(S1)：90～93.

[46] 王石章. 屋顶花园设计研究[D]. 华中科技大学硕士论文，2007.

[47] 董丽. 屋顶绿化植物选择与种植设计[J]. 中国建筑防水，2010，(19)：21～23.

[48] JGJ 155—2013，种植屋面工程技术规程[S].

[49] Environmental Services，City of portland. Ecoroof plant report. Portland，2008.

[50] Environmental Services，City of portland. Ecoroof hand book. Portland，2009.

[51] Peck S. Design guidelines for green roofs. Toronto，2009.

[52] Planning & Environmental Services Division，Philadelphia Water Department. Stormwater management guidance manual. City of Philadelphia，2011.

[53] Natural Resources Defense Council. Rooftops to rivers - green strategies for controlling stormwater and combined sewer overflows. 2006.

[54] 王书敏，何强，孙兴福，王振涛. 两种植被屋面降雨期间调峰控污效能分析[J]. 重庆大学学报，2012，35(5)：137～142.

[55] http：//www. plowhearth. com/productform. asp? q＝rainberral.

[56] 李俊奇，车伍，池莲，刘松. 住区低势绿地设计的关键参数及其影响因素分析[J]. 给水排水，2004，30(9)：41～46.

[57] 尼玛次仁. 城市绿地系统对雨水径流削减作用的实验研究[D]. 天津大学硕士学术论文，2010.

[58] 潘忠成，袁熙，李敏，孙德智. 下凹式绿地在降雨径流控制中的应用研究[J]. 环境科学与管理，2015，40(10)：59～62.

[59] 陈祎潘，王闪，徐心竹等. 下凹式绿地对降雨径流中氮素污染物削减作用的研究[A]. 第九届中国城镇水务发展国际研讨会论文集，2014.

[60] Hou Lizhu，Yang Huan，Li Ming. Removal of chemical oxygen demand and dissolved nutrients by a sunken lawn infiltration system during intermittent storm events [J]. Water Science and Technology，2014，69(2)：398～406.

[61] 张建林. 下凹式绿地渗滤城市路面雨水的试验研究[D]. 昆明理工大学博士学术论文，2007.

[62] 赵亮. 城市透水铺装材料与结构设计研究[D]. 长安大学硕士学位论文，2010.

[63] CJJT 135—2009，透水水泥混凝土路面技术规程[S].

[64] 丁跃元，侯立柱，张书函. 基于透水砖铺装系统的城市雨水利用. 北京水务，2006，(6)：1～4.

[65] 刘保莉. 雨洪管理的低影响开发策略研究及在厦门岛实施的可行性分析[D]. 厦门大学硕士学位论文，2009.

[66] Benjamin O. Brattebo，Derek B. Booth. Long-term stormwater quantity and quality performance of permeable pavement systems [J]. Water Research，2003，(37)：4369～4376.

[67] 刘燕，尹澄清，车伍. 植草沟在城市面源污染控制系统的应用[J]. 环境工程学报，2008，2(3)：334～339.

[68] WEF，ASCE/EWRI. Design of urban stormwater controls. Newyork：McGraw Hill，2012.

[69] 李怀恩，张亚平，蔡明，王清华等. 植被过滤带的定量计算方法[J]. 生态学杂志，2006，25(1)：108～112.

[70] Site design toolkit. www. lakesuperiorstreams. org/stormwater/toolkit/swale. html.

[71] Cowan W. L. Estimating hydraulic roughness coeficients，Agric. Eng.，1956，37(7)：473～475.

[72] GB 50400—2006，建筑与小区雨水利用工程技术规范[S].

[73] 李俊奇，汪慧贞，车武. 城市小区雨水渗透方案设计[J]. 水资源保护，2004，(3)：13～14，42.

[74] 汪慧贞，刘宏宇. 城区雨水渗透设施计算新方法[J]. 中国给水排水，2004，30(1)：34～37.

[75] 向璐璐，李俊奇，邝诺，车伍等. 雨水花园设计方法探析[J]. 给水排水，2008，34(6)：47～51.

[76] 胡爱兵. 城市生态规划实践之城市道路雨洪利用模式探讨[C]. 规划创新：2010 中国城市规划年会论文集. 2010 中国城市规划年会，中国重庆，2010.

[77] Department of Environmental and Natural Resources. NCDENR stormwater BMP manual-Bioretention. North California. 2007.

[78] Department of Ecology. Low impact development guidance manual-A practical guide to LID implementation in Kitsap county. State of Washington. 2009.

[79] Environmental Services Division，Department of Environmental Resources. Pennsylvania stormwater best management practices manual. Pennsylvania. 2006.

[80] Audrey Roy-Poirier. Bioretention for phosphorus removal：modeling stormwater quality improvements. Queen's University，Ontario，Canada. 2009.

[81] Environmental Services Division，Department of Environmental Resources. Bioretention manual. The Prince George's county，Maryland. 2007.

[82] Toronto and Region Conservation Authority. LID manual draft. Toronto，Ontario. 2009.

[83] 杨雪，车伍，李俊奇，李海燕等. 国内外对合流制管道溢流污染的控制与管理[J]. 中国给水排水，2008，24(16)：7～11.

[84] 冯伟，车伍，杨雪. 合流制管道系统溢流污染控制措施[J]. 中国给水排水，2010，26(18)：36～35.

[85] WEF. Prevention and control of sewer system overflow. Newyork：McGraw Hill，2011.

[86] 张力. 城市合流制排水系统调蓄设施计算方法研究[J]. 城市道桥与防洪，2010，(2)：130～133.

[87] 张志成，张杰，尤学一，季民. 污水处理厂调蓄控制合流制管网溢流污染的模拟研究[J]. 中国给水排水，2012，28(19)：49～51.

[88] 聂凤，熊正为，黄建洪，虢清伟等. 合流制排水系统调蓄池的研究进展[J]. 城市道桥与防洪，2011，(8)：313～316.

[89] US EPA. Manual：combined sewer overflow control[R]. EPA/625R-93/007. Washington DC：United States Environmental Protection Agency，1993.

[90] 李俊奇，孟光辉，车伍. 城市雨水利用调蓄方式及调蓄容积实用算法的探讨[J]. 给水排水，2007，33(2)：42～46.

[91] GB 50014—2006(2014 版)，室外排水设计规范[S].

[92] 俞珏瑾. 雨水调蓄池容积的简易计算方法探讨[J]. 城市道桥与防洪，2011，(9)：97～102.

[93] 谭琼，李田，张建频，时珍宝. 初期雨水调蓄池运行效率的计算机模型评估. 中国给水排水，

2007，23(18)：47～51.

[94] 储金宇，李微，李维斌. 旋流分离器在控制暴雨径流中的应用[J]. 灌溉机械，2008，26(4)：57～60.

[95] 李玲霞. 雨天溢流污染分析及旋流分离工艺技术研究[D]. 安徽建筑工业学院硕士学位论文，2012.

[96] 钟灵. 旋流器分离机理探讨[J]. 过滤与分离，2001，11(1)：21～24.

[97] 许妍霞. 水力旋流分离过程数值模拟与分析[D]. 华东理工大学博士学位论文，2012.

[98] CASQA. California stormwater BMP handbook，MP-51，January 2003.

[99] Michael G. Faram，Mark D. James，Christopher A. Williams. Wastewater treatment using hydrodynamic vortex separators[C]. CIWEM 2nd National Conference，Wakefield，UK，13-15 September 2004，pp79-87.

[100] 赵庆国，张明贤. 水力旋流器分离技术[M]. 北京：化学工业出版社，2003.

[101] Robert T. G. Andoh，Stephen P. Hides，Adrian J. Saul. Improving water quality using hydrodynamic vortex separators and screening systems[C]. 9th International conference on urban drainage，Portland，Oregon，USA，8-13 September，2002.

[102] US EPA. Report to Congress on Impacts and Control of Combined Sewer Overflows and Sanitary Sewer Overflows[R]，2004.

[103] Loge，F. J.，Darby，J. L.，Tchobanoglous，G. UV disinfection of wastewater：probabilistic approach to design[J]. Journal of Environmental Engineering – ASCE，1996，122(12)：1078-1084.

[104] 王艺，李冠男，杨乐. 排水管道检测技术[J]. 河南科技，2010，(7)：49～50.

[105] 李田，郑瑞东，朱军. 排水管道检测技术的发展现状[J]. 中国给水排水，2006，22(12)：11～13.

[106] 严敏，高乃云. 现代排水管道检测技术[J]. 给水排水，2007，33(1)：110～112.

[107] CJJ 181—2012，城镇排水管道检测与评估技术规程[S].

[108] CJJ 68—2007，城镇排水管渠与泵站维护技术规程[S].

[109] 柏杉. 浅析城市排水管道的清通养护[J]. 中国建设信息(水工业市场)，2011，(2)：64～67.

[110] 刘志强. 市政建设中排水管道的养护[J]. 中国新技术新产品，2009，(18)：59.

[111] 冯运玲，田国伟，张力高. 国内外供水排水管道非开挖修复技术介绍及相关建议[J]. 特种结构，2011，28(4)：6～11，76.

[112] CJJ/T 210—2014，城镇排水管道非开挖修复更新工程技术规程[S].

[113] 谢莹莹. 城市排水管网系统模拟方法和应用[J]. 同济大学硕士学位论文，2007.

[114] US EPA. Preliminary data summary of urban stormwater best management practices. Washington，DC：United States Environmental Protection Agency，1999.

[115] 张善发. 城镇排水系统溢流与排放污染控制策略与技术导则[J]. 中国给水排水，2010，26(18)：31～35.

[116] 由小卉，平文凯，陈晓华. Actiflo 高效沉淀工艺在 CSO 处理中的应用[J]. 中国给水排水，2010，26(20)：49～51，58.

[117] 盛铭军. 雨天溢流污水就地处理工艺开发及处理装置 CFD 模拟研究[D]. 同济大学博士学位论文，2007.

[118] US EPA. Reducing stormwater costs through low impact development (LID) strategies and practices〔R〕. EPA 841-F-07-006. Washington DC：United States Environmental Protection Agency，2007.

[119] 周玉文，郁守启，赵树旗，汪明明等. 城市雨洪利用规划理论与应用[J]. 水工业市场，2006，(5)：9~11，30.

[120] GBJ 137—90，城市用地分类与规划建设用地标准[S].

[121] US EPA. Combined sewer overflows：guidance for monitoring and modeling[R]. EPA 832-B-99-002. Washington DC：United States Environmental Protection Agency，1999.

[122] 冯沧，李田. 地下排水管道流量检测技术进展[J]. 给水排水，2007，33(5)：115~118.

[123] 叶蓓. 成都市中心城区排水管网水动力模型建立及研究〔D〕. 成都理工大学硕士学位论文，2011.

[124] Bennis，S.，Bengassem，J. and Lamarre，P. Hydraulic performance index of a sewer network[J]. Journal of hydraulic engineering，2003，129(7)：504~510.

[125] Thorndahl，S.，Willems，P. Probabilistic modelling of overflow，surcharge and flooding in urban drainage using the first-order reliability method and parameterization of local rain series. Water Research，2008，42(1)：455~466.

[126] Moderl，M.，Kleidorfer，M.，Rauch，W. Influence of characteristics on combined sewer performance. Water Science & Technology，2012，66(5)：1052~1060.

[127] Van Bijnen，M.，Korving，H.，Clemens，F. Impact of sewer condition on urban flooding：an uncertainty analysis based on field observations and Monte Carlo simulations on full hydrodynamic models. Water Science & Technology，2012，65(12)：2219~2227.

[128] US EPA. Combined sewer overflows：guidance for long-term control plan[R]. EPA 832-B-95-002. Washington DC：United States Environmental Protection Agency，1995.